**INFORMATIK-HANDBÜCHER**

Herausgegeben von *R. Gnatz*
im Auftrag der Gesellschaft für Informatik e. V.

Die Herausgabe der Reihe „Informatik-Handbücher" erfolgt im
Auftrag der Gesellschaft für Informatik e. V. (GI).

An die Leser geht die Bitte, dem Reihenherausgeber ihre Erfahrungen mit dem jeweiligen Informatik-Handbuch mitzuteilen.
Anregungen, Ergänzungen und Verbesserungsvorschläge werden
bei einer Neuauflage angemessene Berücksichtigung finden.

Im Falle einer Neuauflage kann ein Informatik-Handbuch durch
Beschluß des GI-Präsidiums, der sich auf ein geeignetes Verfahren innerhalb der GI stützt, einen besonderen, hervorgehobenen
Status erhalten, kenntlich u. a. an der roten Schrift auf dem Ein-
band anstelle der blauen.

Anschrift des Reihenherausgebers:

Dr. *Rupert Gnatz*
Institut für Informatik
Technische Universität München
Postfach 20 24 20
8000 München 2

# CAD-Handbuch

Auswahl und Einführung
von CAD-Systemen

Herausgeber
J. Encarnação  H.-E. Hellwig  E. Hettesheimer
W. F. Klos  S. Lewandowski  L. A. Messina
W. Poths  K. Rohmer  H. Wenz

Mit 102 zum Teil farbigen Abbildungen

Springer-Verlag
Berlin Heidelberg New York Tokyo 1984

ISBN-13: 978-3-642-70039-2      e-ISBN-13: 978-3-642-70038-5
DOI: 10.1007/978-3-642-70038-5


CIP-Kurztitelaufnahme der Deutschen Bibliothek
CAD-Handbuch:
Ausw. u. Einführung von CAD-Systemen / Hrsg. J. Encarnação...
[Dieses Buch entstand im Auftr. d. Arbeitskreises „Wirtschaftlichkeit von CAD-Systemen"
d. Ges. für Informatik (GI).] Berlin; Heidelberg; New York; Tokyo: Springer, 1984.
(Informatik-Handbücher)
ISBN 3-540-13797-1 (Berlin...)
ISBN 0-387-13797-1 (New York...)
NE: Encarnação, José [Hrsg.]



Satz: typoservice, Achern
Druck: Beltz Offsetdruck, Hemsbach/Bergstraße
Bindearbeiten: J. Schäffer OHG, Grünstadt
2145/3140-543210

# Geleitwort

Methoden, Werkzeuge und Systeme der Informatik haben nach einer Phase stürmischer Entwicklung dieser Wissenschaft, aber auch begünstigt durch die technisch-wirtschaftlichen Fortschritte der Mikroelektronik, Einzug in nahezu alle Berufsgebiete einer modernen Industriegesellschaft gehalten. Eine besondere Bedeutung hat dabei für die hochindustrialisierten Staaten die Verbindung von Informatik- und Ingenieurwissen zur Steigerung der volkswirtschaftlichen Leistungs- und Wettbewerbsfähigkeit. Besonderes Gewicht hat dabei für das Ingenieurwesen die schnelle, aber wirtschaftlich sinnvoll und arbeitspraktisch verträgliche Einführung der Technik des CAD. Da die bisherigen Einführungs- und Erfahrungsfristen beim CAD selbst für eine moderne Technik sehr kurz sind, hat die Gesellschaft für Informatik (GI) den Wunsch der Anwender aufgegriffen, ein CAD-Handbuch zur Unterstützung der Systemauswahl und -einführung zu erstellen. Das hier vorgelegte Ergebnis der mehrjährigen Tätigkeit des Arbeitskreises 4.2.1 der Gesellschaft für Informatik, in dem Systemhersteller, beratende Wissenschaftler und fortgeschrittene Anwender sehr eng und fruchtbar kooperiert haben, zeigt, daß die GI in der Lage ist, Wünsche aus der Praxis aufzugreifen und ein Forum für qualifizierte fachliche Arbeit auch für Anwendungsbereiche der Informatik bereitzustellen.

Der Entwurf des Handbuches wurde einschlägigen Verbänden und erfahrenen CAD-Experten zur kritischen Stellungnahme vorgelegt. Die eingegangenen Anregungen haben nicht nur zur Konsolidierung des Handbuchs beigetragen, sondern auch gezeigt, wie breit es fachlich getragen und akzeptiert wird.

Die Gesellschaft für Informatik dankt sehr herzlich den an der Ausarbeitung des CAD-Handbuchs Beteiligten und wünscht dem Handbuch eine gute Aufnahme in der Fachwelt.

*G. Krüger*
Präsident der
Gesellschaft für Informatik

# Geleitwort

Der Technologiewandel, insbesondere durch die stürmische Entwicklung in der Computertechnik, hat in der Vergangenheit die Aufgabenabwicklung in kommerziellen und technisch-administrativen Unternehmensbereichen stark verändert. Der ungebrochene Trend zur Miniaturisierung hat zu einer starken Reduzierung der Hardwarekosten geführt. Parallel zu dieser Hardwareentwicklung wurde und wird noch weltweit an der Schaffung von Softwaresystemen gearbeitet, die darauf abzielen, den Computer auch zur Unterstützung der Entwicklungs- und Konstruktionstätigkeiten verwendungsfähig zu machen. Mit den sog. CAD-Techniken ist in den letzten Jahren der Durchbruch auf breiter Front gelungen: Computer Aided Design (CAD) und Computer Aided Manufacturing (CAM), verbunden mit Gruppentechnologie (GT), Roboter- und Handhabungstechnik (CAR), Computerunterstützter Qualitätssicherung (CAQ) etc., bereiten den Boden für die computergesteuerte Produktion, das Computer Integrated Manufacturing (CIM) — auch im Maschinenbau.

Die sich ständig beschleunigende Entwicklung läßt den Unternehmen, die Maschinen produzieren, kaum die Zeit, sich auf die laufend wandelnden technologischen Bedingungen einzustellen. Sie brauchen Hilfe von außen.

Wir begrüßen es deshalb sehr, daß die Gesellschaft für Informatik sich dieser Aufgabe gestellt und den Versuch unternommen hat, das noch neue Einsatzgebiet des Computers — vor allem unter dem Aspekt der Wirtschaftlichkeit — transparenter zu machen und Anleitungen zur Einsatzplanung unter wirtschaftlichen Gesichtspunkten zu machen.

Der weltweite Wettbewerb zwingt ganz besonders die Maschinenindustrie dazu, die modernen Möglichkeiten der Computertechnik zu nutzen und deren Prozeßleistungspotential voll auszuschöpfen.

Wir hoffen und wünschen, daß eine intensive Diskussion insbesondere der neuen Ansätze einsetzt mit dem Ziel, diese weiterzuentwickeln und einer breiten Nutzung zuzuführen.

Prof. Dr.-Ing. *Otto Schiele*
Präsident
des Verbands
Deutscher Maschinen- und
Anlagenbau e.V. (VDMA)

# Geleitwort

Von den vielen Begriffen der elektronischen Datenverarbeitung im Bauwesen erscheint der Begriff CAD noch recht verschwommen. Er wird einerseits sehr weit ausgelegt und umfaßt dann alle Bereiche, in denen mit Computern gerechnet, konstruiert und gezeichnet wird. Andererseits wird darunter auch ausschließlich das Konstruieren am graphischen Bildschirm, die Zeichnungserstellung und die Auswertung der eingegangenen Konstruktionsdaten, z. B. für Massenberechnungen, verstanden.

Im letzteren Sinne wird der Begriff CAD hauptsächlich gebraucht. Anders als beispielsweise beim „Modellieren" von Autokarosserien, geht es im Bauwesen um weniger komplizierte geometrische Konstruktionen. So wird ein Hochbau aus vielen vergleichsweise einfachen ebenen Bauteilen wie Decken, Trägern, Wänden und Fundamenten am graphischen Bildschirm zusammengestellt.

Die CAD-Systeme für das Bauwesen bieten maßgeschneiderte Lösungen beispielsweise für die Gebäudeplanung oder die Erstellung von Schal- und Bewehrungsplänen. Die Systeme werden vorwiegend als „schlüsselfertige Systeme", bestehend aus Hard- und Software, aus einer Hand angeboten. Die Hauptanwender sind zunächst die Ingenieurbüros. Dies hängt wesentlich damit zusammen, daß im Ingenieurbau sehr früh die Statik mit Computerunterstützung berechnet wurde und die Programme für die Bewehrungsplanerstellung in vielen Fällen eng mit der Statik verknüpft sind.

Der Einsatz von CAD in der Gebäudeplanung ist um so wirtschaftlicher, je mehr nachgeordnete Fachplanungen, z. B. für Elektrizität, für Sanitäreinrichtungen sowie für Heizung, Lüftung und Klima, ebenfalls mit CAD erfolgen können (schlüsselfertiger Bau).

Für die Klein- und Mittelbetriebe der bauausführenden Wirtschaft sind CAD-Arbeitsplätze zur Zeit noch mit hohen Investitionskosten verbunden. Ich begrüße es daher sehr, daß sich die Gesellschaft für Informatik in der vorliegenden Publikation mit der Wirtschaftlichkeit von CAD-Systemen beschäftigt, und danke den Herausgebern für die Erarbeitung des praxisnahen Handbuchs.

Bonn, im August 1984

Dipl.-Ing. *Fritz Eichbauer*
Präsident des
Zentralverbands des
Deutschen Baugewerbes (ZDB)

# Geleitwort

Seit nunmehr über zehn Jahren befaßt man sich in der CEFE CAD/CAM-Entwicklungsgesellschaft intensiv mit der Technik der CAD-Systeme, dem damit zusammenhängenden Umfeld, der organisatorischen und strukturellen Einbettung, der zeitlichen Abwicklung und den damit insgesamt zusammenhängenden Kosten. Die Komplexität der Basisinnovation — im Schumpeter'schen Sinne — CAD bedingt dabei neben der hohen Unübersichtlichkeit der Zusammenhänge auch die hohen Risiken, die dann letztlich für den einzelnen Betroffenen oder die Firmen immer schwerer durchschaubar werden.

Daher war es uns ein echtes Anliegen, die Herausgabe des CAD-Handbuchs der GI zu unterstützen, das in seinem Inhalt für die vorgenannte komplexe Problematik steht. Dieses Handbuch kann und will keine ,,Kochrezepte'' geben; es wird aber dem in die Materie Einsteigenden sicherlich Kenntnisse vermitteln helfen, die er sonst nur mit viel ,,Lehrgeld'' selbst hätte erarbeiten können. Zudem fehlte bisher auf dem Markt eine derartige Zusammenfassung und geschlossene Darstellung. Wir wünschen daher diesem Buch Erfolg und eine weite Verbreitung.

Der Geschäftsführer der CEFE
CAD/CAM-Entwicklungsgesellschaft
*Fritz Firnig*
Diplom-Physiker

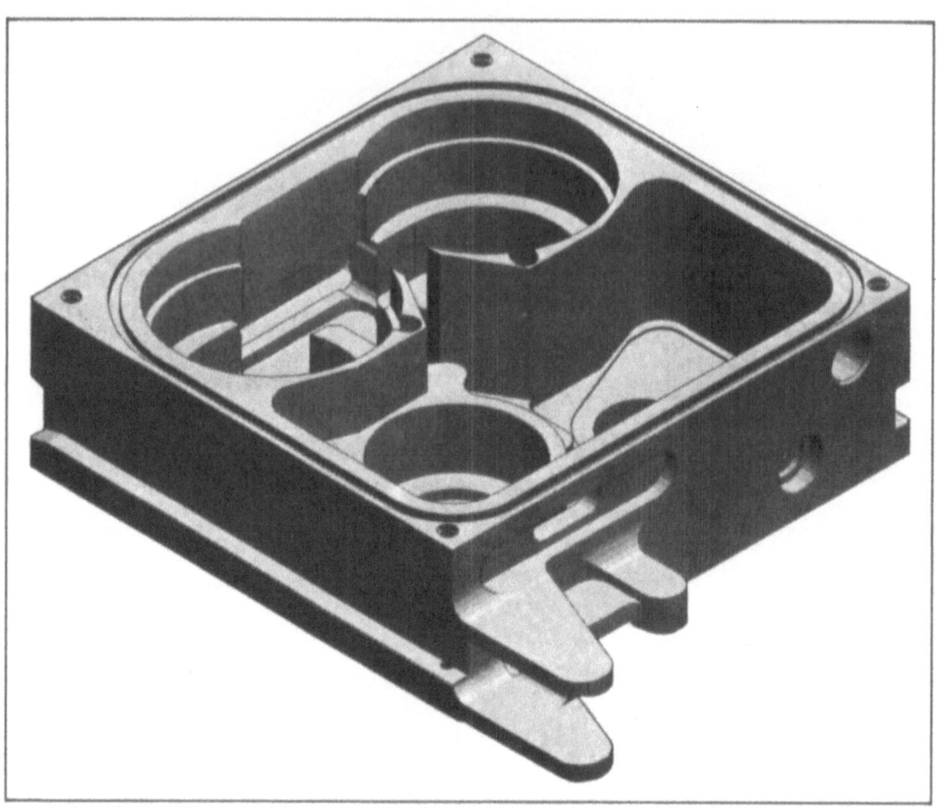

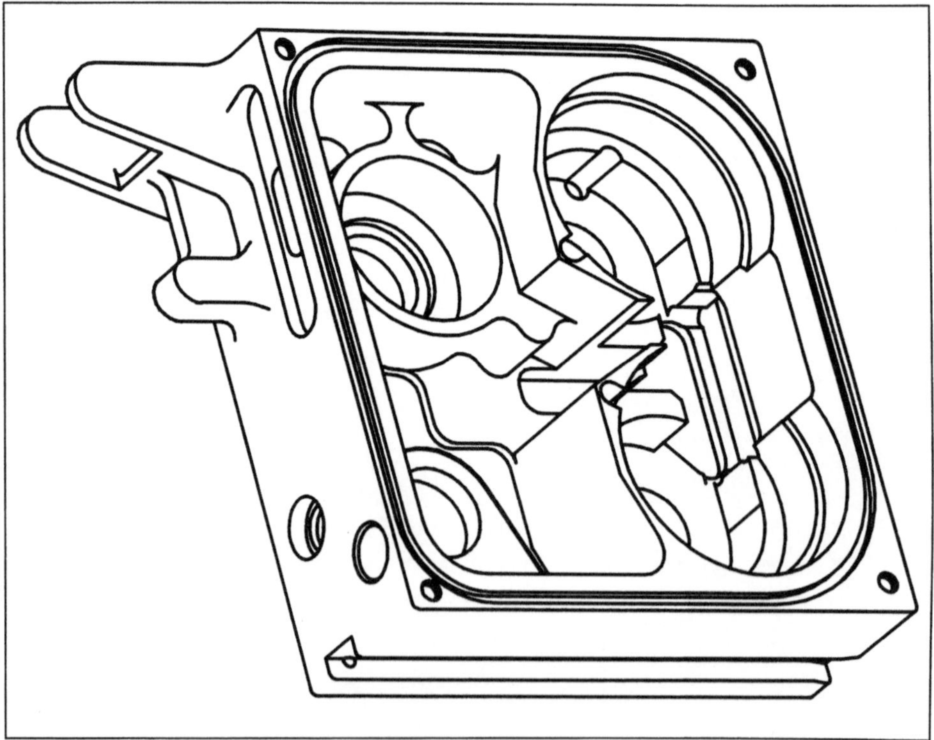

# Vorwort des Reihenherausgebers

Die Gesellschaft für Informatik e. V. (GI) und der Springer-Verlag veröffentlichen in enger Zusammenarbeit die technisch-wissenschaftlichen Probleme der Informatik gewidmeten Informatik-Handbücher. Diese Handbücher entstehen aus der Arbeit der Fachausschüsse, Fachgruppen oder Arbeitskreise der GI. Sie sollen gesichertes und erprobtes Wissen so präsentieren, daß dem Praktiker ein Leitfaden, ein Nachschlagewerk geboten wird.

Das CAD-Handbuch ist das erste in der Reihe der Informatik-Handbücher. Mit ihm steht insbesondere dem CAD-Anwender ein Werk zur Verfügung, das angesichts der raschen Entwicklung auf diesem Gebiet größtes Interesse finden dürfte. Dem Charakter eines Handbuches entsprechend, präsentiert es empfehlenswerte Vorgehensweisen bei der Beurteilung, Bewertung, Rechtfertigung, Auswahl und Einführung von CAD-Systemen.

Die darin behandelten Auswahlkriterien und -verfahren helfen jedoch nicht nur dem CAD-Anwender bei der Entscheidungsfindung; sie können auch dem Designer eines CAD-Systems Hintergrundinformation und wertvolle Hinweise zur Analyse seines Systementwurfs, zum „Requirement Engineering" geben.

Das CAD-Handbuch entstand im Verlauf von drei Jahren in einem Arbeitskreis der GI, dem vor allem Vertreter der Industrie angehörten. Dadurch ist gewährleistet, daß nicht nur theoretisches Wissen, sondern auch in der Praxis Bewährtes Eingang in das Handbuch gefunden hat. Der Arbeitskreis bemühte sich darüber hinaus um eine Vielzahl von Stellungnahmen — insbesondere auch von maßgeblichen Verbänden —, um so noch vor der Veröffentlichung des Handbuchs einen möglichst breiten Konsens sicherzustellen.

Die Gesellschaft für Informatik dankt dem sehr engagiertem Arbeitskreis CAD-Handbuch, dem Redaktionsausschuß und insbesondere dessen Sprecher, Herrn Prof. Dr.-Ing. J. Encarnação für die geleistete Arbeit, aber auch den Firmen, die ihren Mitarbeitern den nötigen Freiraum für ihr Engagement im Arbeitskreis gewährt haben.

Der Herausgeber der Reihe „Informatik-Handbücher" dankt dem GI-Präsidium für den Entschluß, diese Reihe zu begründen und mitzutragen. Sein Dank gilt aber auch dem Spinger-Verlag für die komfortable Ausstattung und die rasche Herstellung dieses erstens Bandes.

München, im August 1984 *Rupert Gnatz*

# Vorwort der Herausgeber

Der Arbeitskreis „Wirtschaftlichkeit von CAD-Systemen", in dem dieses Handbuch entstanden ist, gehört dem Fachausschuß 4.2 (Rechnerunterstütztes Entwerfen und Projektieren) des Fachbereichs 4 (Informatik in Wissenschaft, Technik und Medizin) der Gesellschaft für Informatik an.

Die Gesellschaft für Informatik hatte vor allem zwei Motive, diesen Arbeitskreis und in dem Arbeitskreis das Projekt CAD-Handbuch auf den Weg zu bringen. Zum einen verlangten die Anwender der Informatik, und insbesondere die CAD-Anwender und Systementwickler, nach einem eigenen Forum innerhalb der Informatik im allgemeinen und der Gesellschaft für Informatik im besonderen. Zum anderen war, sachlich gesehen, ein CAD-Handbuch fällig, wenn nicht überfällig. Es war an der Zeit, das Wissen über den Einsatz und die Einsatzmöglichkeiten von CAD-Systemen über den Spezialistenkreis hinaus einem größeren Publikum zugänglich zu machen, und ein Forum erfahrener und kompetenter Praktiker bot sich für ein solches Unterfangen nachgerade an.

Die Gründungssitzung des Arbeitskreises fand am 20. November 1981 in Darmstadt statt. Bis Ende 1982 hatte der Arbeitskreis, der zeitweise über 30 Mitglieder hatte, neunmal getagt. Die Detailarbeit zwischen den Sitzungen wurde in vier Untergruppen (CAD-Systeme, Systemarchitekturen, Organisatorische Randbedingungen, Wirtschaftlichkeit) geleistet. Anfang 1983 wurde dann der Redaktionsausschuß CAD-Handbuch ins Leben gerufen. Seine nicht immer leichte Aufgabe war es, die in den Untergruppen gefertigten Arbeitspapiere zu einem inhaltlich wie formal konsistenten Text zu verarbeiten. Bis zur Fertigstellung des Handbuchs waren dazu allein neun zeit- und arbeitsintensive Redaktionssitzungen nötig. Zwischen diesen Sitzungen wurden die jeweils erarbeiteten Textversionen den übrigen Mitgliedern des Arbeitskreises zur Begutachtung vorgelegt. Die nun vorliegende Endfassung ist somit als das Ergebnis der dreijährigen Arbeit des gesamten Arbeitskreises anzusehen. Sie wird von allen Mitgliedern des Arbeitskreises getragen, ist von diesen abschließend gebilligt und zur Veröffentlichung freigegeben. Zuletzt gehörten dem Arbeitskreis 24 Mitglieder an; davon kamen 20 aus den Reihen der Industrie. Der Redaktionsausschuß hatte 9 Mitglieder; sie treten als die Herausgeber des Handbuchs auf.

Im März 1984 wurde eine vorläufige Endfassung des Handbuchs auch einer Reihe von Fachverbänden vorgelegt. An die Bundesarchitektenkammer (BAK), die CAD/CAM-Entwicklungsgesellschaft (CEFE), das Deutsche Institut für Normung e. V. (DIN), die Gesellschaft für Informatik e. V. (GI), den Verein zur Förderung des graphischen Kernsystems (GKS-Verein e. V.), die Nachrichtentechnische Gesellschaft (NTG), das Projekt Fertigungstechnik (KfK/PFT), das Rationalisierungskuratorium der Deutschen Wirtschaft (RKW), den Verband Deutscher Automobilhersteller (VDA), den Verband Deutscher Elektrotechniker e. V. (VDE), den Verein Deutscher Ingenieure (VDI), Ausschuß „Einführunsstrategien und Wirtschaftlichkeit von CAD-Systemen" der VDI-Gesellschaft Konstruktion und Entwicklung, den Verband Deutscher Maschinen- und Anlagebau e. V. (VDMA), den Zentralverband des Deutschen Baugewerbes (ZDB) und den Zentralverband der Elektrotechnischen Industrie e. V. (ZWEI) ging die Bitte um Durchsicht des Manuskripts und kritische Stellungnahme. Die eingegangene Stellungnahmen wurden wiederum im Arbeitskreis diskutiert und, soweit möglich, für die Endfassung berücksichtigt. Das CAD-Handbuch hat somit schon vor seinem Erscheinen eine breite fachliche Diskussion durchlaufen. Der Dank des Arbeitskreises gilt denjenigen, die sich zu dieser hilfreichen Diskussion bereitgefunden haben.

Die Gesellschaft für Informatik hat den Arbeitskreis „Wirtschaftlichkeit von CAD-Systemen" eingerichtet und damit das Projekt CAD-Handbuch allererst ermöglicht. Ihr hat deshalb der besondere Dank aller Mitglieder des Arbeitskreises zu gelten. Den Herren Professoren Brauer, Hackl, Krüger und Syrbe vom GI-Präsidium und den Herren Dierstein und Gnatz vom Fachbereich 4 vor allem ist es zu verdanken, daß das CAD-Handbuch als das erste in der Reihe der Informatik-Handbücher erscheinen kann. Der besondere Dank der Herausgeber gilt Herrn Messina für die redaktionellen Arbeiten am Manuskript, den Herren Hornung, Rehwald und Peters für die Erfassung des Textes und die Herstellung der Bilder, den Damen aus dem Sekretariat des FG GRIS an der TH Darmstadt, B. Astridge und R. Kimeswenger, für die Unterstützung des Projekts CAD-Handbuch über drei arbeitsreiche Jahre hinweg und Herrn Dr. Stohner, der mit großer Sorgfalt das Buch redaktionell überarbeitet und für den Druck vorbereitet hat. Last but not least danken die Herausgeber den übrigen Mitgliedern des Arbeitskreises, nämlich M. Ahn (RIB, Stuttgart), A. Bien (THYSSEN HENSCHEL, Kassel), H. Brand (SCS, Hamburg), H. Grabowski (RPK, Universität Karlsruhe), R. Gränzer (Siemens AG, München), J. Guthoff (Gesamthochschule Kassel), G. Herrmann (Dietz Technovision, Mülheim-Ruhr), B. Karl (KfK/PFT/CADCAM Karlsruhe), † J. Machala (Mannesmann DEMAG, Duisburg), G. Müller (THYSSEN HENSCHEL, Kassel), A. Mund/K. Pasemann (Volkswagenwerk, Wolfsburg), W. R. Saggau (MBP, Dortmund), H. Sczyrba/J. Jeremias (Volkswagenwerk, Wolfsburg), A. Struna (MAN, Nürnberg), M. Urbanetz (Fichtel & Sachs, Schweinfurt) und A. Westermann (IBM, München).

Was den Arbeitskreis während der Entstehung des CAD-Handbuchs auszeichnete, war neben der hohen Arbeitsintensität ein stets konstruktiver und kooperativer Geist. Er läßt die Herausgeber hoffen, daß auch das nächste Projekt des Arbeitskreises zu einem baldigen und erfolgreichen Abschluß kommt. Es ist dies das CAM-Handbuch in der Reihe der Informatik-Handbücher.

Darmstadt, im August 1984    Der Redaktionsausschuß

*J. Encarnação* (THD/GRIS, Darmstadt), Sprecher
*H.-E. Hellwig* (CAD/CAM Partner, Firnig +
                   Hellwig, Goslar-Hahnenklee)
*E. Hettesheimer* (RPK, Universität Karlsruhe)
*W. F. Klos* (Daimler-Benz AG, Stuttgart)
*S. Lewandowski* (CAD/CAM Consult, Ratingen)
*L. A. Messina* (THD/GRIS, Darmstadt)
*W. Poths* (VDMA, Frankfurt)
*K. Rohmer* (AEG-TELEFUNKEN, Frankfurt)
*H. Wenz* (IGL, Mühlheim und Frankfurt)

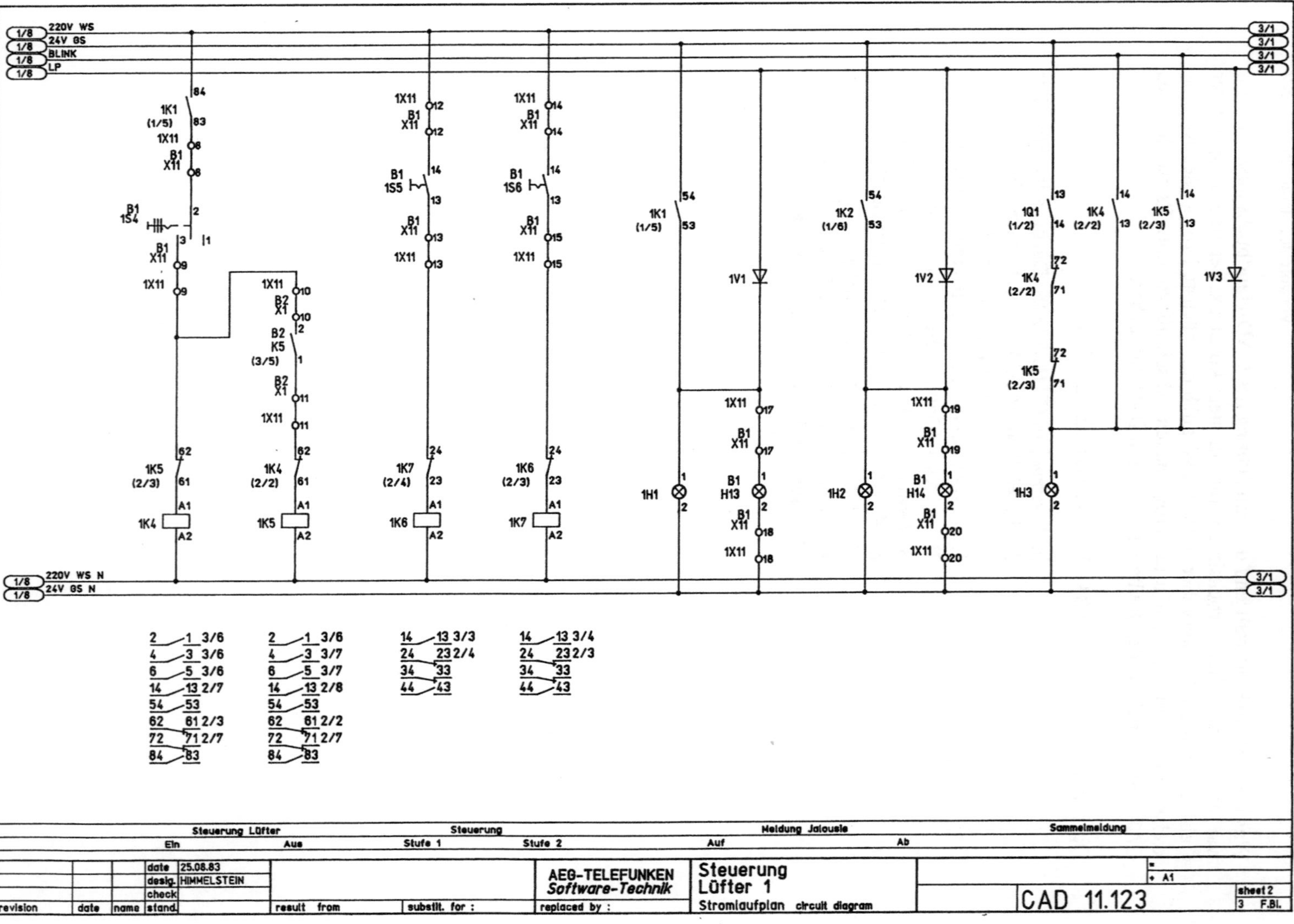

1/8  220V WS                                                          3/1 WS
1/8  24V GS                                                           3/1 GS
1/8  BLINK                                                            3/1
1/8  LP                                                               3/1

84
1K1
(1/5)  83
1X11  8
B1 X11  8

1X11  O12        1X11  O14
B1 X11  O12      B1 X11  O14

B1 1S5  14       B1 1S6  14
        13               13
B1 X11  O13      B1 X11  O15
1X11  O13        1X11  O15

B1 1S4    2
3   1
B1 X11  9
1X11  9

1X11  O10
B2 X1  O10
B2 K5 (3/5)  1
B2 X1  O11
1X11  O11

1K5 (2/3)  62  61      1K4 (2/2)  62  61      1K7 (2/4)  24  23      1K6 (2/3)  24  23
A1                     A1                     A1                     A1
1K4  A2                1K5  A2                1K6  A2                1K7  A2

1K1 (1/5)  54  53      1K2 (1/6)  54  53      1Q1 (1/2)  13  14

1V1                    1V2                    1K4 (2/2)  72  71
1X11  O17              1X11  O19              1K5 (2/3)  72  71
B1 X11  O17            B1 X11  O19
1H1                    B1 H13                 1H2      B1 H14                  1H3
                       B1 X11  O18            B1 X11  O20
                       1X11  O18              1X11  O20

1K4 (2/2)  14  13      1K5 (2/3)  14  13
1V3

1/8  220V WS N                                                       3/1
1/8  24V GS N                                                        3/1

2  1 3/6        2  1 3/6        14  13 3/3      14  13 3/4
4  3 3/6        4  3 3/7        24  23 2/4      24  23 2/3
6  5 3/6        6  5 3/7        34  33          34  33
14  13 2/7      14  13 2/8      44  43          44  43
54  53          54  53
62  61 2/3      62  61 2/2
72  71 2/7      72  71 2/7
84  83          84  83

Steuerung Lüfter        Steuerung              Meldung Jalousie              Sammelmeldung
Ein       Aus          Stufe 1    Stufe 2     Auf           Ab

date 25.08.83
desig. HIMMELSTEIN
check
revision  date  name  stand.
result  from
substit. for :
replaced by :

AEG-TELEFUNKEN
Software-Technik
Steuerung
Lüfter 1
Stromlaufplan  circuit diagram

= 
+ A1
CAD 11.123
sheet 2
3   F.Bl.

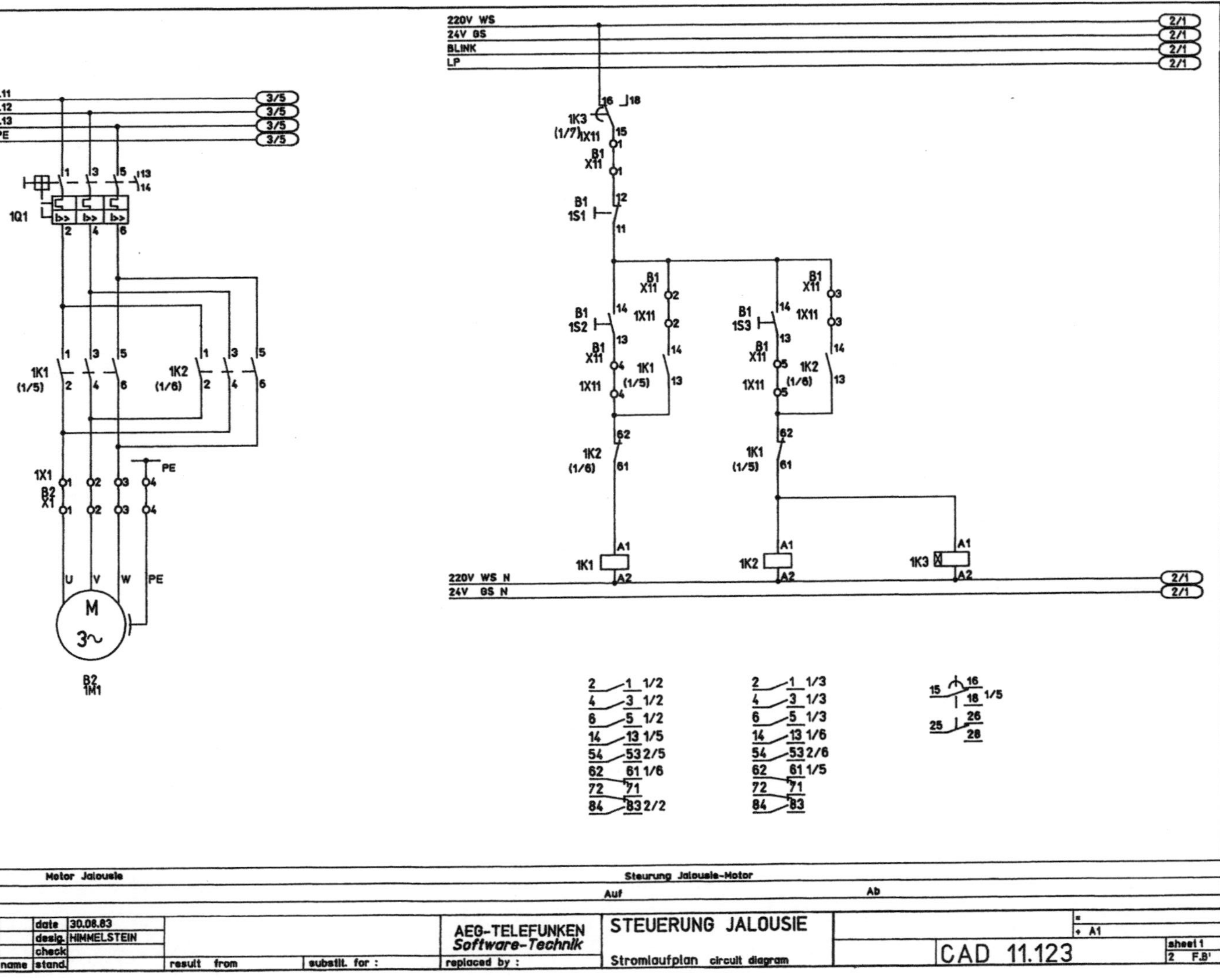

220V WS
24V GS
BLINK
LP
2/1
2/1
2/1
2/1
L11
L12
L13
PE
3/5
3/5
3/5
3/5
1Q1
1K1 (1/5)
1K2 (1/6)
1X1
B2 X1
U V W PE
M 3~
B2 1M1
Motor Jalousie
1K3 (1/7) X11
B1 X11
B1 1S1
B1 X11
B1 1S2
1X11
1K1 (1/5)
1K2 (1/6)
1K1 A1 A2
B1 X11
B1 1S3
1X11
1K2 (1/6)
1K1 (1/5)
1K2 A1 A2
1K3 A1 A2
220V WS N
24V GS N
2/1
2/1
Steurung Jalousie-Motor
Auf
Ab
2 1 1/2
4 3 1/2
6 5 1/2
14 13 1/5
54 53 2/5
62 61 1/6
72 71
84 83 2/2
2 1 1/3
4 3 1/3
6 5 1/3
14 13 1/6
54 53 2/6
62 61 1/5
72 71
84 83
15 16
18 1/5
25 26
28
AEG-TELEFUNKEN
Software-Technik
STEUERUNG JALOUSIE
Stromlaufplan  circuit diagram
CAD 11.123
date 30.08.83
desig. HIMMELSTEIN
check
name stand.
result  from
substit. for :
replaced by :
A1
sheet1
2  F.B'

# Inhaltsverzeichnis


**Kapitel 1:**

**Zur Einführung**

1.1 Ziel des CAD-Handbuchs ..... 3
1.2 Der Begriff CAD ..... 3
1.3 Anwendungsgebiete von CAD-Systemen ..... 4
1.4 Konzeption und Gliederung des Handbuchs ..... 5
1.5 Literatur ..... 7


**Kapitel 2:**

**Einfluß organisationsbezogener Randbedingungen**

2.1 Vorbemerkungen..... 13
2.2 Organisationsbezogene Randbedingungen..... 13
2.2.1 Auflistung..... 13
2.2.2 Auswirkungen..... 15
2.3 Tätigkeiten bei der Planung,
Anwendung und Erweiterung von CAD-Systemen..... 15
2.3.1 Voruntersuchung..... 16
2.3.2 Systemanalyse..... 17
2.3.3 CAD-System-Auswahl..... 17
2.3.4 Systemvorbereitung..... 18
2.3.5 CAD-System-Einführung..... 19
2.3.6 CAD-System-Betrieb..... 19
2.4 Fallbeispiele..... 19
2.5 Zusammenfassung..... 27
2.6 Literatur..... 29


**Kapitel 3:**

**Integration von CAD-Systemen in die DV-Umgebung**

3.1 Vorbemerkungen..... 37
3.1.1 Voraussetzungen für die CAD-Integration..... 38
3.1.2 Ziel der Integrationsbetrachtungen..... 39
3.1.3 Grundlegende Aussagen zur Integrationsdiskussion..... 39
3.1.4 Charakteristika der CAD-Konfiguration..... 40
3.1.5 Kapitelaufbau und -gliederung..... 42
3.2 CAE..... 42

3.2.1    Wirkungsfeld des CAE..... 42
3.2.2    CAE-Schwerpunkte..... 45
3.3.    CAD in einer CAE-Umgebung..... 46
3.3.1    Innerbetriebliche Integration..... 46
3.3.2    Außerbetriebliche Integration..... 48
3.3.3    Auswirkungen der Integration..... 49
3.3.4    CAD-Datenbank..... 49
3.3.5    Schnittstellen in CAD-Systemen..... 51
3.3.5.1    Datenschnittstelle IGES..... 52
3.3.5.2    Datenschnittstelle zur NC-Programmierung..... 52
3.3.5.3    Datenschnittstelle VDAFS..... 53
3.3.5.4    Datenschnittstelle zu Berechnungsprogrammen..... 54
3.3.5.5    Graphikschnittstelle GKS..... 55
3.3.5.6    Eingabeschnittstellen..... 58
3.3.5.7    Schnittstelle zur rechnerinternen Objektdarstellung..... 59
3.3.5.8    Geometrieorientierte FORTRAN-Schnittstelle..... 59
3.4    Konfigurationen für CAD..... 60
3.4.1    Datenflußbetrachtungen..... 60
3.4.2    CAD-Systemkonfiguration..... 64
3.5    Kompatibilität und Portabilität der Software..... 69
3.5.1.    Funktionale Komponenten..... 70
3.5.1.1    Datenmodelle..... 70
3.5.1.2    Datenverwaltungssystem..... 70
3.5.1.3    Modellierungsfunktionen..... 70
3.5.1.4    Graphik- und Interaktionssystem..... 71
3.5.2    Hardwarekomponenten und -funktionen..... 71
3.5.2.1    Gestaltung..... 71
3.5.2.2    Funktionen..... 72
3.5.2.3    Einschränkungen durch bestehende CAD-Software..... 73
3.5.3    Regeln für ein offenes System..... 74
3.5.3.1    Offenheit zum Produktionsprozeß..... 74
3.5.3.2    Offenheit zum Benutzer..... 74
3.5.3.3    Offenheit für die Weiterentwicklung der Hardware..... 75
3.5.4    Folgerung..... 75
3.6    Zusammenfassung..... 75
3.7    Literatur..... 76


## Kapitel 4

## Klassifizierung von CAD-Systemen


4.1    Vorbemerkungen..... 83
4.2    Beziehungen zwischen CAD-Systemen und Unternehmen..... 84
4.2.2    Systematik zum Vergleich angebotener CAD-Systeme..... 85
4.2.2.1    Die Integrationsfähigkeit als Bestandteil der Systematik..... 86
4.2.2.1.1 Modellverarbeitung als Voraussetzung..... 86

4.2.2.1.2    Kriterien der Integrationsfähigkeit..... *88*
4.2.2.1.3    Vorteile der integrierten CAD-Verarbeitung..... *90*
4.2.2.2    Prozeßleistungsfähigkeit des In-Systems..... *90*
4.2.2.3    Prozeßleistungseigenschaften..... *92*
4.2.2.4    Archivierung..... *94*
4.3    Das CAD-System..... *96*
4.3.1    Das Modell (Verarbeitung in CPU)..... *97*
4.3.1.1    CAD-Software..... *97*
4.3.1.1.1    Geometrierepräsentation..... *97*
4.3.1.1.2    Geometriemodell (rechnerinterne Darstellung)..... *99*
4.3.1.1.3    Formulierung der Topologiestruktur (der Gestalt)..... *99*
4.3.1.1.4    Manipulationszugriff auf Objekte..... *101*
4.3.1.1.5    Generierungsprinzipien..... *102*
4.3.1.1.6    Lage- und Größenbestimmung..... *103*
4.3.1.1.7    Verknüpfungsoperatoren (Integration der Kommunikation)..... *103*
4.3.1.1.8    Definition der Geometrieelemente (Form)..... *104*
4.3.1.1.9    Durchdringungslogik zwischen Flächen..... *104*
4.3.1.1.10    Abrundungen..... *104*
4.3.1.1.11    Transformationen..... *105*
4.3.1.1.12    Zusatzfunktionen..... *105*
4.3.1.1.13    Interaktionsmethoden (Handhabungsdynamik)..... *105*
4.3.1.2    Host-System..... *106*
4.3.1.2.1    Host-System-Hardware..... *106*
4.3.1.2.2    Host-System-Software..... *108*
4.3.2    Die Abbildung (Verarbeitung im Graphik-Controller)..... *109*
4.3.2.1    Lokale Systemsoftware..... *109*
4.3.2.2    Lokale Systemhardware..... *109*
4.4    Zusammenfassung..... *112*
4.5    Literatur..... *112*


**Kapitel 5**

**Ermittlung der Wirtschaftlichkeit von CAD-Systemen**


5.1    Vorbemerkungen..... *119*
5.1.1    Kapitelaufbau und -gliederung..... *119*
5.1.2    Begriffe..... *119*
5.1.3    Abgrenzungen..... *120*
5.1.4    Kriterien der Wirtschaftlichkeit..... *120*
5.2    Methoden zur Ermittlung der Wirtschaftlichkeit..... *121*
5.2.1    Methoden mit eindimensionaler Zielsetzung..... *121*
5.2.1.1    Statische Methoden..... *122*
5.2.1.2    Dynamische Methoden..... *123*
5.2.2    Methoden mit mehrdimensionaler Zielsetzung..... *124*
5.2.3    Zeitpunkte für Wirtschaftlichkeitsbetrachtungen und -rechnungen..... *130*

5.2.3.1    Wirtschaftlichkeitsbetrachtungen und -rechnungen
           vor Einführung eines CAD-Systems..... *130*
5.2.3.2    Wirtschaftlichkeitsbetrachtungen und -rechnungen
           nach Einführung eines CAD-Systems..... *131*
5.3        Nutzenermittlung..... *132*
5.3.1      Abgrenzung der Nutzenkomponenten..... *132*
5.3.2      Zeitliche Entwicklung der Nutzenkomponenten..... *134*
5.3.3      Bewertung der Nutzenkomponenten..... *134*
5.3.3.1    Produktivitätssteigerung..... *135*
5.3.3.2    Qualitäts- und Flexibilitätssteigerung..... *143*
5.4        Kostenermittlung..... *146*
5.4.1      Einmalige Ausgaben bzw. Kosten..... *147*
5.4.1.1    Systemkosten..... *147*
5.4.1.2    Raumkosten..... *149*
5.4.1.3    Leitungskosten..... *150*
5.4.1.4    Kosten für die organisatorische Vorbereitung..... *150*
5.4.1.5    Kosten für die Schulung..... *151*
5.4.1.6    Kosten für die Installation und Integration..... *152*
5.4.1.7    Kosten, die sich aus der Minderleistung bis zur
           Erreichung der erwarteten Beschleunigung ergeben..... *152*
5.4.1.8    Kosten für die Dateneingabe und Umstellung..... *152*
5.4.1.9    Sonstige Einmalkosten..... *153*
5.4.2      Laufende Ausgaben bzw. Kosten..... *153*
5.4.2.1    Personalkosten..... *154*
5.4.2.2    Kosten für die Schulung..... *154*
5.4.2.3    Kosten für die Datensicherung..... *154*
5.4.2.4    Kosten für Verbrauchsmaterial und Energie..... *155*
5.4.2.5    Kosten für die Hardwarewartung und -instandhaltung
           sowie für die Softwarepflege..... *155*
5.4.2.6    Kosten für die Versicherung..... *155*
5.4.2.7    Verzinsung des gebundenen Kapitals..... *155*
5.4.2.8    Mieten..... *155*
5.4.2.9    Abschreibungen..... *155*
5.5        Zusammenfassung..... *158*
5.6        Literatur..... *158*


**Kapitel 6**

**Beispiele für die Nutzen- und Kostenermittlung**


6.1        Erweitertes Verfahren der Nutzenermittlung ...... *165*
6.1.1      Beschreibung des Verfahrens ...... *166*
6.1.2      Erweiterung des Verfahrens ...... *166*
6.1.2.1    Verwendete Größen und deren Ermittlung ...... *167*
6.1.2.2    Ermittlung der jährlichen Einsparungen ...... *173*
6.1.2.3    Kostenvergleich Kauf/Leasing ...... *175*
6.1.2.4    Beispiel ...... *176*

6.1.2.5 Zusammenfassung und Ergebnisbewertung ...... 182
6.1.2.6 Nutzendarstellung ...... 184
6.2 Verfahren zur Ermittlung der Amortisationszeit ...... 187
6.3 Beispiele ...... 188
6.3.1 Beispiele für die Nutzenermittlung ...... 188
6.3.1.1 Quantifizierbarer Nutzen ...... 188
6.3.1.2 Schwer quantifizierbarer Nutzen ...... 189
6.3.2 Beispiele für die Kostenermittlung ...... 189
6.3.3 Beispiele für die Wirtschaftlichkeitsrechnung ...... 189
6.3.4 Beispiele für die Kosten/Nutzen-Berechnung ...... 193
6.3.4.1 Kennzahlen und Investitionsstufen ...... 193
6.3.4.2 Produktivitätssteigerung ...... 195
6.3.4.3 Auslastung der Bildschirmarbeitsplätze ...... 195
6.3.4.4 Bruttonutzen ...... 196
6.3.4.5 Kosten ...... 196
6.3.4.6 Berechnungsansatz für Kosten und Nutzen ...... 200
6.3.4.7 Verbesserung des Nutzens ...... 203
6.4 Literatur ...... 207

Literatur ...... 211

Adressen ...... 217

Index ...... 226

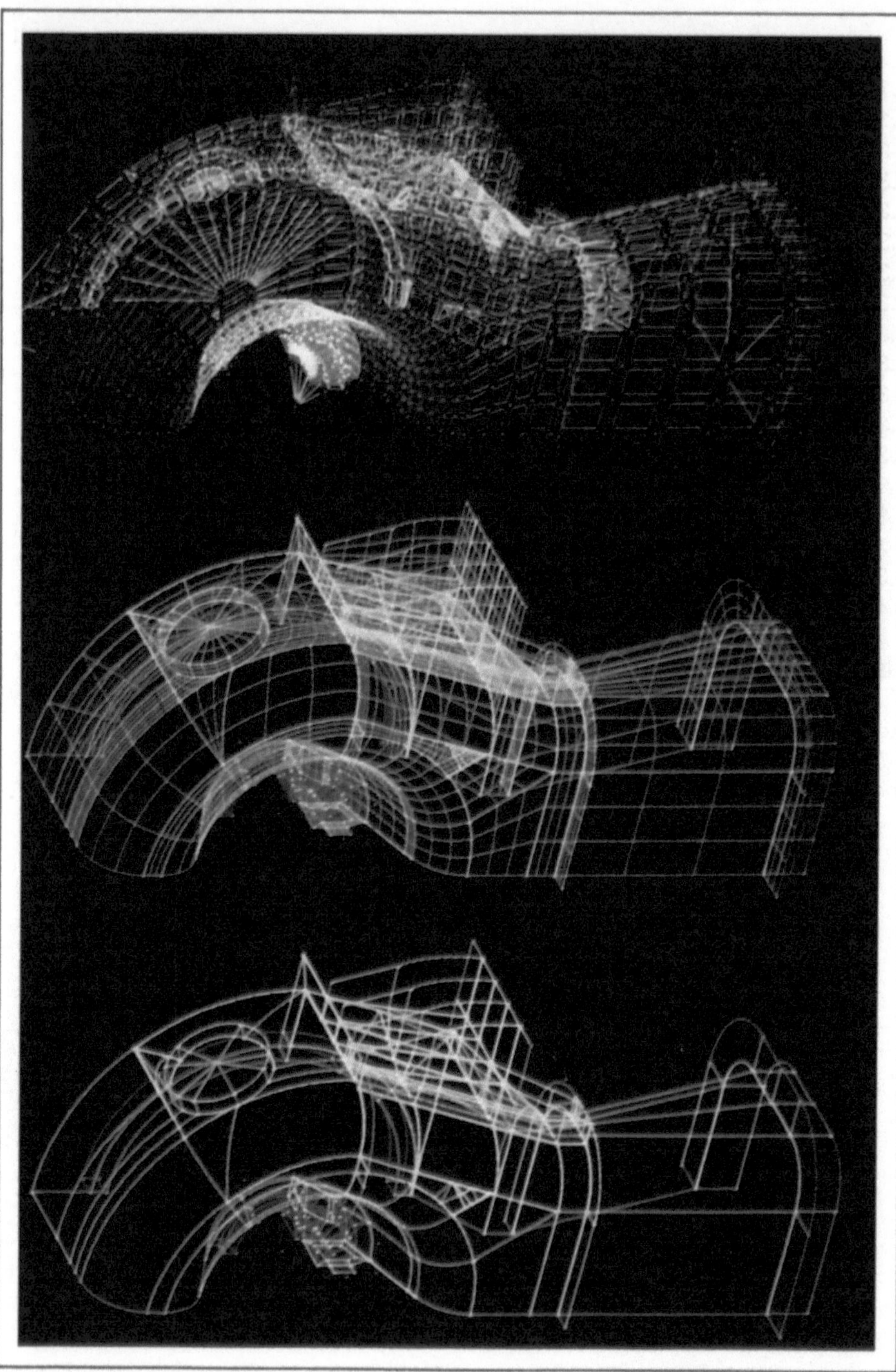

# Kapitel 1

# Zur Einführung


1.1 Ziel des CAD-Handbuchs ..... *3*
1.2 Der Begriff CAD ..... *3*
1.3 Anwendungsgebiete von CAD-Systemen ..... *4*
1.4 Konzeption und Gliederung des Handbuchs ..... *5*
1.5 Literatur ..... *7*

## 1.1 Ziel des CAD-Handbuchs

Dieses Handbuch versteht sich als ein Leitfaden der Einführung von CAD-Systemen. Es nennt die Kriterien für die Auswahl und Bewertung von CAD-Systemen, untersucht die Integrationsmöglichkeiten von CAD-Systemen bei unterschiedlichen gegebenen Randbedingungen und beschreibt die richtige Vorgehensweise bei der Einführung des einmal gewählten, unternehmensadäquaten CAD-Systems.

Befaßt mit der Einführung von CAD-Systemen sind Fachleute aus den Bereichen Konstruktion, Organisation und Datenverarbeitung. Sie vor allem sind die Adressaten dieses Handbuchs. Aus demselben Personenkreis stammen auch die Handbuchautoren. Sie haben es als ihre Aufgabe angesehen, eine an den Bedürfnissen des Praktikers orientierte Arbeitsmethodik zu entwickeln. Soweit wie möglich hält sich diese Arbeitsmethodik deshalb an die Logik der Abläufe in der Praxis. Sie übernimmt gleichsam die Perspektive des potentiellen CAD-Anwenders, dessen mögliche Zielvorstellungen sie permanent den Möglichkeiten der zur Verfügung stehenden CAD-Systeme gegenüberstellt. Wiederholungen und Überschneidungen ergeben sich aus einem solchen Verfahren zwangsläufig. Sie haben indes auch den Zweck, auf dem Wege einer schrittweisen methodischen Verfeinerung die Zahl der Einführungsprobleme zu minimieren.


## 1.2 Der Begriff CAD

CAD ist die Abkürzung des englischen Begriffs „Computer Aided Design". Die Bedeutung dieses Begriffs hat im Laufe der Zeit mehrfach gewechselt [1.1,1.2]. Heute spricht man von CAD immer dann, wenn ein Konstrukteur bei seiner Tätigkeit von einem Rechner im Dialog unterstützt wird.

In den Bereichen Entwicklung und Konstruktion unterscheidet man zwei Leistungsklassen von CAD-Systemen:

— CAD-Systeme zur Unterstützung der Zeichentätigkeit (Computer Aided Drafting) und
— CAD-Systeme zur Unterstützung der Konstruktion (Computer Aided Design).

Die Auftragsabwicklung in produzierenden Unternehmen zwingt den CAD-Anwender zur Wiederverwendung der in der Konstruktion erzeugten Daten in den nachgelagerten Bereichen Arbeitsplanung, Kalkulation, Betriebsmittelkonstruktion und NC-Programmierung. In diesen produktionsvorbereitenden Bereichen kennt man noch eine dritte Leistungsklasse von CAD-Systemen:

— CAD-Systeme zur Unterstützung der Konstruktion und Fertigungsplanung.

Die Entwickler von Computerhardware und -software grenzen den Begriff CAD nach Maßgabe der Eigenschaften und der Leistungsfähigkeit der einzelnen Systemkomponenten ab [1.1].

## 1.3 Anwendungsgebiete von CAD-Systemen

CAD-Systeme ermöglichen die optimale Erschließung des im technischen Bereich eines Unternehmens vorhandenen Rationalisierungspotentials. Mit ihrer Hilfe können Produkte zugleich besser, schneller und billiger hergestellt werden. Es ist keine Frage, daß der wachsende nationale und internationale Konkurrenzdruck den vermehrten Einsatz von CAD-Systemen zur Folge haben wird. Bereits heute wäre eine Reihe von Produkten ohne CAD-Einsatz nicht, oder jedenfalls nicht konkurrenzfähig herzustellen.

Typische Anwendungsgebiete für CAD-Systeme sind, neben den bereits genannten, z. B. die Präsentationsgraphik, der Entwurf, die Gestaltung und die Detaillierung allgemein.

In der Kartographie kommen CAD-Systeme überall dort zum Einsatz, wo Informationen in Kartenwerke integriert und statistische Angaben optisch herausgehoben werden sollen. Ein typisches Beispiel dafür ist das öffentliche Katasterwesen, das die Grundlage aller Grundbucheintragungen ist.

Integrierte Schaltungen sind ohne CAD-Einsatz nicht mehr denkbar. LSI- und VLSI-Schaltungen enthalten Gatterelemente, deren Anzahl pro Daumennagelfläche von 10.000 bis 100.000 reicht. CAD-Systeme werden hier beim Entwurf, bei der Simulation und bei der Maskenerstellung eingesetzt.

Beim Leiterplattenentwurf plaziert man ICs und andere elektronische Bauelemente teilweise automatisch auf einer Platine (Platte) und verbindet die Elemente mit Leiterbahnen. CAD-Unterstützung ist hier am wirkungsvollsten beim Entwurf, beim automatischen Entflechten und bei der Erstellung der Ätzmasken.

Die rechnerunterstützte Stromlaufplanerstellung gehört zu den einfachsten und wirtschaftlichsten CAD-Anwendungen. Ebenso wichtig wie der Entwurf des Stromlaufplans sind die Anschlußprogramme, die zur automatischen Erstellung von Stücklisten, Verdrahtungslisten, Klemmenanschlußplänen und Kabellisten führen.

Die Möglichkeiten für den CAD-Einsatz in der mechanischen Konstruktion reichen von den Schemaplänen für Pneumatik, Hydraulik, Fabrik- und Raumplanung bis zum Entwurf und zur Gestaltung komplexer Geometrien durch Finite-Elemente-Modelle. Besonderheiten gibt es hier vor allem beim Entwurf von Freiformflächen, wie sie heute im Flugzeug- und Automobilbau zu finden sind.

Im Anlagenbau sind Blockschaltbilder und Fließbilder die Grundpfeiler einer Anlage, wenn man ein Angebot zu bearbeiten beginnt. Aus ihnen werden die Vorgaben für die verfahrenstechnische Auslegung der Anlage und die mechanische Konstruktion der Apparate und Rohrleitungen entwickelt.

CAD-Systeme in der Architektur und im Bauwesen ermöglichen die rasche Darstellung der geplanten Gebäude oder Gebäudedetails, die Überprüfung des Entwurfs durch technische Berechnungen und die Herstellung von Ausführungsunterlagen wie Zeichnungen, Berechnungen usw.

Nicht befassen wird sich das vorliegende Buch mit den Methoden der Finiten Elemente in der Festigkeitslehre, mit Stücklisten und mit der CAD/NC-Kopplung zu CAM-Systemen. Dies werden Themen des geplanten CAM-Handbuchs sein, das sich ausschließlich mit CAM-Systemen und den notwendigen CAD/CAM-Schnittstellen befassen soll.

## 1.4 Konzeption und Gliederung des Handbuchs

Grundlage der inhaltlichen Konzeption dieses Handbuchs ist das in Bild 1.01 dargestellte Modell [1.3]. Es geht davon aus, daß CAD-Systeme im Hinblick auf das Kostenleistungsverhältnis unter vier verschiedenen Aspekten zu betrachten sind, wobei die Beziehung zwischen diesen Aspekten iterativ ist. Die Aspekte im einzelnen sind

— die CAD-Anwendung (Wertung für den Einsatzzweck, Prozeßleistungsfähigkeit),
— der Betrieb (Wertung für die Schnittstelle Bediener/System),
— das Umfeld (organisationsbezogene Randbedingungen) und
— das Management (Auswertung des Preisleistungsverhältnisses, Kosten, Nutzen, Amortisationsmethode).

Diese Grundkonzeption geht wiederum von vier verschiedenen Aspekten für den Bewertungsprozeß, nämlich

— Akzeptanz,
— Dialog,
— Anwendung und
— Preis

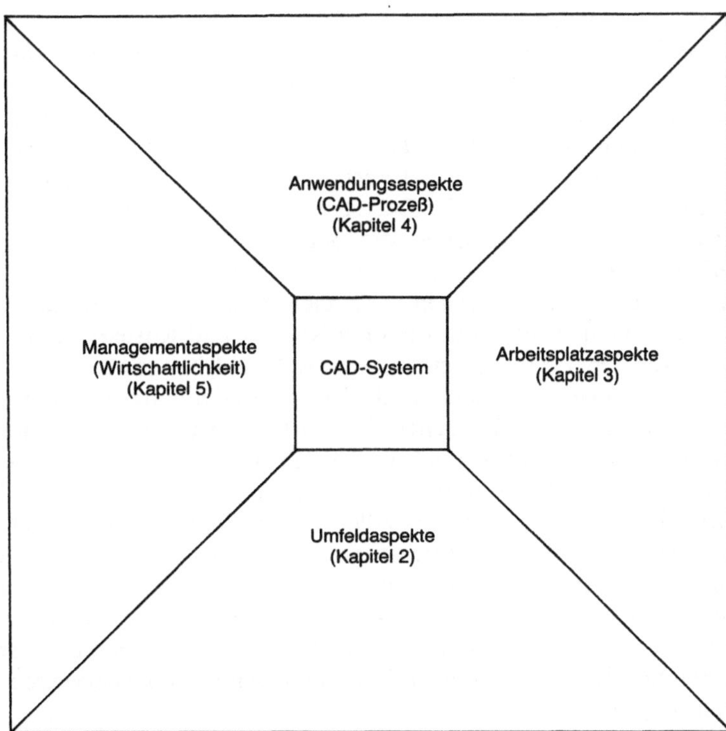


**Bild 1.01**  Modell eines CAD-Systems

aus. Die einzelnen Kapitel des Handbuchs entwickeln die wesentlichen Parameter für diese Aspekte und beschreiben, wie man anhand dieser Parameter mögliche Entwurfs- und/oder Auswertungskonflikte erkennt und minimiert. Insgesamt wird hier also eine Systematik der Bewertungs- und Entscheidungshilfen für die Planung, den Entwurf bzw. Erwerb und die Einführung von CAD-Systemen vorgestellt.

Im einzelnen behandelt *Kapitel 2* die Einflüsse organisationsbezogener Randbedingungen bei der Auswahl und Einführung von CAD-Systemen. Es soll den Leser in die Lage versetzen, Schritt für Schritt diejenigen Systemeigenschaften und Randbedingungen zu analysieren, die ihm die Auswahl des für sein Unternehmen geeigneten CAD-Systems ermöglichen. In Verbindung mit den in Kapitel 4 genannten technischen und leistungsbezogenen Bedingungen sowie den Integrationsbetrachtungen aus Kapitel 3 läßt sich sodann ein Pflichtenheft erstellen, das die Erwartungen, die der potentielle Benutzer mit dem CAD-Einsatz verbindet, dem gegenwärtigen CAD-Angebot gegenüberstellt. Kapitel 2 enthält überdies eine Übersicht darüber, wie sich die unterschiedlichen organisationsbezogenen Randbedingungen auf die Planungs-, Anschaffungs- und Betriebskosten eines CAD-Systems auswirken, und gibt dazu Fallbeispiele aus einigen Unternehmen.

*Kapitel 3* geht davon aus, daß ein CAD-System nur zur Lösung eines Teils der betrieblichen Probleme eines Unternehmens beitragen kann, und beschreibt die Integration von CAD-Systemen in die bereits vorhandene DV-Umgebung. Diese Integration wird organisatorisch sowohl von ihrer innerbetrieblichen als auch von ihrer überbetrieblichen Seite betrachtet; CAD-intern schließt sie Hardware- und Softwareverbindungen der Systemkomponenten ein.

*Kapitel 4* klassifiziert CAD-Systeme nach ihrer Integrationsfähigkeit und ihrer Prozeßleistungsfähigkeit. Die Integrationsfähigkeit ist entscheidend für die Erfassung des Einsatzspektrums eines CAD-Systems. Die Prozeßleistungsfähigkeit erlaubt Schlußfolgerungen im Hinblick auf dessen Wirtschaftlichkeit.

*Kapitel 5* stellt Methoden und Verfahren der Wirtschaftlichkeitsrechnung vor, die bei der Einführung von CAD-Systemen angewendet werden können. Es handelt sich dabei um die klassischen Methoden des Rechnungswesens sowie um spezielle, auf die CAD-Technik abgestimmte neue Prognoseverfahren zur Nutzenermittlung. Die Verfahren zeigen, wie man diese Methoden im Falle einer CAD-Einführung anwendet und wie man Nutzen- und Kostenkomponenten als Grundlagen für den Verfahrenseinsatz ermittelt und bewertet.

*Kapitel 6* schließlich beschreibt die Verfahren der Nutzwertanalyse sowie ein erweitertes Verfahren der Nutzenermittlung bzw. Amortisationsrechnung.

Am Ende eines jeden Kapitels findet sich eine Literaturliste, die über die unmittelbar in dem Kapitel verwendete Literatur hinaus weitere für das jeweilige Sachgebiet relevante Titel aufführt. Alle an den Kapitelenden aufgeführten Titel sind auch in dem erweiterten Literaturverzeichnis am Ende des Buches enthalten, das mithin eine Auswahlbibliographie der wichtigsten CAD-Literatur darstellt.

Die Abbildungen zwischen den Kapiteln zeigen die vielfältigen Anwendungsmöglichkeiten von CAD-Systemen. Am Buchende findet sich ein Verzeichnis der Firmen und Institutionen, die diese Abbildungen freundlicherweise zur Verfügung gestellt haben.

# 1.5 Literatur

[1.1]    Encarnação, J.; Schlechtendahl, E.G.:
Computer Aided Design. Springer-Verlag, Berlin/Heidelberg/New York 1983
[1.2]    Spur, G.:
Produktionstechnik im Wandel. Hanser Verlag, München/Wien 1979
[1.3]    Encarnação, J.; Messina, L.A.:
Eine Systemsimulationstechnik zur technischen Auswertung und wirtschaftlichen Rechtfertigung eines CAD-Systems. VDE Verlag, Berlin 1983, Tagungsband von CAMP '83, S. 965 ff.

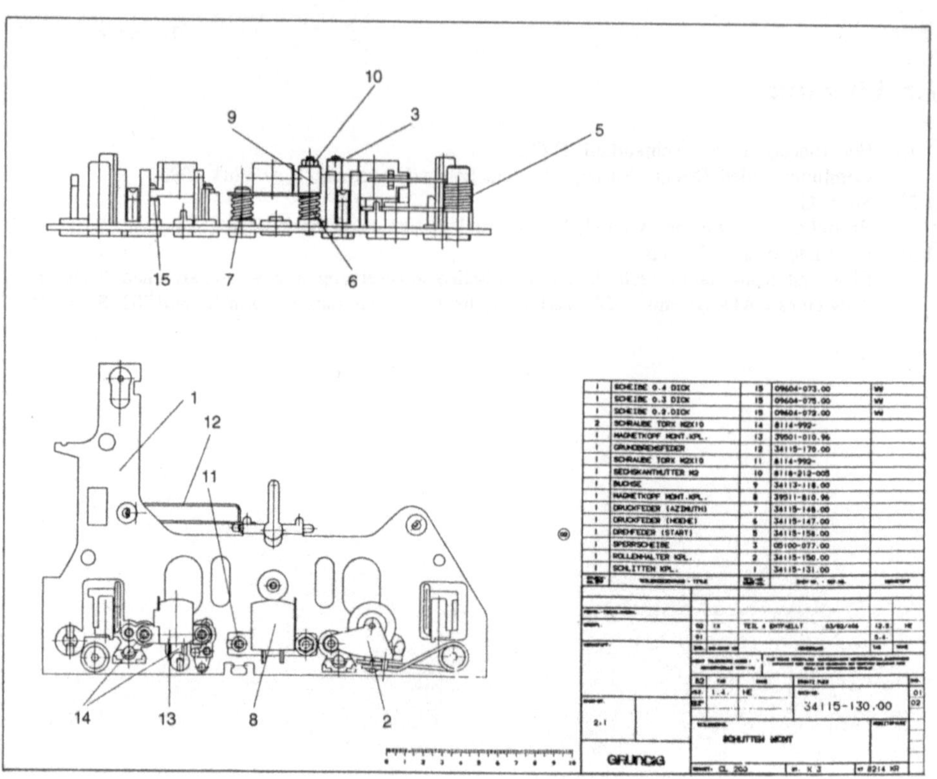



| | TEIL-BENENNUNG · TITLE | | SACH NR. · REF NR. | WERKSTOFF |
|---|---|---|---|---|
| 1 | SCHEIBE 0.4 DICK | 15 | 09604-073.00 | W |
| 1 | SCHEIBE 0.3 DICK | 15 | 09604-075.00 | W |
| 1 | SCHEIBE 0.2 DICK | 15 | 09604-072.00 | W |
| 2 | SCHRAUBE TORX M2X10 | 14 | 8114-992- | |
| 1 | MAGNETKOPF MONT.KPL. | 13 | 39501-010.96 | |
| 1 | GRUNDDREHFEDER | 12 | 34115-170.00 | |
| 1 | SCHRAUBE TORX M2X10 | 11 | 8114-992- | |
| 1 | SECHSKANTMUTTER M2 | 10 | 8118-212-005 | |
| 1 | BUCHSE | 9 | 34113-118.00 | |
| 1 | MAGNETKOPF MONT.KPL. | 8 | 39511-810.96 | |
| 1 | DRUCKFEDER (AZIMUTH) | 7 | 34115-148.00 | |
| 1 | DRUCKFEDER (HOEHE) | 6 | 34115-147.00 | |
| 1 | DREHFEDER (START) | 5 | 34115-154.00 | |
| 1 | SPERRSCHEIBE | 3 | 05100-077.00 | |
| 1 | ROLLENHALTER KPL. | 2 | 34115-150.00 | |
| 1 | SCHLITTEN KPL. | 1 | 34115-131.00 | |

GRUNDIG

34115-130.00

SCHLITTEN MONT

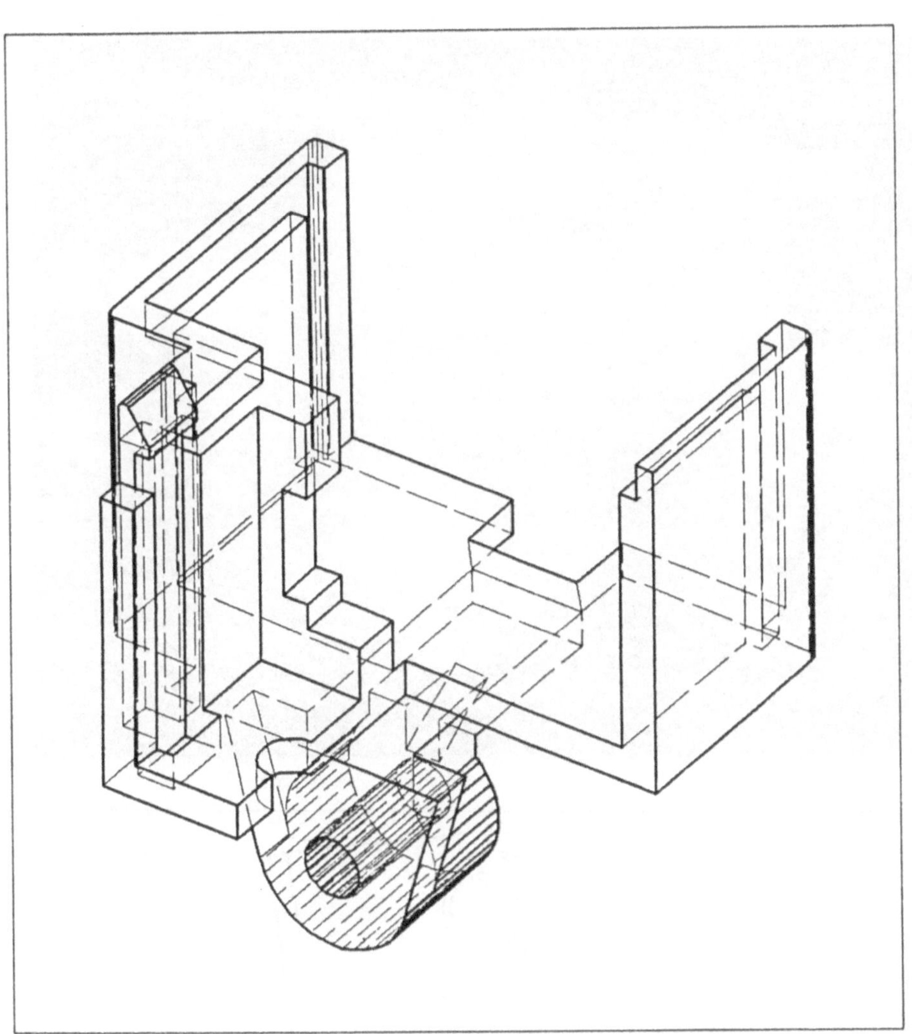

**Kapitel 2**

# Einfluß organisationsbezogener Randbedingungen

2.1    Vorbemerkungen..... *13*

2.2    Organisationsbezogene Randbedingungen..... *13*

2.2.1  Auflistung..... *13*

2.2.2  Auswirkungen..... *15*

2.3    Tätigkeiten bei der Planung,
Anwendung und Erweiterung von CAD-Systemen..... *15*

2.3.1  Voruntersuchung..... *16*

2.3.2  Systemanalyse..... *17*

2.3.3  CAD-System-Auswahl..... *17*

2.3.4  Systemvorbereitung..... *18*

2.3.5  CAD-System-Einführung..... *19*

2.3.6  CAD-System-Betrieb..... *19*

2.4    Fallbeispiele..... *19*

2.5    Zusammenfassung..... *27*

2.6    Literatur..... *29*

## 2.1 Vorbemerkungen

In diesem Kapitel werden die relevanten Randbedingungen untersucht, die Einfluß
auf die Art und auf die Kosten von CAD-Systemen haben. Dabei ist bei den Kosten zu unterscheiden zwischen

— Kosten für die Planung,
— Systembeschaffungskosten (Investition, Kaufpreis) und
— laufenden Betriebskosten.

Um diese Kosten quantifizieren zu können, werden die relevanten organisationsbezogenen Randbedingungen auf ihre Auswirkungen hin untersucht. Daran schließt
sich die Zusammenstellung von Fallbeispielen an, aus denen Erkenntnisse über Ko-
stenzusammenhänge gewonnen werden. Aus diesen beiden Informationskreisen
kann der CAD-Interessent die für seinen konkreten Fall auftretenden CAD-
Kosten, die organisationsbezogenen Randbedingungen unterliegen, ableiten.
Darüber hinaus können aus den beiden Informationskreisen allgemeine Ausgangs-
daten für ein Simulationsmodell gewonnen werden.
Nicht Gegenstand dieses Kapitels ist die Untersuchung der organisatorischen Auswirkungen der CAD-Anwendung. Es ist aber selbstverständich, daß die Ausnutzung der Prozeßleistungsfähigkeit vom Zuschnitt des Um-Systems ( = Systemum-
feld) auf das In-System ( = CAD-System) abhängt [2.2]. Dieser ebenfalls wichtige
Themenkomplex wird in einem Arbeitskreis des VDI bearbeitet.

## 2.2 Organisationsbezogene Randbedingungen

### 2.2.1 Auflistung

Folgende organisationsbezogene Randbedingungen sind ausschlaggebend für die
Notwendigkeit, die Auswahl, die Art und Weise der Einführung und damit für die
Kosten (Beschaffung, Planung, Betrieb) von CAD-Systemen:

1. Firmenmerkmale
   (Umsatz — Branche — Produktionsspektrum — Gesamtzahl der Mitarbeiter
   — Mitarbeiter in der Konstruktion — Firmenart, wie z. B. Betriebsstätte eines
   Konzerns)

2. Personal und Ausbildungsstand
   (Qualifikation des vorhandenen Personals, z. B. Konstrukteure, Detaillierer,
   Hilfskräfte)

3. Unterstützung durch Arbeitnehmervertreter
   positiv — negativ — indifferent

4. Motivation
   niedrig — hoch — mittel

5. Vernetzung mit der vorhandenen Firmenorganisation
   (z. B. Abteilungsgrenzen übergreifender Einsatzbereich)
   keine — mittel — stark

6. Vorhandene Informationsträger- und Ordnungssysteme
   (z. B. Mikrofilm, Zeichnungen, Sachmerkmalsverwaltungssystem, Klassifizie-
   rungssysteme)

7. Grad der Formalisierung der vorhandenen Organisation
   (z. B. starre Abteilungsgrenzen, Aufgabenbeschreibungen für Abteilungen
   und Personen, strenge Einhaltung des Dienstweges, Formularwesen)
   hoch — mittel — gering

8. Soziopolitische Aspekte
   (z. B. Betriebsklima, formelle und informelle Beziehungen der Mitarbeiter untereinander, Berücksichtigung der gesellschaftlichen und arbeitsmarktpoliti-
   schen Verhältnisse)

9. Unterstützung durch firmeneigene Softwareprogrammierer und -betreuer
   ja — nein — mittel

10. Mitbenutzung des Systems für technisch-wissenschaftliche Berechnungen
    ja — nein — mittel

11. Nutzung von oder Kopplung mit vorhandenen Rechnern
    ja — nein

12. Nutzung der durch CAD-Einsatz gewonnenen Personalkapazität

13. Art und Umfang der bisherigen Koordinierung derjenigen Arbeiten, die künf-
    tig mit CAD durchgeführt werden
    (z. B. viel Eigeninitiative oder straffe Führung, Leistungskontrolle, Kapazi-
    tätsplanung, Mitarbeitereinsatzplanung, Zeichnungsfreigabe, Nummerungs-
    systeme)

14. Abhängigkeit von Kunden, Lieferanten und vom Wettbewerb

15. Flexibilität der Organisation
    groß — mittel — gering

16. Produkt- und Produktionsphilosophie
    (Grad der Standardisierung — Einzel-, Klein- oder Großserienfertigung —
    Robotereinsatz — NC-Fertigung — Automaten)

17. Räumliche Verteilung der für den CAD-Einsatz vorgesehenen Abteilungen
    (z.B. an verschiedenen Orten, in verschiedenen Gebäuden an ein und demsel-
    ben Ort, an verschiedenen Stellen innerhalb eines Gebäudes)

18. Grad der Klarheit darüber, wie und für welche Aufgabengebiete das System
    eingesetzt werden soll
    hoch — mittel — gering — keine Aufgabenbeschreibung

### 2.2.2 Auswirkungen

Es wurde untersucht, in welchem Maße die organisationsbezogenen Randbedingungen die CAD-Kosten beeinflussen. Dabei wird auch hier zwischen Planungskosten, Systembeschaffungskosten (Investition, Kaufpreis) und laufenden Betriebskosten unterscheiden (vgl. Bild 2.04). Die Ergebnisse der Untersuchungen sind in Bild 2.01 wiedergegeben:

| | Planungs-kosten | Beschaf-fungs-kosten | Betriebs-kosten |
|---|---|---|---|
| 1. Firmenmerkmale | + + | + | 0 |
| 2. Personalausbildung | + + | + + | + + |
| 3. Gewerkschaftsunterstützung | + + | + | 0 |
| 4. Motivation | + + | + | + + |
| 5. Abteilungsvernetzung | + + | + + | + |
| 6. Informationsträger- und Ordnungssysteme | + + | + | 0 |
| 7. Formalisierungsgrad | + + | 0 | + + |
| 8. Soziopolitische Aspekte | + + | + + | + |
| 9. Programmierer- und Betreuerunterstützung | + | + | + + |
| 10. Technisch-wissenschaftliche Berechnungen | + | + + | 0 |
| 11. Rechnerkopplung | + + | + | + |
| 12. Personalnutzung | + + | 0 | 0 |
| 13. Koordinierung der Arbeiten, bzw. Aufgaben | + + | 0 | 0 |
| 14. Kunden-, Lieferanten- und Wettbewerbsabhängigkeit | + + | + + | + |
| 15. Flexibilität | + | + | + + |
| 16. Produkt- und Produktionsphilosophie | + + | + + | + |
| 17. Räumliche Verteilung | + | + + | + + |
| 18. Klarheit der Aufgabenstellung | + + | + + | + + |

+ + hoch
+    mittel
0    gering

**Bild 2.01**   Einfluß der organisationsbezogenen Randbedingungen auf die Kosten

## 2.3 Tätigkeiten bei der Planung, Anwendung und Erweiterung von CAD-Systemen

Bei der Planung, der Einführung und schließlich der Anwendung und möglichen Erweiterung eines CAD-Systems sind mehrere Phasen zu durchlaufen. Bild 2.02 zeigt diese Phasen. In den folgenden Unterabschnitten werden sie näher erläutert.

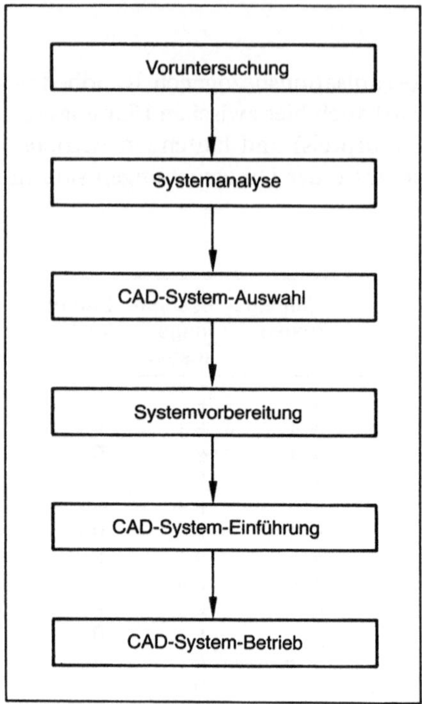


**Bild 2.02**   Phasen der Planung und Einführung eines CAD-Systems bis zu dessen Anwendung

### 2.3.1 Voruntersuchung

Sie betrifft den Stand der CAD-Technologie und das Vorgehenskonzept.

1. Stand der CAD-Technologie
   Das Wissen über den Stand der CAD-Technologie kann durch
   — neutrale CAD-Seminare,
   — Informationsveranstaltungen bei CAD-Herstellern,
   — CAD-System-Vorführungen,
   — Workshops,
   — Messebesuche,
   — Besuche bei Anwendern,
   — Literatur und
   — von Beratern
   erworben werden.
2. Vorgehenskonzept
   — CAD ja oder nein?
   — Welche Anwendungen mit welchen Prioritäten?
   — Festlegung der groben Zielsetzungen und der Projektverantwortlichen

### 2.3.2 Systemanalyse

Durch diese wird das System, in das hinein das CAD-System integriert werden soll, also das Um-System, analysiert. Es sind folgende Aspekte zu betrachten:

1. Analyse des betrieblichen Ist-Zustandes
   — Produktgliederung
   — Komplexität der Konstruktion
   — Abschätzung des Rationalisierungspotentials
   — Konstruktionsarten
   — Zeichnungsarten
   — Analyse des Konstruktionsablaufs
   — Analyse der Ablauforganisation in Konstruktion und Arbeitsvorbereitung
   — Verteilung der Tätigkeiten in Konstruktion und Arbeitsvorbereitung
   — benötigte Informationen in Konstruktion und Arbeitsvorbereitung
   — gewonnene Informationen in Konstruktion und Arbeitsvorbereitung
   — bereits verwendete Hard- und Software
   — sonstige verwendete Hilfsmittel
   — organisationsbezogene Randbedingungen
2. Aussagefähigkeit der Ist-Analyse für die Zukunft
   — Trend der Produktpalette
   — Lebenszykluskurve der Produkte
   — Trend der Produkt-/Fertigungstechnologie
   — Unternehmensstrategie

Aus der Analyse folgen die Einführungsstrategie und das Anforderungsprofil für das CAD-System.

1. CAD-Einführungsstrategie
   — Terminplan
   — Personalplan
   — Kapazitätsplan
   — Investitionsplan
   — Organisationsplan
   — Systemvorbereitungsplan
2. Anforderungsprofil (Lastenheft)
   — Kriterienkatalog und Gewichtung der Kriterien
   — Benchmarkfestlegung
   — Festlegung von Grenzkriterien

### 2.3.3 CAD-System-Auswahl

Sie erfolgt mit Hilfe des Anforderungsprofils durch:

1. Marktanalyse und Vorauswahl von Systemalternativen
2. Tests der alternativen CAD-Systeme
   — Benchmarktests
   — Probebetrieb

3. Bewertung der Systemalternativen und Entscheidung
   — Minimierung der Konflikte
4. CAD-System-Erweiterungen
5. Kaufvertragsabschluß, Mietkauf, Leasing
   — Kaufvertrag
   — Instandhaltungsvertrag (Wartung für Hardware und Software)
   — CAD-System-Weiterentwicklung (Upgrade)


### 2.3.4 Systemvorbereitung

Die Vorbereitung des Um-Systems auf die Einführung des ausgewählten CAD-Systems betrifft:

1. die betriebliche Integration
   a) Ablauforganisation
      — Absprache mit Normenstellen
      — Festlegung der Zeichnungsfreigabe (Ab wann gilt eine rechnerinterne „Zeichnung" als Zeichnung?)
      — Verhandlungen mit den Arbeitnehmervertretern
      — Sicherstellung des reibungslosen Einsatzes alter und neuer Unterlagen
      — Einbindung von CAD in die Stücklistenorganisation
      — Fertigungsunterlagenvervielfältigung und Archivierung
      — Gestaltung, Art und Inhalt der Datenträger
      — Datensicherung und Datensicherheit
      — Datenabgabe an andere DV-Systeme und Datenaufnahme von anderen DV-Systemen
      — Klärung des Operating und der Betreuung des Betriebssystems und des Anwendungssystems
      — Klärung der Verknüpfung von CAD mit Berechnungsprogrammen
   b) Aufbauorganisation
      — Verantwortlichkeiten und Stellenbeschreibungen
2. die Schulung und Information
   — Schulung der Benutzer
   — Schulung der Betreuer
   — Schulung der Anwendungsprogrammierer
   — Schulung des Managements
   — Schulung mittelbar Betroffener
3. die Installationsvorbereitung
   — Raum- und Aufstellungsplanung
   — Verkabelung
   — Klima
   — Beleuchtung
   — Raumzutrittsberechtigung

### 2.3.5 CAD-System-Einführung

1. Installation und CAD-System-Abnahme
   — Inbetriebnahme
   — Benchmarktests wiederholen
   — Probebetrieb fahren
   — Abnahme
2. Benutzerschulung
   — Einweisung
   — Schulung aller Benutzer
3. Einarbeitung
   — Minderleistung bis zur Erreichung des vorgesehenen Beschleunigungsfaktors einplanen
4. Aufbau von Datenbeständen

### 2.3.6 CAD-System-Betrieb

1. Laufende Betreuung der CAD-Systemkomponenten
2. Betreuung der Benutzer in Fragen der Bedienung, der Softwareleistungsfähigkeit usw.
3. CAD-System-Pflege, -Ausbau und -Verbesserung
   — anwendungsspezifische Programmentwicklungen
   — Normteil- und Symbolbibliotheken

## 2.4 Fallbeispiele

Anhand der Randbedingungen und der Tätigkeiten bei der Systemplanung und -anwendung wurden einige Fallbeispiele untersucht. Dabei wurden die wichtigsten Ausprägungen der Randbedingungen festgehalten, die Kosten der einzelnen Phasen und die benötigte Zeit tabellarisch erfaßt. Die Fallbeispiele sollen künftigen CAD-Anwendern eine Vorstellung von der Größenordnung vermitteln, in der sich die absoluten Kosten für die einzelnen Phasen bewegen. Wer bereits CAD-Anwender ist, kann anhand dieser Fallbeispiele seine eigenen Kosten überprüfen. Die Gliederung der erfaßten organisationsbezogenen Randbedingungen entspricht der Auflistung im Unterabschnitt 2.2.1.

Fallbeispiel 1:
1. Firmenmerkmale: 8500 Mitarbeiter — 1300 Mio DM Umsatz — Maschinenbau — Großfirma
2. Personal und Ausbildungsstand: 550 Konstrukteure; 5 Personen führten die CAD-Auswahl durch (4 Konstruktionsingenieure ohne CAD-Vorkenntnisse und 1 Dipl.-Ingenieur mit umfassenden CAD-Vorkenntnissen).
3. Unterstützung durch Arbeitnehmervertreter war gegeben.
4. Motivation aller Beteiligten wurde durch umfassende Informationsarbeit erreicht.

5. Vorhandene Firmenorganisation wurde nicht verändert.
6. Mikrofilmsystem war voll eingeführt.
7. Formalisierung der vorhandenen Organisation war nur teilweise gegeben.
8. Soziopolitische Aspekte wurden mit Arbeitnehmervertretern sachlich diskutiert.
9. Firmeneigene Softwareprogrammierer und -betreuer sind vorhanden und stehen auch für CAD zur Verfügung.
10. CAD-System wird für technisch-wissenschaftliche Anwendungen mitbenutzt.
11. Kopplung mit vorhandenem IBM-Rechner, da Stücklistensystem auf IBM implementiert.
12. Zur freiwerdenden Personalkapazität ist noch keine Aussage möglich; CAD-Starteinsatz allerdings vorzugsweise in überlasteten Konstruktionsabteilungen.
13. Bisherige Koordinierung der mit CAD durchzuführenden Arbeiten von Art und Umfang her noch nicht optimal.
14. Keine Abhängigkeit von Kunden, Lieferanten oder vom Wettbewerb.
15. Wenig flexible Organisation, da Großunternehmen.
16. Grad der Standardisierung relativ hoch, da hoher Anteil an Serienfertigung.
17. Alle für CAD-Einsatz vorgesehenen Abteilungen befinden sich in einem Großraumbüro, wobei die max. Entfernung zwischen zwei beliebigen Arbeitsplätzen ca. 500 m beträgt.
18. Aufgabenstellung für CAD klar definiert und umrissen.

Fallbeispiel 2:
1. Firmenmerkmale

| | |
|---|---|
| Umsatz | 70 Mio DM |
| Mitarbeiter gesamt | 700 |
| Mitarbeiter Konstruktion | 120 |
| Branche | Maschinenbau |
| Firmenart | Betriebsmittelbereich |

2. Personal und Ausbildungsstand
   30 Konstrukteure
   65 Detaillierer
   25 Hilfskräfte
3. Unterstützung durch Arbeitnehmervertreter
   positiv
4. Motivation
   hoch
5. Vernetzung mit der vorhandenen Firmenorganisation
   mittel (Übergabe der Geometrie an die AV zwecks NC-Programmierung)
6. Vorhandene Informationsträger- und Ordnungssysteme
   Mikrofilm und Zeichnungen
7. Grad der Formalisierung der vorhandenen Organisation
   mittel(Abteilungen mit klarer Stellenbeschreibung, ausgeprägtes Formularwesen, aber auch Umgehung des Dienstweges)
8 Soziopolitische Aspekte
   keine besonderen

9. Unterstützung durch firmeneigene Softwareprogrammierer und -betreuer
   ja
10. Mitbenutzung des Systems für technisch-wissenschaftliche Berechnungen
    ja
11. Nutzung von oder Kopplung mit vorhandenen Rechnern
    ja, mit mittlerem Umfang
12. Nutzung der durch CAD-Einsatz gewonnenen Personalkapazität
    hoch (Reduzierung der Fremdvergabe)
13. Art und Umfang der bisherigen Koordinierung derjenigen Arbeiten, die künf-
    tig mit CAD durchgeführt werden
    Ergänzung des Nummerungssystems
14. Abhängigkeit von Kunden, Lieferanten und vom Wettbewerb
    gering
15. Flexibilität der Organisation
    gering
16. Produkt- und Produktionsphilosophie
    Einzel- und Kleinserien, jedoch Varianten, NC-Fertigung
17. Räumliche Verteilung der für den CAD-Einsatz vorgesehenen Abteilungen
    ein Ort, verschiedene Gebäude
18. Grad der Klarheit der CAD-Aufgabenstellung
    hoch


Fallbeispiel 3:
1. Firmenmerkmale
   allgemeiner Schwermaschinenbau
   1800 Mitarbeiter
   Einzelfertigung mit Standardbaugruppen
   70 Mitarbeiter in der Konstruktion
   Betriebsstätte eines Großkonzerns
2. Personal und Ausbildungsstand
   ca. 10 Dipl.-Ingenieure
   30 Ingenieure
   30 Techniker, Zeichner und Hilfskräfte
3. Unterstützung durch Arbeitnehmervertreter
   negativ
4. Motivation
   anfangs mäßig, nur bei wenigen hoch, später im Durchschnitt mittel
5. Vernetzung mit der vorhandenen Firmenorganisation
   zunächst Einzelbereich (Konstruktion), aber starke Vernetzung der Konstruktion mit Vertrieb, Fertigung, Kalkulation und Materialwesen
6. Vorhandene Informationsträger- und Ordnungssysteme
   Zeichnungen, Mikrofilm, Ansatz für Ähnlichkeitskataloge, Standardbau-
   gruppe
7. Grad der Formalisierung
   starre Abteilungsgrenzen, strenge Einhaltung des Dienstweges
8. Soziopolitische Aspekte
   Betriebsklima gut, Prestigebedürfnis der Arbeitnehmervertretung

9. Unterstützung durch firmeneigene Softwareprogrammierer und -betreuer
   qualifiziertes Personal vorhanden
10. Mitbenutzung des Systems für technisch-wissenschaftliche Berechnungen
    ja
11. Nutzung von oder Kopplung mit vorhandenen Rechnern
    ja
12. Nutzung der durch CAD-Einsatz gewonnenen Personalkapazität
    teilweise Reduzierung von Fremdvergaben, stagnierende Firmenentwicklung,
    Versuch zur Aufnahme neuer Produkte
13. Art und Umfang der bisherigen Koordinierung derjenigen Arbeiten, die künf-
    tig mit CAD durchgeführt werden
    straffe Führung mit Kapazitätsplanung und Mitarbeitereinsatzplanung, gere-
    gelte Zeichnungsfreigabe, definierte Nummernsysteme
14. Abhängigkeit von Kunden, Lieferanten und vom Wettbewerb
    Der Wettbewerb bietet bereits CAD-gestützte Unterlagen an.
15. Flexibilität der Organisation
    mittel
16. Produkt- und Produktionsphilosophie
    Einzelfertigung, Zusammenfassung zu kleinen Serien bei Einzelteilen, Stan-
    dardbaugruppen, Variantenkonstruktion mit Neukonstruktion, geringe NC-
    Fertigung
17. Räumliche Verteilung der für den CAD-Einsatz vorgesehenen Abteilungen
    innerhalb eines Gebäudes weiträumig verteilt, Kommunikation mit einem an-
    deren Gebäude in derselben Stadt erforderlich
18. Grad der Klarheit darüber, wie und für welche Aufgabengebiete das System
    eingesetzt werden soll
    hoch

Die tatsächliche Dauer der Planungsphasen 1 bis 4 erstreckte sich über 1½ Jahre.
Die Planung wurde von Mitarbeitern des Betriebes unter Einschaltung eines Beraters durchgeführt.

Fallbeispiel 4:
  1. Firmenmerkmale
     Mitarbeiter                5, davon 3 Konstrukteure
                                         1 Programmierer
                                         1 Büroangestellte
     Umsatz                     800.000,-- DM
     Firmenart                  Ingenieurbüro Allgem. Maschinenbau
                                Sondermaschinen
     Das System sollte kurzfristig für die Zeichnungserstellung einsetzbar sein.
  2. Personal und Ausbildungsstand
     Maschinenbauingenieure und Techniker
     Technische Zeichner werden nicht beschäftigt.
     2 Personen führten die CAD-Auswahl durch:
     1 Konstruktionsingenieur mit geringen CAD-Kenntnissen
     1 externer Berater mit umfangreichen CAD-Vorkenntnissen

3. Unterstützung durch Arbeitnehmervertreter
   entfällt, bedingt durch die Firmengröße
4. Motivation
   Sie war durch detaillierte Informationen über die Zielvorstellung sowie die Erleichterung bei der Durchführung von Routinearbeiten bezogen auf die Qualifikation der Mitarbeiter gewährleistet
5. Vernetzung mit der vorhandenen Firmenorganisation
   entfällt, bedingt durch die Firmengröße
6. Vorhandene Informationsträger- und Ordnungssysteme
   Es waren keine Informationsträger- und Ordnungssysteme vorhanden (konventionell erstellte Zeichnungen ausgenommen).
7. Grad der Formalisierung der vorhandenen Organisation
   entfällt, bedingt durch die Firmengröße
8. Soziopolitische Aspekte
   Durch umfassende Informationen (Messebesuche, Demos usw.) wurden auf diesem Gebiet Probleme vermieden.
9. Unterstützung durch firmeneigene Softwareprogrammierer und -betreuer
   Sie war bei der Einführung nicht vorhanden. Zur Zeit ist jedoch ein Mitarbeiter (20 %) des Personalbestandes) kontinuierlich mit der Erstellung von Zusatzsoftware beschäftigt.
10. Mitbenutzung des Systems für technisch-wissenschaftliche Berechnungen
    System wird für technisch-wissenschaftliche Berechnungen mitbenutzt.
11. Nutzung von oder Kopplung mit vorhandenen Rechnern
    entfällt, da nur ein Rechner vorhanden
12. Nutzung der durch CAD-Einsatz gewonnenen Personalkapazität
    Personalbestand wird zur Zeit ständig erhöht (bessere Systemausnutzung durch Schichtbetrieb); expansive Firmenentwicklung.
13. Art und Umfang der bisherigen Koordinierung derjenigen Arbeiten, die künftig mit CAD durchgeführt werden
    straffe Führung durch arbeitsvorbereitende Maßnahmen (Handskizzen, Vorgehensplanung usw.); Leistungskontrolle durch Vorgabezeiten entsprechend dem Geometrieanteil, bezogen auf die Zeichnungsformatgröße; monatliche Kapazitäts- und Mitarbeitereinsatzplanung
14. Abhängigkeit von Kunden, Lieferanten und vom Wettbewerb
    Eine Abhängigkeit ist in gewisser Weise, bedingt durch die Firmenstruktur, nicht auszuschließen. Durch den Systemeinsatz entstehen bessere Wettbewerbschancen und ein breiteres Kundenspektrum.
15. Flexibilität der Organisation
    groß, bedingt durch die Firmengröße
16. Produkt- und Produktionsphilosophie
    entfällt, da keine eigene Fertigung
17. Räumliche Verteilung der für den CAD-Einsatz vorgesehenen Abteilungen
    Das System wird an verschiedenen Stellen innerhalb einses Gebäudes eingesetzt.
18. Grad der Klarheit darüber, wie und für welche Aufgabengebiete das System eingesetzt werden soll
    Aufgabenbeschreibung klar fixiert und mittels eines Pflichtenheftes erfaßt

Fallbeispiel 5:
  1. Firmenmerkmale
     Umsatz                    125 Mio DM
     Branche                   Maschinenbau
     Mitarbeiter gesamt        1.500
     Mitarbeiter Konstr.       75
  2. Personal und Ausbildungsstand
     Konstrukteure und Zeichner
  3. Unterstützung durch Arbeitnehmervertreter
     keine Unterstützung, keine Blockade; passiv
  4. Motivation
     zunächst schlecht, nach der Hannover-Messe gut
  5. Vernetzung mit der vorhandenen Firmenorganisation
     kaum Vernetzung
  6. Vorhandene Informationsträger- und Ordnungssysteme
     Mikrofilm
     Zeichnungen
     Stücklistensystem mit Sachmerkmalsleisten
  7. Grad der Formalisierung
     normale Ausprägung
  8. Soziopolitische Aspekte
     stark informelle Beziehungen der Mitarbeiter untereinander, Kleinstadt,
     Werkswohnsiedlung
  9. Unterstützung durch firmeneigene Softwareprogrammierer und -betreuer
     gering; aber sehr gute technische DV mit einem Kontaktmann, der in den
     Fachabteilungen ausgebildet war und erst anschließend EDV hinzugelernt hat
 10. Mitbenutzung des Systems für technisch-wissenschaftliche Berechnungen
     ja, wenn Geometrie und Berechnungen korrespondieren
 11. Nutzung von oder Kopplung mit vorhandenen Rechnern
     geplante Kopplung zum Stücklistensystem auf der administrativen EDV
 12. Nutzung der durch CAD-Einsatz gewonnenen Personalkapazität
     keine freiwerdende Personalkapazität
 13. Art und Umfang der bisherigen Koordinierung derjenigen Arbeiten, die künf-
     tig mit CAD durchgeführt werden
     keine Koordinierung bisher
 14. Abhängigkeit von Kunden, Lieferanten und vom Wettbewerb
     wenig abhängig von Zulieferern; starke Abhängigkeit vom Wettbewerb und
     von den Kunden
 15. Flexibilität der Organisation
     groß
 16. Produkt- und Produktionsphilosophie
     kleine Serien des Sondermaschinenbaus
     mittlere Serien bei Standardprodukten
     hoher NC-Anteil (Drehen)
     keine flexiblen Fertigungszellen
 17. Räumliche Verteilung der für den CAD-Einsatz vorgesehenen Abteilungen
     Abteilungen in 3 Gebäuden auf dem Gelände (1,0 km)

18. Grad der Klarheit darüber, wie und für welche Aufgabengebiete das System
    eingesetzt werden soll
    hoch

Fallbeispiel 6:
  1. Firmenmerkmale
     300 Mitarbeiter — 45 Mio DM Umsatz — etwa 20 Konstrukteure — Maschi-
     nenbau
  2. Personal und Ausbildungsstand
     6 Personen führten die CAD-Auswahl durch: 4 Konstruktionsingenieure, die
     ausführlich über 3 Monate geschult wurden; 1 Dipl.-Ing. mit umfassenden
     CAD-Vorkenntnissen; 1 beratender Ingenieur extern.
  3. Unterstützung durch Arbeitnehmervertreter war gegeben
  4. Motivation aller Beteiligten wurde durch Schulung über 6 Monate hinweg er-
     reicht. Alle Teilnehmer der Schulung haben sich Gedanken zum Anforde-
     rungskatalog gemacht.
  5. Vorhandene Firmenorganisation wurde nicht verändert.
  7. Formalisierung der vorhandenen Organisation war nur teilweise gegeben, weil
     auf Grund der Überschaubarkeit viele informelle Kontakte geknüpft waren.
  8. Soziopolitische Aspekte wurden mit dem Arbeitnehmervertreter sachlich dis-
     kutiert. Der Arbeitnehmervertreter war Mitglied des Arbeitskreises.
  9. Firmeneigene Softwareprogrammierer und -betreuer sind vorhanden und ste-
     hen damit auch für CAD zur Verfügung.
 10. Das CAD-System wird für technisch-wissenschaftliche Anwendungen nur
     sehr begrenzt mitbenutzt.
 11. Kopplung mit vorhandenem IBM-Rechner, da Stücklistensystem auf IBM im-
     plementiert.
 12. Es wird keine Personalfreisetzung durch die CAD-Einführung geben. Die
     Konstruktion übernimmt Arbeiten der Arbeitsvorbereitung (AV). Die 2 Mit-
     arbeiter, die diese Tätigkeiten bisher in der AV ausgeführt haben, werden in
     Zukunft für Beratungs- und Kontrolltätigkeiten zwischen Konstruktion und
     Fertigung eingesetzt, um eine höhere Qualität der Produkte zu erreichen.
 15. Sehr flexible Organisation, da überschaubares mittleres Unternehmen.
 16. Der Grad der Standardisierung ist relativ hoch, da Baukastensystematik.
     CAD-Einsatz soll Vorteile im Sonderfertigungsbreich erbringen.
 17. Alle für den CAD-Einsatz vorgesehenen Bereiche befinden sich in einem Ge-
     bäude, max. Entfernung ca. 100 m Leitungslänge.
 18. Aufgabenstellungen für CAD-Aufgabengebiete sind klar definiert und umris-
     sen. Aufgabenstellung für CAD/NC-Kopplung erfolgt in der Pflichtenheft-
     phase.

Die organisationsbezogenen Randbedingungen aller sechs Fallbeispiele sind in Bild
2.03 noch einmal zusammengestellt:

| | | 1 | 2 | 3 | 4 | 5 | 6 |
|---|---|---|---|---|---|---|---|
| | Branche: | Maschi-nenbau | Maschi-nenbau | Schwer maschi-nenbau | Ingenieur-büro (Ma-schinen-bau) | Maschi-nenbau | Maschi-nenbau |
| 1. Firmen-merkmale | Mitarbeiter: | 8500 | 700 | 1800 | 5 | 1500 | 300 |
| | Umsatz: | 1300 DM | 70 DM | | 800000 DM | 125 M DM | 45 M DM |
| 2. Personal-ausbildung | Syst. Ent: | ↑ | | ↑ | | ↑ | ↑ |
| | Programm: | | | | 1 | | |
| | Operat.: | | | | | | |
| | Konstr.: | 550 | 30 | 70 | 3 | 75 | 20 |
| | Detail: | | 65 | | | | |
| | Hilfskr.: | ↓ | 25 | ↓ | 1 | ↓ | ↓ |
| 3. Gewerkschaftsunterstützung | | + | + | — | | 0 | + |
| 4. Motivation | | + | + | 0 | + | 0 | + |
| 5. Abteilungsvernetzung | | unveränd. | 0 | + | | 0 | unveränd. |
| 6. Informationsträger- und Ordnungssysteme | | Mikrofilm-system | Mikrofilm Zeichnun-gen | Mikrofilm Zeichnung Ähnlichteil-katalog | | Mikrofilm Zeichnung Stücklisten-system | |
| 7. Formalisierungsgrad | | teilweise gegeben | 0 | starre Ab-teilungs-grenze | | 0 | teilweise gegeben |
| 8. Soziopolitische Aspekte | | mit Ge-werkschaft diskutiert | — | + | Probleme vermieden | + | mit Ge-werkschaft diskutiert |
| 9. Programmierer- und Betreuerunterstützung | | + | + | + | + | 0 | + |
| 10. Technisch-wissenschaftliche Berechnungen | | + | + | + | + | + | 0 |
| 11. Rechnerkopplung | | IBM-Rech-ner (Stück-listen-system) | + (mittlere Intensität) | + | | geplant | IBM-Rech-ner (Stück-listen-system) |
| 12. Nutzung der gewonnenen Personalkapazität | | in d. über-lasteten Konstr.-abteilung | + | Reduzie-rung von Fremd-vergaben | Personal ständig erhöht | + | + |
| 13. Koordinierung der Arbeiten | | noch nicht optimal | Ergänzung des Nummern-systems | Kapazitäts-planung, geregelte Zeich-nungs-preisgabe | Leistungs-kontrolle | | |

**Bild 2.03**   Zusammenstellung der Fallbeispiele

| | | | | | | |
|---|---|---|---|---|---|---|
| 14. Kunden-, Lieferanten-, Wettbewerbsabhängigkeit | noch nicht optimal | 0 | + | 0 | wenig abh. von Zulieferanten, starke Abh. von Wett. u. Kunden | |
| 15. Flexibilität | — | — | 0 | + | + | + |
| 16. Produkt- und Produktionsphilosophie | Grad der Standardisierung hoch | Einzel- und Kleinserien, Variationen, NC-Fertigung | Einzel- und Kleinserien, Standardbaugruppen, Neu- und Variantenkonstr., NC-Fertigung | | kleine Serien des Sondermaschinenbaus, mittlere Serien bei Standardproduktion, hoher NC-Anteil (Drehen) | Grad der Standardisierung rel. hoch |
| 17. Räumliche Verteilung | ca. 500 m zwischen Arbeitsplätzen | verschiedene Gebäude | innerhalb eines Gebäudes, Komm. mit einem anderen Gebäude erforderlich | innerhalb eines Gebäudes | 3 Gebäude | ca. 100m zwischen Arbeitsplätzen |
| 18. Klarheit der Aufgabenstellung + | + | + | + | + | + | |

\+ positiv, ja, hoch, stark, groß
— negativ, nein, niedrig, gering
0 indifferent, mäßig, mittel

**Bild 2.03**  Zusammenstellung der Fallbeispiele (Fortsetzung)

Die in den einzelnen Phasen entstandenen Kosten und die Zeitdauer der Durchführung sind in Bild 2.04 aufgelistet. Die erste Zahl beziffert jeweils die Kosten in 1000 DM, die zweite jeweils den Zeitbedarf in Monaten. Letzterer ist nicht mit dem Aufwand in Mannmonaten gleichzusetzen. In Zeile 6 (CAD-System-Betrieb) kann keine Laufzeit angegeben werden. Die dort angegebenen Kosten fallen pro Jahr an.

## 2.5 Zusammenfassung

In diesem Kapitel wurden die organisationsbezogenen Randbedingungen genannt, die bei der Wahl eines CAD-Systems Einfluß auf die Art und die Kosten der CAD-Systeme und deren Einführung haben. Weiterhin wurde untersucht, welche Arbeiten bei der Planung und beim Betrieb eines CAD-Systems notwendig sind.

| CAD-Planungsphasen | Kosten/Zeitdauer der Fallbeispiele (TDM/Monate) | | | | | |
|---|---|---|---|---|---|---|
| | 1 | 2 | 3 | 4 | 5 | 6 |
| 1. Voruntersuchung | 180/6 | 140/11 | 50/3 | 40/12 | ↑ | 16/4 |
| 2. Systemanalyse | 60/2 | 60/8 | 40/5 | 35/2 | 190/16 | 37/4 |
| 3. CAD-System-Auswahl | 60/2 | 50/9 | 60/7 | 15/6 | ↓ | 45/4 |
| 4. Systemvorbereitung | 60/2 | 140/13 | 40/2 | 10/2 | 40/4 | — |
| 5. CAD-System-Einführung | 250/6 | 170/10 | 50/2 | 60/3 | 35/3 | — |
| 6. CAD-System-Betrieb | 200 | 260 | 150 | 100 | 140 | — |

**Bild 2.04**   CAD-Planungs-, CAD-Einführungs- und CAD-Betriebskosten in den Fallbeispielen

In sechs Fallbeispielen wurden die vorgefundenen organisationsbezogenen Randbedingungen den angefallenen Planungskosten gegenübergestellt. Die Auswirkungen einer einzelnen organisationsbezogenen Randbedingung zu quantifizieren, ist wegen der komplexen Zusammenhänge nicht allgemeingültig möglich. Die absolute Höhe der Planungs- und Betriebskosten zeigt jedoch, daß diese Kosten neben den Kosten für Hardware und Software nicht zu vernachlässigen sind.

## 2.6 Literatur


[2.1]   Lewandowski, S.:
Einführung von CAD in der industriellen Praxis mit Hilfe von Unternehmensberatern. CAD-CAM Report Nr. 2/3, Febr./März 1983

[2.2]   Grabowski, H., Hettesheimer, E.:
Organisatorische Aspekte bei der Einführung des rechnerunterstützten Konstruierens.
VDI-Z 125 1983, Nr. 19, S. 761-770

[2.3]   Maschinenbau-Nachrichten. Heft 12/80. Herausgeber: Verband Deutscher Maschinen- und Anlagenbau e.V., Frankfurt/Main

[2.4]   Maschinenbau-Nachrichten. Heft 6/80. Herausgeber: Verband Deutscher Maschinen- und Anlagenbau e.V., Frankfurt/Main

[2.5]   Roth, S.:
CAD-CAM in der Automobilindustrie. Herausgeber: IG Metall, 1982

[2.6]   Delphi Forecast of Manufacturing Technology. Herausgeber: I.F.S. Publications LTD, 39 High Street, Kempston, Bedford/England 1979

[2.7]   REFA: Methodenlehre des Arbeitsstudiums. Hanser Verlag, München 1972

[2.8]   Eigner, M.; Maier, H.:
Einführung und Anwendung von CAD-Systemen. Hanser Verlag, München 1982

[2.9]   VDI-Richtlinie 2210: Datenverarbeitung in der Konstruktion: Analyse des Konstruktionsprozesses im Hinblickauf den EDV-Einsatz. Herausgeber: Verein Deutscher Ingenieure, November 1975

[2.10]   Wiendahl, H.-P.; Grabowski, H.:
Systematische Erfassung von Konstruktionstätigkeiten — Voraussetzung für eine Rationalisierung im Konstruktionsbereich. Konstruktion Bd. 24 1974, Nr. 5

[2.11]   Eversheim, W.; Sander, R.:
Verfahren für die Analyse von Benutzerproblemen. CAD-Bericht, KfK-CAD61, 1978

[2.12]   Bernhardt, R.:
Systematisierung des Konstruktionsprozesses. VDI-Verlag, Düsseldorf 1981

[2.13]  Buss, W.:
Vorgehensweise zur Auswahl von Produkten für den wirtschaftlichen CAD-Einsatz. Arbeitstagung des IAO, Stuttgart 1982
[2.14]  Neipp, G.:
Methodisches Vorgehen zur Auswahl und zum Einsatz von CAD-Systemen. In: VDI-Bericht Nr. 413, 1981
[2.15]  Steinbuch, P.:
Organisation. 3. Auflage, Friedrich Kiehl Verlag, Ludwigshafen 1981
[2.16]  Grabowski, H.:
Rechnerunterstütztes Konstruieren (CAD), Einführung und Einsatz im Unternehmen. Technische Akademie Wuppertal, Seminarunterlagen 1982
[2.17]  Grabowski, H.; Eigner, M.; Hahn, D.:
Auswahl und Einführung von schlüsselfertigen Systemen. FB/IE 29 (1980) 3
[2.18]  Kosiol, E.:
Modellanalyse als Grundlage unternehmerischer Entscheidungen. In: Zeitschrift für betriebswirtschaftliche Forschung, 13. Jahrgang 1961, S. 318-334

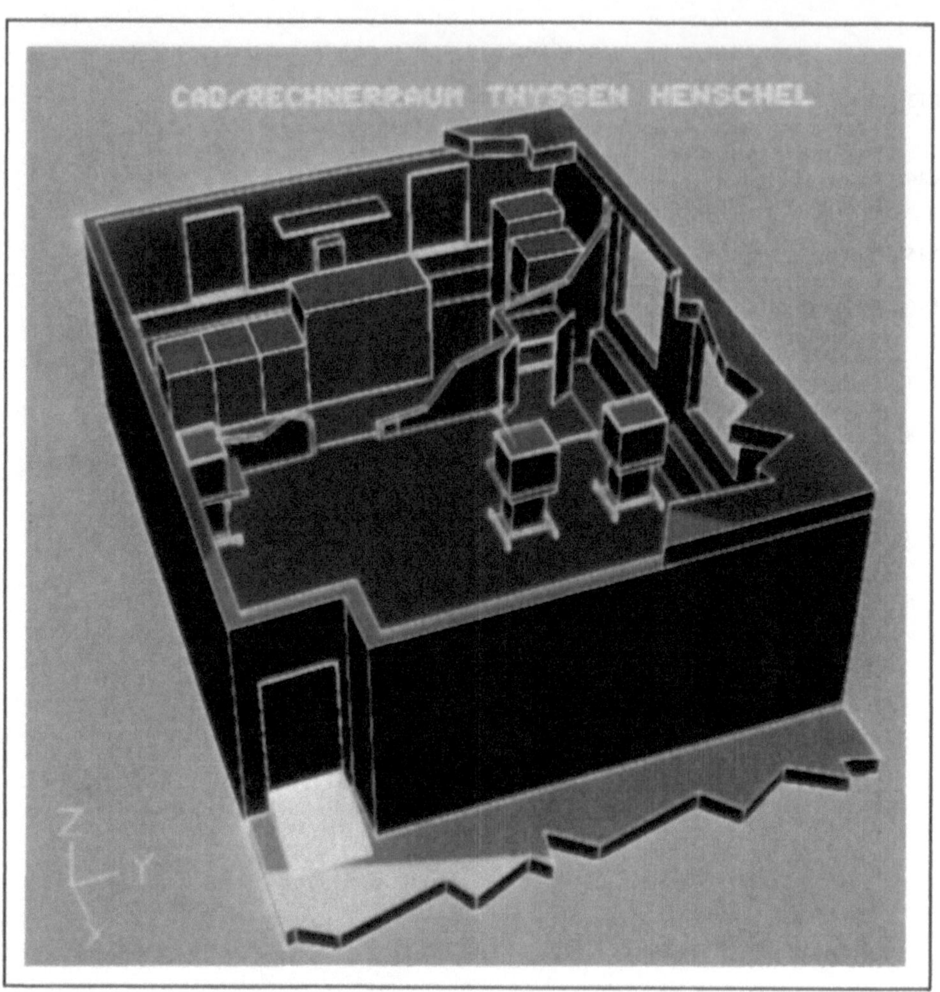

CAD/RECHNERRAUM THYSSEN HENSCHEL
z
r
x

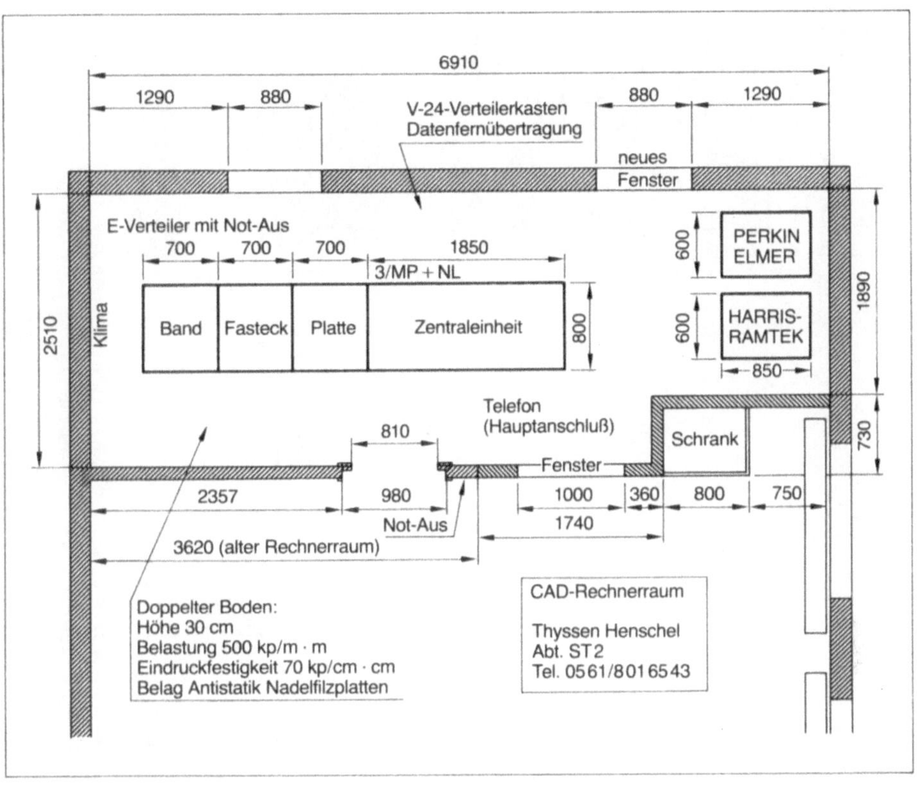

6910
1290
880
880
1290
V-24-Verteilerkasten
Datenfernübertragung
neues
Fenster
E-Verteiler mit Not-Aus
700
700
700
1850
3/MP + NL
Klima
Band
Fasteck
Platte
Zentraleinheit
800
2510
600
PERKIN ELMER
600
HARRIS-RAMTEK
850
1890
Telefon
(Hauptanschluß)
810
Schrank
730
Fenster
2357
980
1000
360
800
750
Not-Aus
1740
3620 (alter Rechnerraum)
Doppelter Boden:
Höhe 30 cm
Belastung 500 kp/m · m
Eindruckfestigkeit 70 kp/cm · cm
Belag Antistatik Nadelfilzplatten
CAD-Rechnerraum
Thyssen Henschel
Abt. ST 2
Tel. 0561/8016543

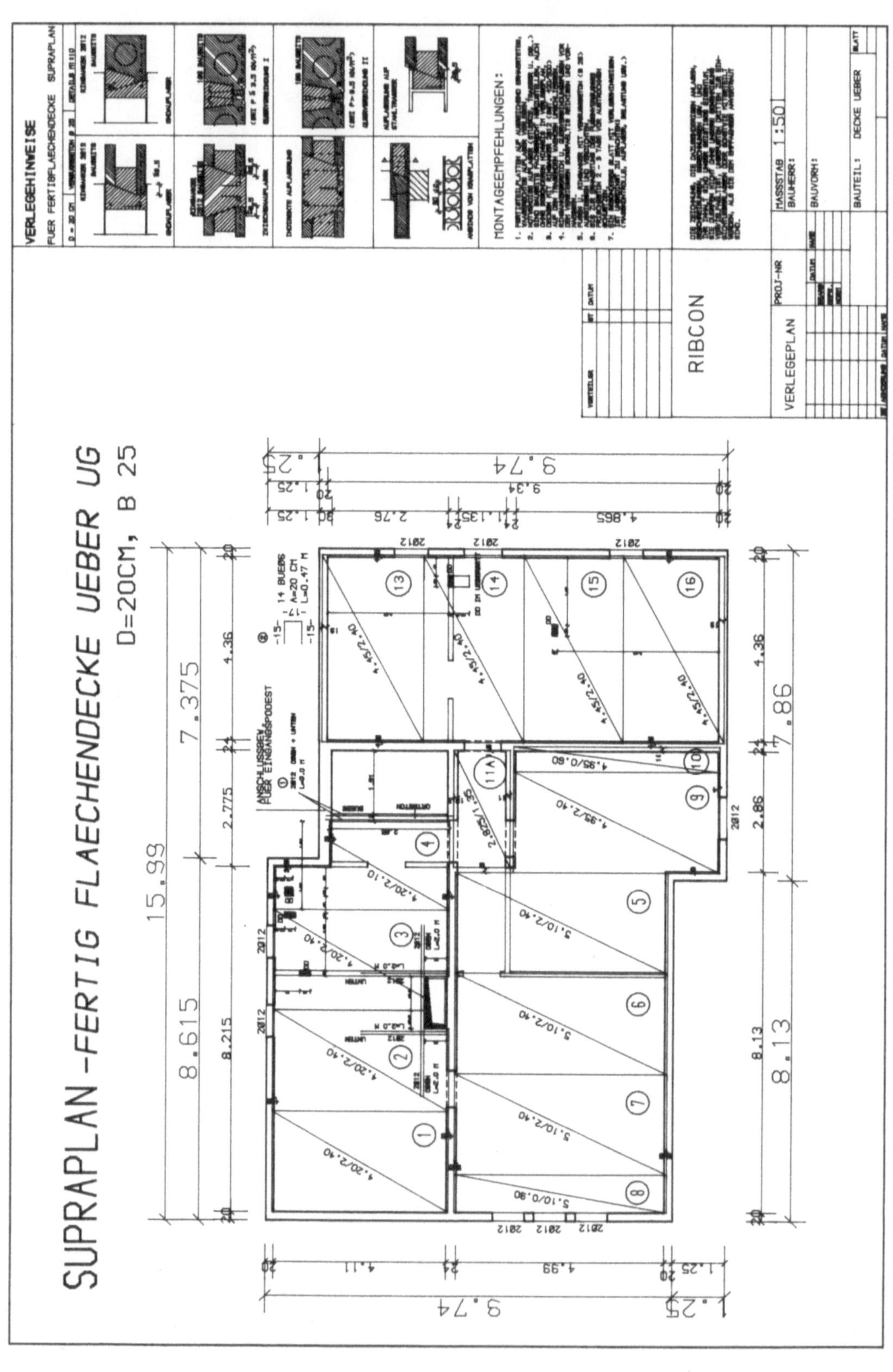

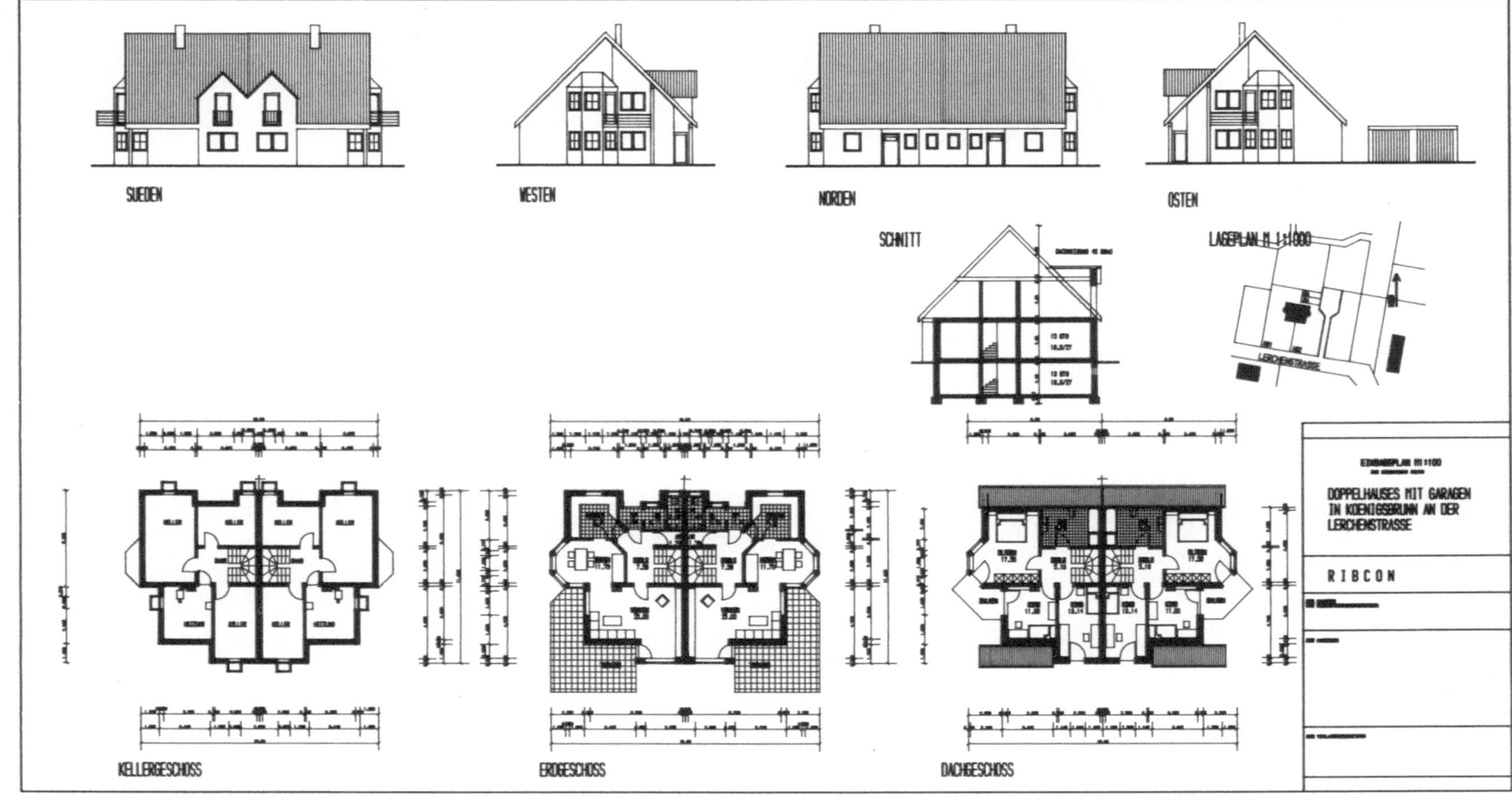

SUEDEN
WESTEN
NORDEN
OSTEN
SCHNITT
LAGEPLAN M 1:1000
LERCHENSTRASSE
DOPPELHAUSES MIT GARAGEN
IN KOENIGSBRUNN AN DER
LERCHENSTRASSE
RIBCON
KELLERGESCHOSS
ERDGESCHOSS
DACHGESCHOSS
KELLER

# Kapitel 3

# Integration von CAD-Systemen in die DV-Umgebung


3.1 Vorbemerkungen..... 37
3.1.1 Voraussetzungen für die CAD-Integration..... 38
3.1.2 Ziel der Integrationsbetrachtungen..... 39
3.1.3 Grundlegende Aussagen zur Integrationsdiskussion..... 39
3.1.4 Charakteristika der CAD-Konfiguration..... 40
3.1.5 Kapitelaufbau und -gliederung..... 42
3.2 CAE..... 42
3.2.1 Wirkungsfeld des CAE..... 42
3.2.2 CAE-Schwerpunkte..... 45
3.3. CAD in einer CAE-Umgebung..... 46
3.3.1 Innerbetriebliche Integration..... 46
3.3.2 Außerbetriebliche Integration..... 48
3.3.3 Auswirkungen der Integration..... 49
3.3.4 CAD-Datenbank..... 49
3.3.5 Schnittstellen in CAD-Systemen..... 51
3.3.5.1 Datenschnittstelle IGES..... 52
3.3.5.2 Datenschnittstelle zur NC-Programmierung..... 52
3.3.5.3 Datenschnittstelle VDAFS..... 53
3.3.5.4 Datenschnittstelle zu Berechnungsprogrammen..... 54
3.3.5.5 Graphikschnittstelle GKS..... 55
3.3.5.6 Eingabeschnittstellen..... 58
3.3.5.7 Schnittstelle zur rechnerinternen Objektdarstellung..... 59
3.3.5.8 Geometrieorientierte FORTRAN-Schnittstelle..... 59
3.4 Konfigurationen für CAD..... 60
3.4.1 Datenflußbetrachtungen..... 60
3.4.2 CAD-Systemkonfiguration..... 64
3.5 Kompatibilität und Portabilität der Software..... 69
3.5.1 Funktionale Komponenten..... 70
3.5.1.1 Datenmodelle..... 70
3.5.1.2 Datenverwaltungssystem..... 70
3.5.1.3 Modellierungsfunktionen..... 70
3.5.1.4 Graphik- und Interaktionssystem..... 71
3.5.2 Hardwarekomponenten und -funktionen..... 71
3.5.2.1 Gestaltung..... 71
3.5.2.2 Funktionen..... 72
3.5.2.3 Einschränkungen durch bestehende CAD-Software..... 73
3.5.3 Regeln für ein offenes System..... 74
3.5.3.1 Offenheit zum Produktionsprozeß..... 74
3.5.3.2 Offenheit zum Benutzer..... 74

3.5.3.3   Offenheit für die Weiterentwicklung der Hardware..... 75
3.5.4     Folgerung..... 75
3.6       Zusammenfassung..... 75
3.7       Literatur..... 76

# 3.1 Vorbemerkungen

In zunehmendem Maße werden heute die gegenseitigen Abhängigkeiten von Konstruktion, Fertigungsplanung und Produktion erkannt; entsprechend gewinnt der Wunsch nach der Integration von Teillösungen in neu zu entwickelnde Organisationsstrukturen an Bedeutung [3.1].

Bei der Integration eines CAD-Systems in eine betriebliche Umgebung, in ein Unternehmenssystem also, ist ein spezifischer Integrationsprozeß notwendig. Dieser Integrationsprozeß soll im folgenden analysiert und beschrieben werden. Das zu integrierende CAD-System wird dabei, wie in Kapitel 2, als ,,In-System'', das Unternehmenssystem als ,,Um-System'' bezeichnet [3.14]. Ziel der Integration muß es sein, einmal erzeugte Daten allen weiteren Gliedern einer betrieblichen Prozeßkette bereitzustellen. Das bedeutet, daß möglichst alle zu erzeugenden Daten DV-gestützt erzeugt und gespeichert werden müssen. Diese Form der Verarbeitung wird als integrierte Datenverarbeitung bezeichnet [3.12.].

Die Integration von CAD-Systemen

— in die DV-Umgebung und
— in die Entwicklungs- und Produktionsumgebung

eröffnet zusätzliche Rationalisierungsmöglichkeiten. Das CAD-System kann dabei in einer integrierten CAD-Umgebung den kreativen Konstruktionsprozeß bei folgenden Aufgaben unterstützen:

— Modellieren
— Industrial Design
— Erstellung von Konstruktionsunterlagen für Fertigungswerkzeuge, z. B.
    — Spritzgußformen
    — Vorrichtungen
    — Gesenke
— Erzeugung von Fertigungsunterlagen, z. B.
    — Stücklisten
    — Arbeitspläne
    — Steuerdaten für NC-Maschinen
— Simulation an dem Konstruktionsmodell, z. B.
    — Lösung von Berechnungsproblemen wie
        — Festigkeitsberechnungen zwecks Materialoptimierung und
        — Schwingungsberechnungen zur Ermittlung des Fahrverhaltens
    — Lösung von Einbauproblemen
— Variantenkonstruktion
— Anpassungskonstruktion
— Normteilverwendung

Das vollständig integrierbare In-System exisitiert noch nicht [3.2]. Um mit den gegebenen Systemen leben zu können, bedarf es oft eines erheblichen Aufwands für die Erstellung von Kopplungs- und Anwendungssoftware. Doch gerade die Entwicklungskosten für die Software stellen heute das Hauptproblem beim effizienten DV-Einsatz dar.

So erzwingt die Integration eines CAD-Systems in eine DV-Umgebung bei der technischen Realisierung bestimmte Strukturen. Diese Strukturen setzen sich aus Hardware- und Softwarekomponenten zusammen und ergeben Konfigurationen, in denen CAD eine Teillösung darstellt.

Die Wahl der Konfiguration zur Realisierung der CAD-Integration muß in Verbindung mit der Änderung bestehender Organisationsformen betrachtet werden. Unternehmensspezifisch liegen vor dem Einsatz von CAD organisatorische Randbedingungen vor (vgl. Kapitel 2), die direkten Einfluß auf die mögliche Integration von CAD haben, so daß die auszuwählende Konfiguration nicht allein von der CAD-Anwendung abhängig ist.

Dieses Kapitel will Hilfestellung leisten bei der Beantwortung der Frage, wie ein CAD-System innerbetrieblich und außerbetrieblich zu integrieren ist. Mit der ausserbetrieblichen Integration ist hier die Integration in die DV-Umgebung anderer Firmen (Kunden, Lieferanten usw.) gemeint. Dabei kann jedoch oft nur auf die Probleme hingewiesen werden, die bei dem angestrebten Integrationsprozeß auftreten können; die Lösung muß aus dem jeweiligen Einzelfall heraus entwickelt werden.

Darüber hinaus wird hier der Versuch unternommen, DV-Konfigurationen und Strukturen aufzuzeigen, in die ein CAD-System integrierbar ist. Der vorgestellte Ansatz gibt einen Überblick über mögliche bzw. typische Strukturen; er soll potentielle CAD-Betreiber in die Lage versetzen, durch Analyse und Vergleich zu den jeweils unternehmensgeeigneten Strukturen zu gelangen.


### 3.1.1 Voraussetzungen für die CAD-Integration

Die im folgenden angesprochenen Daten sind teilweise direkt aus den entsprechenden Kapiteln dieses Handbuchs abzuleiten bzw. durch den CAD-Betreiber mit Hilfe geeigneter Erhebungsunterlagen zu ermitteln.

Folgende Daten sollten vor dem Angehen der Integrationsfrage vorliegen:

— Ist-Analyse des Unternehmens
  — organisatorische Randbedingungen
  — räumliche Anordnung
  — Zusammenfassung des Aufgabenspektrums
    — Erfassung der DV-Ausstattung
    — Erfassung des Personals
    — Erfassung des Know-hows
    — kostenmäßige Randbedingungen
— Anforderungen an das CAD-System
— Anforderung an die CAD-Workstation auf Grund der Ist-Analyse
— Unternehmenskonzept im Hinblick auf den zukünftigen Einsatz von CAD
  — kurzfristig
  — mittelfristig
  — langfristig
— Rahmenbedingungen des Unternehmens

### 3.1.2 Ziel der Integrationsbetrachtungen

Die Anforderungen an Hardware und Software werden aufgezeigt, um eine angestrebte Gesamtkonzeption in bezug auf die Wirtschaftlichkeit zu optimieren. Dabei wird davon ausgegangen, daß sich Wirtschaftlichkeit bei der Integration eines CAD-Systems nicht während des Probebetriebs oder bereits in der Einführungsphase einstellt, sondern daß sich Unternehmensvorteile nach längerer Nutzung durch die Wahl der optimalen CAD-Konfiguration ergeben.
Zur Optimierung der Konfiguration für ein CAD-System werden folgende Entscheidungsdaten geliefert:

— Hardware/Software-Verbindungen der CAD-Systemkomponenten untereinander
— Hardware/Software-Verbindungen des CAD-Systems zu anderen Betriebsbereichen
— außerbetriebliche Hardware/Software-Verbindungen
— Aufwärtskompatibilitätsuntersuchungen eines CAD-Systems

Die Optimierung selbst wird als iterativer Prozeß im Zusammenhang der Untersuchungen der anderen Kapitel dieses Handbuchs gesehen, wobei die obengenannten Ergebnisse wiederum als Entscheidungskriterien zur Überprüfung der aktuellen CAD-Systeme im Hinblick auf deren Integrationsfähigkeit dienen.
Ziel der Strukturenuntersuchungen soll deshalb sein, die Integration von Hardware und Software in technische und betriebswirtschaftliche Bereiche eines Unternehmens/einer Organisation zu unterstützen.


### 3.1.3 Grundlegende Aussagen zur Integrationsdiskussion

Grundlage für die Integration eines CAD-Systems bilden folgende Aussagen:

1. Die zu verarbeitende graphische Information im CAD-System ist dadurch charakterisiert, daß sie in verschiedenen Sichten (z. B. systeminterne Sicht, Benutzermodell-Sicht) an verschiedenen Stellen im System verwendet wird. Das CAD-System kann demnach als graphisches Informationssystem angesehen werden.
2. Der Einfluß der graphischen Information auf die CAD-Systemkonfiguration setzt voraus, daß sie auf der Grundlage wohldefinierter Schnittstellen und Informationsflüsse aufgebaut ist. Diese Schnittstellen können aufgefaßt werden als Datenschnittstellen oder als funktionale Schnittstellen.
3. Schlüsselfertige Systeme sind nur Bausteine in integrierten CAD-Systemen. Zukünftige CAD-Systeme werden integrierte Systeme sein.
4. Kurz- und mittelfristig werden CAD-Anwendungen noch weitgehend in Stand-alone-Systemen realisiert werden.
5. Mittel- und langfristig werden jedoch CAD-Rechnernetze und entsprechende Datenbanksysteme angestrebt. Bei den heutigen Arbeiten zur Konzeption zukünftiger CAD-Systeme wird bereits von einer Netzstruktur ausgegangen.

6. Die CAD-Datenstrukturen sind produktorientiert. Geometrieorientierte Datenstrukturen sind für die Durchsatzleistung maßgebend.
7. Integrierte CAD-Systeme sind ablauforganisatorisch eindeutig datenflußorientiert und nicht zeichnungsorientiert.
8. Die Konfiguration eines CAD-Systems leitet sich aus einer allgemeingültigen Anwendungskonzeption ab; dabei sind anwendungsspezifische Anpassungen an die Konfiguration vorzunehmen.

Diese Aussagen bedeuten: Funktionale Eigenschaften und Leistungseigenschaften (vgl. auch Kapitel 4) bestimmen die Konfiguration des CAD-Systems.


### 3.1.4 Charakteristika der CAD-Konfiguration

Bei der Auswahl eines CAD-Systems wird zunehmend dessen Integrierbarkeit in eine Hardware/Software-Umgebung betrachtet. Da die Beurteilung verschiedener Charakteristika immer nur eine Momentaufnahme im Lebenszyklus eines CAD-Systems darstellt, sollen die Diagramme in Bild 3.01 zeigen, wie die Anwender zu den verschiedenen Zeitpunkten

— vor der Installation des CAD-Systems,
— nach Inbetriebnahme des CAD-Systems und
— nach mehrjähriger Benutzung des CAD-Systems

die Systemcharakteristika

— komplexe Funktionen,
— Detail-Design-Funktionen,
— Datenbank,
— Wachstumsbasis,
— Integrationsfähigkeit und
— Kommunikationsnetzfähigkeit

gewichten.

Es ist hier der Hinweis angebracht, daß es nur zu oft zu Fehleinschätzungen über die Wichtigkeit dieser Charakteristika kommt. Es werden dann nachträglich Systemfähigkeiten gefordert, die das eingeführte System nicht besitzt, die aber auch nicht aufgerüstet werden können, da viele CAD-Systeme von ihrer Konzeption her nicht aufrüstbar sind. Dies ist eine der häufigsten Ursachen von Fehlinvestitionen im CAD-Bereich. Einer zukunftsorientierten Kernstruktur kommt hier größte Bedeutung schon am Anfang zu (vgl. auch Kapitel 4).
Unter komplexen Funktionen werden 3D-Funktionen, Befehlsketten, die z. B. durch einen Befehl aktivierbar sind, Netzgeneratoren für Finite-Element-Methoden (FEM) usw. verstanden.
Detail-Design-Funktionen fassen einfache Tätigkeiten eines Konstruktionsbüros, wie z. B. Tangente an Kreis legen, Bemaßung usw. zusammen.
Das Charakteristikum Datenbank umfaßt Aspekte wie „unbegrenzte" Speichermöglichkeiten, schnelles Wiederauffinden (Retrieval), Datensicherheit usw.

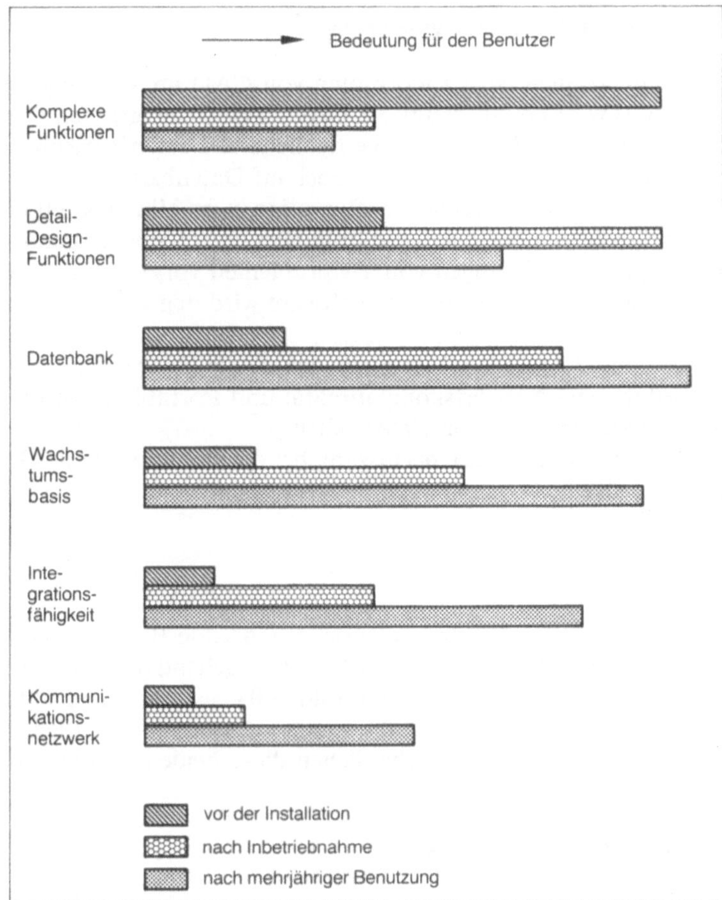


**Bild 3.01** Der Wandel der Einschätzung der CAD-Systemcharakteristika zu verschiedenen Zeitpunkten durch den Benutzer (Quelle: CADAM Inc., USA)

Mit Wachstumsbasis wird die quantitative Ausbaufähigkeit des CAD-Systems bezeichnet: Anzahl der anschließbaren Terminals, Ausbau der externen On-line-Speicher, Ausbau der Rechnerleistung usw.

Unter dem Aspekt der Integrationsfähigkeit wird die Einpassung eines CAD-Systems in den gesamten Produktentwicklungsprozeß sowie in eine vorhandene Systemumgebung betrachtet.

Beim Aspekt Kommunikationsnetzwerk stehen die Probleme, verschiedene oder gleichartige CAD-Systeme untereinander zu verbinden, im Vordergrund des Interesses.

Bild 3.01 zeigt, daß die Bedeutung der Integrationsfähigkeit, der Datenbank und des Anschlusses an ein Kommunikationsnetz mit der Dauer des Systemeinsatzes wachsen. Daraus folgt, daß diese Systemfähigkeiten gerade bei der Beurteilung eines Systems vor der Installation besonders sorgfältig geprüft werden müssen und daß nach dieser Prüfung ggf. die Anforderungen an das CAD-System neu zu überdenken und anzupassen sind.

### 3.1.5 Kapitelaufbau und -gliederung

Nach dem Versuch einer Einordnung von CAD im Wirkungsfeld des CAE (Abschnitt 3.2) wird im Abschnitt 3.3 CAD in einer integrierten CAE-Umgebung betrachtet. Dabei werden die innerbetriebliche und außerbetriebliche Integration und deren Auswirkungen untersucht, wobei auf Datenbankaspekte eingegangen wird. Abschnitt 3.4 stellt mögliche Konfigurationen im Hinblick auf ein angenommenes stetiges Wachstum der CAE-Anwendungen vor, wobei anhand von Datenflußbetrachtungen Realisierungen von Teilproblemen vorgeschlagen werden. Hardwarekonfigurationen werden gezeigt; Software wird den Hardwarekomponenten zugeordnet.

Im Abschnitt 3.5 werden Regeln entwickelt, die bei Systemauswahl und Systemdesign helfen, eine Aufwärtskompatibilität und Portabilität von CAD-Programmen und CAD-Datenbeständen sicherstellen.

Die Problematik der Kostenerfassung bei der Realisierung der Integration wird in Kapitel 5 diskutiert.

## 3.2 CAE

Es werden in der Folge zwei einander ergänzende Betrachtungsweisen vorgestellt. Bild 3.02, ,,Wirkungsfeld des CAE‘‘, zurückgehend auf einen Ansatz von K. Rohmer, AEG-TELEFUNKEN, und Bild 3.03, ,,Integriertes CAD-Konzept‘‘, das CAE-Schwerpunkt aufzeigt und auf einen Ansatz von A. Bien, THYSSEN HENSCHEL, zurückgeht, veranschaulichen diese beiden Betrachtungsweisen.

### 3.2.1 Wirkungsfeld des CAE

Unter CAE (Computer Aided Engineering) werden hier alle rechnerunterstützbaren Ingenieurarbeiten in den technischen Bereichen eines Unternehmens verstanden.

In diesen technischen Bereichen werden Tätigkeiten durchgeführt. Diese Tätigkeiten können Organisationseinheiten zugeordnet sein, wie z. B. Vertrieb, Entwicklung und Fertigungsplanung. Die hier vorgenommene Zuordnung ist als Beispiel anzusehen; letztlich wird eine solche Zuordnung von einer bestimmten Betriebsorganisation abhängig sein.

Wichtig für den Einsatz von CAD sind nur die Tätigkeitsfelder, die unterstützt werden sollen, und nicht die betriebsspezifischen Organisationseinheiten, in denen die Tätigkeiten angesiedelt werden.

Die technischen Betriebsbereiche werden vom Markt angestoßen, repräsentiert durch die Tätigkeiten Marketing, Entwicklungsplanung, Produktideen, Produktplanung.

Die Ergebnisse der technischen Betriebsbereiche fließen in die Produktion ein, die charakterisiert werden kann durch NC-Maschinen, Roboter, Transferstraßen, Fließbänder, Montage- und Prüfautomaten. Unter Produktion sollen hier beliebige Produktionsstätten verstanden werden, z. B. eine Fabrik, eine Baustelle, ein beauftragter Betrieb usw.

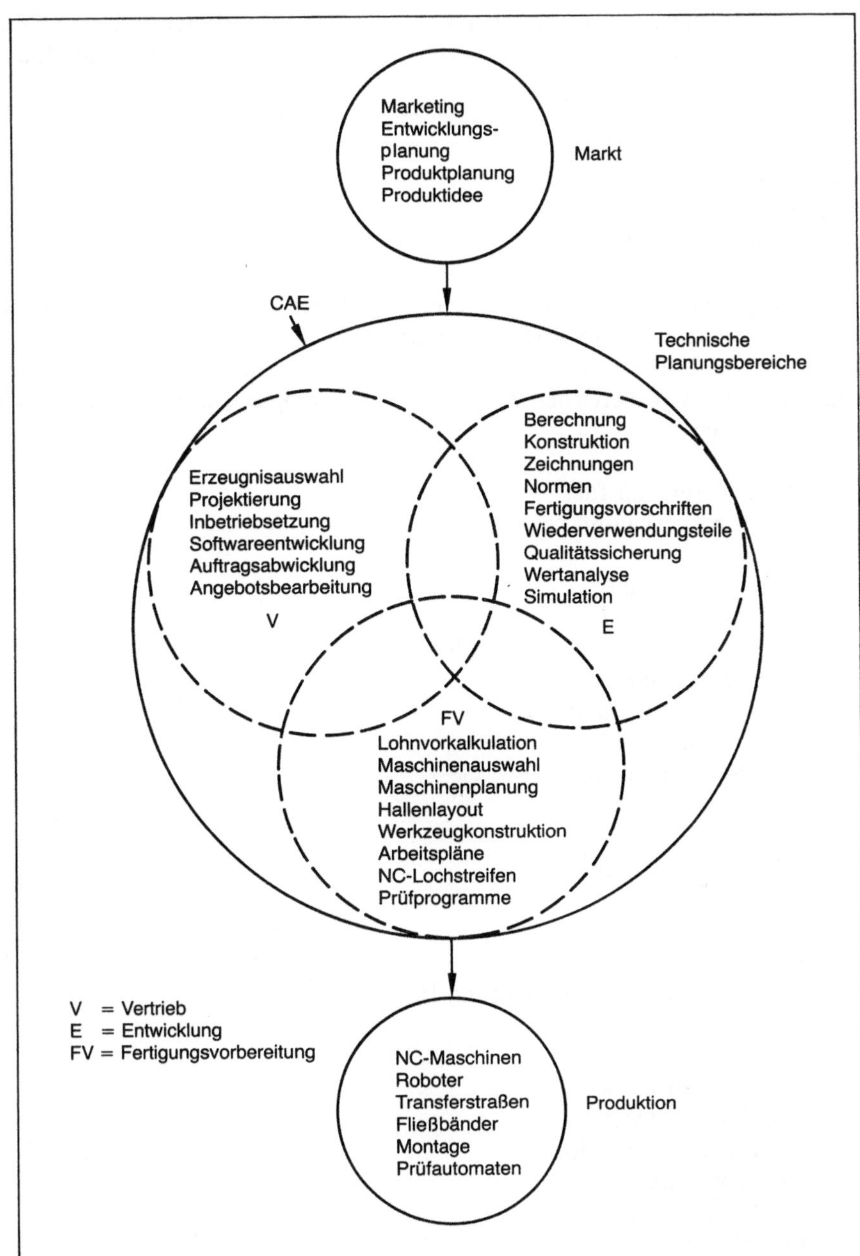



**Bild 3.02**   Das Wirkungsfeld des CAE in technischen Bereichen

Ziel von integrierten Lösungen ist eine möglichst umfassende Unterstützung aller Tätigkeiten der technischen Betriebsbereiche. Bei der Beurteilung von CAD-Systemen im Hinblick auf den wirtschaftlichen Einsatz ist dafür zu sorgen, daß geeignete Schnittstellen zu rechnergestützten Hilfsmitteln außerhalb von CAD vorhanden sind.

Welche Tätigkeiten in den technischen Betriebsbereichen anfallen und wie die Zuordnung dieser Tätigkeiten in einer fiktiven Organisation sein kann, zeigt Bild 3.02.

Die technischen Bereiche werden dabei gegliedert in

— Vertrieb
— Entwicklung und
— Fertigungsvorbereitung,

wobei eine gegenseitige Beeinflussung und eine Überlappung der Tätigkeiten durch die sich schneidenden Kreise angezeigt wird.
Ziel einer CAE-Lösung ist die vollständige Unterstützung aller Tätigkeiten in den technischen Planungsbereichen wie Vertrieb, Entwicklung und Fertigungsvorbereitung, und zwar:

— im Bereich Vertrieb für:
    — Angebotsbearbeitung
    — Projektierung
    — Erzeugnisauswahl
    — Auftragsabwicklung
    — Softwareentwicklung für Kunden
    — Inbetriebsetzung
— im Bereich Entwicklung für:
    — Konstruktion
    — Zeichnungserstellung
    — Berechnung
    — Normung
    — Wiederverwendung
    — Qualitätssicherung
    — Wertanalyse
    — Simulation
— im Bereich Fertigungsvorbereitung für:
    — Fertigungsvorschriften
    — Ablaufplanung
    — Planzeitermittlung
    — Maschinenauswahl
    — Werkzeugkonstruktion
    — Arbeitsplanung
    — NC-Programmierung
    — Prüfplanung

Betrachtet man diese Tätigkeiten, so sieht man leicht, daß CAD vor allem Unterstützung im Entwicklungs- und Konstruktionsbereich liefert. Die Fertigungsvorbereitung wird durch Hilfsmittel unterstützt, die als CAM zusammengefaßt werden. Eine Integration von CAD und CAM sowie die Hinzunahme zusätzlicher Hilfsmittel, die die Tätigkeiten unterstützen, die hier unter Vertrieb zusammengefaßt werden, führen zu einer integrierten CAE-Lösung.

### 3.2.2 CAE-Schwerpunkte

Ein vielfältiges, multidisziplinäres Produkt- und Dienstleistungsangebot für das Ingenieurwesen soll Ingenieuraufgaben wie

— Planung und Verwaltung,
— Informationsbeschaffung,
— Entwurf und Simulation,
— Berechnung und Analyse,
— Zeichnen,
— Dokumentation und
— Informationsweitergabe

lösen helfen.

Fachspezifische Lösungen werden für folgende Anwendungsgebiete benötigt:

— Produktionsplanung
— Vorausentwicklung
— Versuch
— Materialprüfung
— Erzeugniskonstruktion
— Angebotswesen
— Technischer Entwurf
— Betriebsmittelkonstruktion
— Fertigungsplanung
— Fertigungssteuerung
— Produktion und Montage
— Industrial Engineering
— Qualitätssicherung
— Technische Änderungen
— Normung
— Patentwesen
— Produktbetreuung/Kundendienst

Die Anwendungslösungen können auf der Basis von dedizierten Einzelsystemen bis hin zu komplexen Rechnernetzen realisiert werden. Bei der Installation von Einzelanwendungen sollte der Ausbau zu einem vernetzten Anwendungsverbund gewährleistet sein. Die Realisierung jeder individuellen Anwendungslösung hat vor dem Hintergrund einer umfassenden Systemarchitektur zu erfolgen, die den heutigen Anforderungen der Industrieautomatisierung entspricht.
Dabei wird zu berücksichtigen sein, daß auch der Rechnereinsatz in der Fertigung, z. B. zur Steuerung von DNC/CNC-Maschinen, Transportsystemen und Hochregallagern, und ebenso der Einsatz von programmierbaren Produktionsautomaten als anwenderspezifische Lösungen zu realisieren sind. Diese Lösungen sollten den Anforderungen der übergeordneten Systeme der Fertigungs- und Materialflußsteuerung gerecht werden.

Zukunftsichere CAE-Konzeptionen müssen deshalb für die Erreichung folgender Ziele offen sein:

— Integration der verschiedenen Ingenieuranwendungen in Entwicklung, Konstruktion, Fertigungsplanung, Fertigungssteuerung und Produktion
— Integration von technischen und betriebswirtschaftlichen Anwendungen
— Zusammenfassung der relevanten Daten in technischen Informationssystemen für den Ingenieur
— Kommunikation zwischen Programmen und/oder Zugriff auf Ingenieurdatenbanken unter Beachtung von Datenschutz und Datensicherheit
— rascher Informationstransport zwecks effizienter Kommunikation der verschiedenen Unternehmensbereiche
— Wachstum und Differenzierung der CAE-Anwendungen

## 3.3 CAD in einer CAE-Umgebung

Die Erschließung des vorhandenen Rationalisierungspotentials in einem Unternehmen wird in Zukunft verstärkt vorangetrieben werden. Dafür werden zunehmend Hilfsmittel (CA-Werkzeuge) wie CAD, CASD (Computer Aided Software Design) und CAM eingesetzt.

### 3.3.1 Innerbetriebliche Integration

Die Frage der Wirtschaftlichkeit der Verknüpfung lokal eingesetzter CA-Werkzeuge untereinander kann nur für den Einzelfall beantwortet werden. Einigkeit besteht darüber, daß durch die Verknüpfung dieser Werkzeuge die Wirtschaftlichkeit steigt und damit das vorhandene Rationalisierungspotential besser genutzt werden kann.

Zum Beispiel kann der wirtschaftliche Nutzen der automatischen Zeichnungserstellung erst durch Vorteile bei den der Konstruktion nachgeschalteten Tätigkeiten wie

— NC-Programmierung,
— Stücklistengenerierung oder
— Arbeitsplanerstellung

gegeben sein.

Wie kann solch eine integrierte CAE-Konzeption, die einen geschlossenen Informationsfluß innerhalb einer CAE-Werkzeugfamilie ermöglicht, aussehen?
Der Grundgedanke der innerbetrieblichen Integration ist im Bild 3.03 aufgezeigt.
Er beschränkt sich hier auf technisch orientierte Unternehmenseinheiten, weil der Einsatz von DV-Hilfsmitteln für die

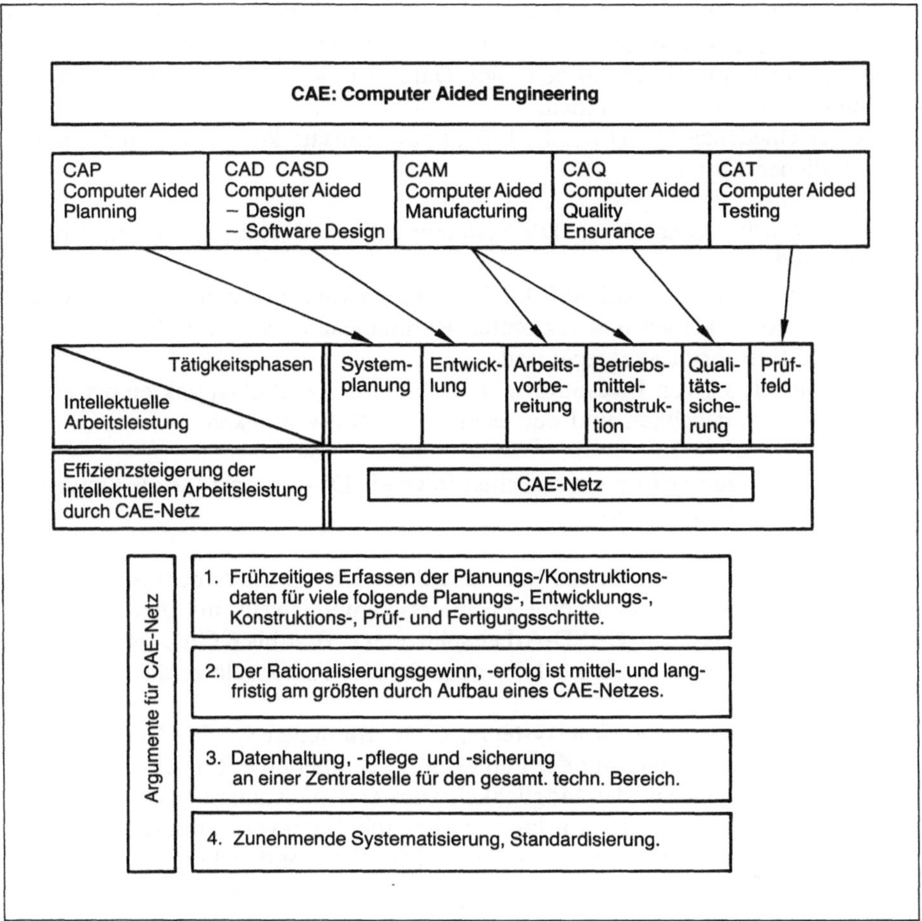


**Bild 3.03**  Integriertes CAD-Konzept

— Stücklistengenerierung,
— Arbeitsplanerstellung,
— Materialdisposition,
— Produktkostenermittlung,
— Produktpreisüberwachung usw.

in größeren Unternehmen zum Teil seit Jahren über Zentralorganisationsabteilun-
gen durch Aufbau eines kommerziellen Rechenzentrums realisiert ist.
Ziel der innerbetrieblichen Integration ist es, DV-Hilfsmittel lokal in technischen
Unternehmens- oder Abteilungseinheiten schrittweise so einzusetzen, daß langfristig der Konstruktionsdatentransport vollständig über digitale Datenspeicher oder

später über Netzleitungen von CA-Werkzeugen zu CA-Werkzeugen erfolgen kann (siehe Bild 3.03). Ein Teil dieser Daten wird dann in einer gemeinsamen Datenbank verwaltet, andere nur dezentral benötigte Daten werden in lokalen Speichern bereitgehalten und verwaltet werden.

Welche verschiedenen DV-Hilfsmittel lokal zum Einsatz kommen können, hängt im wesentlichen ab von

1. den am Markt vorhandenen DV-Systemen, deren Einsatzgebieten und deren Leistungsfähigkeit,
2. der unternehmensspezifischen CAE-Integrationskonzeption unter Berücksichtigung des vorhandenen und erkannten Rationalisierungspotentials,
3. der CAE-Einführungsstrategie und
4. der Bereitstellung von Investitionsmitteln unter den Gesichtspunkten der erzielbaren Wirtschaftlichkeit und der technischen Notwendigkeit.

Der Markt bietet zur Zeit im wesentlichen folgende DV-Systeme für die Unterstützung technischer Bereiche an:

— Zentralrechnersysteme, jeweils mit Anschluß vieler CAD-Arbeitsplätze
— Anwendungsbezogene dedizierte Rechnersysteme, jeweils mit Anschluß von CAD- oder CAM- oder CASD-Arbeitsplätzen (z. B. 4 bis 6 CAD-Mechanikarbeitsplätze an einem CAD-Rechner oder 2 bis 4 Arbeitsplätze an einem NC-Programmiersystem)
— Arbeitsplatzbezogene Rechnersysteme, d. h. für jeden CAD-, CAM-, CAE-Arbeitsplatz ein Rechner mit der Fähigkeit, z. B. über eine Ringleitung ein Netz von Arbeitsplätzen mit der Möglichkeit zum Datenaustausch bzw. zur Datenweiterleitung aufzubauen. An das Netz können Datenverwaltungsrechner und Speichersysteme angeschlossen werden. Die Weiterentwicklung der arbeitsplatzbezogenen Rechnersysteme mit hoher dezentraler Intelligenz (Workstation) wird für die Zukunft des integrierten CAE sehr wichtig werden, denn solche Systeme bedeuten:
— kein Leistungsabfall je Arbeitsplatz,
— kostengünstiger Einstieg und
— CAE-Netzfähigkeit.

Bei der Planung solcher CAE-Systeme müssen die bestehenden Organisationseinheiten ebenfalls in die Überlegungen einbezogen werden. Es würde sicher erhebliches Rationalisierungspotential unberücksichtigt bleiben, wenn DV-Hilfsmittel ohne Veränderungen der bestehenden Organisationseinheiten eingesetzt würden (siehe auch Kapitel 2).

### 3.3.2 Außerbetriebliche Integration

Die Nutzung der CAD/CAM-Technologien wird sich mittel- und langfristig nicht nur auf die Abwicklung innerbetrieblicher Aufgaben beschränken (innerbetriebliche Integration). Alle externen Stellen, mit denen technische Unternehmenseinhei-

ten Informationen wie z. B. Konstruktionsdaten usw. austauschen, müssen ebenfalls in ein CAE-Netz einbezogen werden (außerbetriebliche Integration, externe Integration, interkommunikative Systeme).
Beispiele für solche externen Stellen sind

— technische Betriebseinheiten in Konzernen oder Gesellschaften,
— Lieferanten,
— Kunden,
— Gemeinschaftsprojekte verschiedener Unternehmen und/oder Institutionen wie beispielsweise das Deutsche Forschungsnetz (DFN) oder das Deutsche Institut für Normung (DIN).

Der Informationsfluß der Konstruktions- und Fertigungsdaten in einem überbetrieblichen CAE-Netz ist off-line und on-line möglich.
Bei einer Off-line-Lösung werden Datenträger wie Band, Platte, Lochstreifen usw. verwendet. Hier tritt das Schnittstellenproblem des Austausches von Produktionsdaten zwischen unterschiedlichen DV-Systemen auf.
Bei einer On-line-Lösung erfolgt der Informationsfluß (z. B. von Konstruktionsdaten) über Unternehmensleitungsnetze und/oder Postnetze. Auf lange Sicht ist die externe Integration in Form der On-line-Verbindung anzustreben.

### 3.3.3 Auswirkungen der Integration

Die Realisierung einer inner- bzw. außerbetrieblichen integrierten CAE-Konzeption wird nur durch anwenderspezifische Softwareentwicklung erreicht werden können.
Es müssen entsprechende Software-Interfaces (Verbindungsprogramme) geschaffen werden, mit deren Hilfe die Daten- und Programmintegration realisiert werden kann. Dabei sind Kompatibilitäts- und Portabilitätsgesichtspunkte zu beachten (vgl. Abschnitt 3.5).
Die Lösung dieser zusätzlichen Aufgaben (meist Netzwerksoftware) können folgende Stellen übernehmen:

— DV-Systemanbieter,
— CAD-Dienstleistungbetriebe,
— Unternehmensberatungen,
— Softwarehäuser und
— die Firmen selbst.

### 3.3.4 CAD-Datenbank

Interaktive Systeme erfordern beim heutigen Stand der Technik umfangreiche Programmsysteme, die auf gemeinsame Datenbestände mit flexiblen Datenstrukturen zugreifen. Konventionelle Datenverwaltungssysteme, bei denen jedes Programm eine eigene Datenstruktur aufbaut und verwaltet, sind ungeeignet. Vielmehr werden Datenbanksysteme mit folgenden Eigenschaften gefordert [3.2]:

— logische Datenunabhängigkeit mit Zugriffspfadunabhängigkeit und Datenstrukturunabhängigkeit
— Zentralisierung von Dateien
— synchronisierter Mehrfachzugriff auf einen zentralisierten Datenbestand
— Datenwiederherstellbarkeit (Recovery)
— Datenschutz
— Datenredundanz
— Datenkonsistenz
— Datenzugriffseffizienz

Die umfangreichen Leistungen und die Flexibilität der Datenbanksysteme haben jedoch ihren Preis bezüglich Speicherplatzbedarf und Laufzeit. Weiter ist die gegenwärtige Situation auf dem Gebiet der Datenbanken dadurch gekennzeichnet, daß die Mehrzahl der kommerziell verfügbaren universellen Systeme den Anwendungsschwerpunkt vorzugsweise im Bereich großer Unternehmen oder Verwaltungen sieht, wobei die relevanten Datenmengen in der Größenordnung von $10^8$ bis $10^{10}$ Byte und darüber liegen. Entsprechend den großen Datenvolumina geht auch der anlagentechnische Aufwand im allgemeinen weit über Kleinrechner, wie sie bei technischen Anwendungen eingesetzt werden, hinaus, so daß bei diesen Datenbanksystemen ein Arbeitsspeicherbedarf allein für das Datenbanksystem von mehreren hundert k-Byte nicht ungewöhnlich ist.

Da es allgemein üblich ist, bei Anlagen einer solchen Größe auch eine gewisse Zahl von Anwenderprogrammierern zu beschäftigen, ist es nicht verwunderlich, daß sich diese Datenbanksysteme auf eben diese Programmierkapazität stützen, ja sie zur Realisierung von anwendungsspezifischen Aufgaben geradezu voraussetzen.

Eine explizite, d. h. laufzeitgünstige Programmierung der Anfragen an solche Datenbanksysteme setzt eine genaue Kenntnis der Daten- und Zugriffsstrukturen voraus. So entsteht im allgemeinen eine recht enge Verflechtung zwischen Datenstruktur und Anwendungsprogramm, die dazu führen kann, daß Strukturveränderungen unmittelbare Auswirkungen auf die Programme zeigen und somit einen erheblichen Aufwand mit sich bringen.

Integrierte CAD-Konzepte werden lokale, zeitlich begrenzte DV-Konstruktions- und -Produktionsdateien sowie zentrale Dateien beinhalten. Dabei können CAD-Datenbank- bzw. File-Management-Systeme in integrierte Lösungen lokal bzw. dezentral oder zentral zum Einsatz kommen.

Besondere Schwierigkeiten liegen in der Festlegung der Schnittstellen in Abhängigkeit von den dezentral abzuwickelnden Aufgaben.

Integrierte CAD-Konzeptionen und damit verbundene CAD-Datenbanken werden vorerst nur schrittweise realisiert. Das Datenbankanforderungsprofil ergibt sich aus den Datenstrukturen der zu installierenden Systeme und aus den betriebsorganisatorischen Gegebenheiten eines Unternehmens.

Folgende Fälle können unterschieden werden:

— Entwicklungs-, Konstruktions- und Produktionsdaten, die in lokalen (dezentralen) Unternehmenseinheiten erzeugt und überwiegend von diesen, d. h. ohne wesentlichen Datentransfer zu anderen Abteilungen, genutzt werden, werden in lokalen Dateien/Datenbanken gespeichert und verwaltet.

— Entwicklungs-, Konstruktions- und Produktionsdaten, die für mehrere Unternehmenseinheiten oder das Gesamtunternehmen von Bedeutung sind, werden in zentralen Datenbanken gespeichert und verwaltet, ggf. unter Einsatz eines zentralen Datenbankrechners, der in das CAE-Netz integriert ist. Je nach Konzeption können Untermengen zu dezentralen Arbeitsplätzen hin kopiert werden.


### 3.3.5 Schnittstellen in CAD-Systemen

Integration setzt die Existenz von Schnittstellen voraus. So fordern die Anwender im Zuge des fortschreitenden CAD-Einsatzes in der industriellen Praxis mehrere verschiedene Schnittstellen in CAD-Systemen und darüber hinaus auch Einheitlichkeit derselben. Dies bedeutet eine Umorientierung weg von den schlüsselfertigen Systemen und hin zu offenen CAD-Systemen.
Nur mit offenen Systemen (vgl. Abschnitt 3.5) ist es langfristig möglich, den immer höheren Ansprüchen der Anwender in bezug auf Funktionserweiterungen durch anwenderspezifische Systemerweiterungen sinnvoll gerecht zu werden. Ebenso wird damit die Kopplung verschiedener CAD-Systeme möglich. Aus diesen Forderungen werden die Grenzen der einzelnen Systeme ersichtlich, denn die Erweiterbarkeit ist eine Funktion der Systemkonzeption des CAD-Verfahrens. Hier sei auf den Begriff der Mächtigkeit des Systems (vgl. Kapitel 4) verwiesen.
Die schlüsselfertigen Systeme sind in der Regel nicht als offen zu bezeichnen. Kopplungen zu den verschiedensten Programmsystemen wie FEM, NC, Stücklistenverarbeitung u. a. sind zwar meist vorhanden. Der Kopplungsmodul wird in der Regel aber vom Hersteller des CAD-Systems geliefert. Will der Anwender zu einem späteren Zeitpunkt andere Systeme als vom Hersteller standardmäßig vorgesehen koppeln, so ergeben sich oft äußerst schwer zu lösende Probleme. Aus diesen Überlegungen heraus wird die Forderung nach Universalschnittstellen untermauert [3.7]. Man bedenke, daß diese Forderung abstrakt ist, weil die Erkenntnis über Schnittstellen auch eine Funktion der Zeit ist; Schnittstellen müssen offen sein (vgl. Abschnitt 3.5).
Ganz allgemein ist zwischen Hardware- und Softwareschnittstellen zu unterscheiden. Hier bei den Integrationsuntersuchungen sollen nur die Softwareschnittstellen betrachtet werden. Prinzipien und Möglichkeiten einiger wichtiger Schnittstellen werden in einer gestrafften Form vorgestellt.
Folgende Schnittstellen sind bei CAD-Systemen interessant:

— Datenschnittstelle zur Kopplung verschiedener CAD-Systeme (z. B. IGES)
— Datenschnittstelle zur NC-Programmierung
— NC-Steuerinformationen (DIN 66025)
— NC-Teilprogramme (z. B. APT, COMPACT II, EXAPT usw.)
— CLDATA (DIN 66215)
— Schnittstelle zur Übertragung von Flächendaten (z. B. VDAFS)
— Datenschnittstelle zu Berechnungsprogrammen (z. B. FEM)
— Graphikschnittstelle (z. B. GKS)
— Eingabeschnittstellen

— Schnittstelle zur rechnerinternen Objektdarstellung (Datenbank)
— geometrieorientierte FORTRAN-Schnittstelle


### 3.3.5.1 Datenschnittstelle IGES

IGES (Initial Graphics Exchange Specification) ist ein externes Datenformat, das den Datenaustausch zwischen unterschiedlichen CAD/CAM-Systemen ermöglicht. IGES stellt somit ein neutrales File-Format dar, für das jeder Hersteller von graphischen Systemen einen Postprozessor für die Datenübertragung vom eigenen System zum IGES-Format sowie einen Preprozessor für das Einlesen von IGES-Daten in das Graphiksystem erstellen muß. Haben also zwei CAD/CAM-Systeme die entsprechenden Pre- und Postprozessoren, dann können Graphikdaten in beide Richtungen übertragen werden [3.3].

Das IGES-Format besteht aus Records mit 80 Zeichen im ASCII-Format. Dies ist zwar keine besonders effektive Repräsentation, trägt aber dem Bedürfnis nach Universalität Rechnung. Die File-Struktur besteht aus den Abschnitten Start, Global, Directory Entry, Parameter Data, Terminate.

Während IGES für die Übergabe von zweidimensionalen Daten geschaffen wurde, erhöhen sich natürlich die Probleme beim Übergang zu räumlichen Gebilden. Dies ist bedingt durch große Unterschiede in der rechnerinternen Darstellung für Splines und Oberflächen. Die IGES-Schnittstelle ist zur Kopplung von Volumenmodellen nicht verwendbar.

Dieses Gebiet stellt ein wichtiges Potential für die Erweiterung der Spezifikationen beim IGES-Standard dar. Dabei sollte eine intelligente Wegnahme von Toleranzinformationen sowie die Zusammenfassung von automatischen Dimensionierungen möglich sein.

IGES wurde als ANSI-Norm verabschiedet. Die erfolgreichen Bemühungen der CEFE (CAD/CAM-Entwicklungsgesellschaft) und anderer Institutionen führten dazu, daß sich derzeit das DIN um die Einführung von IGES in Deutschland bemüht.


### 3.3.5.2 Datenschnittstelle zur NC-Programmierung

Ein CAD-System generiert überwiegend geometrische Informationen, von denen ein Teil in NC-Programmiersystemen und rechnerunterstützten Arbeitsplanungssystemen weiterverarbeitet wird.

Verschiedene programmtechnische Verbindungen von CAD-Systemen und NC-Programmiersystemen beruhen auf unterschiedlichen national und international genormten Schnittstellen.

DIN 406 T4 beschreibt die Bemaßung für die maschinelle Programmierung und gibt ein Beispiel einer Definitionstabelle für maschinelles Programmieren.

DIN 66215 (CLDATA) beschreibt den Aufbau und Inhalt von Sätzen zur Programmierung numerisch gesteuerter Werkzeugmaschinen. CLDATA (Cutter Location Data) ist eine Sprache für NC-Prozessorausgabedaten, die als Eingabe für NC-Postprozessoren verwendet werden. Mit jedem NC-Postprozessor soll es möglich sein, CLDATA-Texte von einem in dieser Norm festgelegten Aufbau zu verarbeiten.

Ein NC-Postprozessor erzeugt als Ausgabe seinerseits spezifische Daten (DIN 66025). Diese Norm beschreibt den einheitlichen Aufbau von Steuerprogrammen für NC-Arbeitsmaschinen. Dieser Aufbau ist vielen Arbeitsvorbereitern als „manuelles Teileprogramm" bekannt [3.9].

Die Kopplung von CAD-Systemen mit NC-Systemen bietet folgende Anwendungsvorteile:

— Weiterverarbeitung maschinell erstellter und gespeicherter CAD-Werkstückdaten für die NC-Programmierung
— Verbindung unterschiedlicher CAD-Systeme mit einem CAM-System (z. B. EXAPT)
— Komplettsystem für alle NC-Fertigungsverfahren
— Senkung von Planungskosten und Durchlaufzeiten durch geringe Fehleranfälligkeit und Vermeidung redundanter Programmiertätigkeiten
— anwenderfreundliche graphisch-interaktive Arbeitsweise (so ist z. B. CADCPL ein universeller Baustein für die integrierte Erstellung von NC-Steuerinformationen mit dem einheitlichen NC-Programmiersystem EXAPT)

Besonders vorteilhaft bei der Kopplung von EXAPT mit unterschiedlichen CAD-Systemen ist die im EXAPT-System integrierte Technologie. Durch die konsequente Trennung der Teileprogrammeingabe in geometrische und technologische Anweisungen sind die geometrischen Informationen direkt aus dem CAD-System zu übernehmen.


### 3.3.5.3 Datenschnittstelle VDAFS

Die Kommunikation zwischen Automobilfirmen und ihren Zulieferern ist insbesondere bezüglich der Werkzeuge für Karosserieteile durch den Austausch komplexer Geometriedaten gekennzeichnet. Der zunehmende Einsatz von CAD-Systemen legt es nun nahe, die derzeit noch verwendeten geometriedefinierenden Kommunikationsmittel wie vermaßte Zeichnungen und — je nach Komplexität — Urmodelle der herzustellenden Teile durch die entsprechenden mit CAD erzeugten und digital gespeicherten produktdefinierenden Daten zu ersetzen. Voraussetzung hierfür ist jedoch, daß unterschiedliche CAD-Systeme miteinander kommunizieren können. Zu diesem Zweck wurde eine Schnittstelle definiert, die immer dann anzuwenden ist, wenn Oberflächendaten zwischen Firmen ausgetauscht werden. Die mit VDAFS zu beschreibenden Geometrien sind somit als ein Teil der produktdefinierenden Daten anzusehen, die zwischen EDV-Systemen übertragen werden. Um möglichen Mißverständnissen vorzubeugen, muß jedoch darauf hingewiesen werden, daß die VDAFS nicht als Ersatz für die Schnittstelle IGES angesehen werden kann. Die VDAFS stellt lediglich einen Beitrag zur Bewältigung der rechnergestützten Kommunikation zwischen Automobil- und Zulieferfirmen dar.

Die VDA-Flächenschnittstelle wird demnächst als Normentwurf DIN 66301 der deutschen Fachöffentlichkeit vorgestellt werden.

### 3.3.5.4 Datenschnittstelle zu Berechnungsprogrammen

Aufbauend auf dem IGES-Standard, wurde 1982 mit dem Konzept FEDIS unter weitgehender Einbeziehung aller am deutschen Markt angebotenen wichtigen FEM-Programme ein weiterer bedeutender Schritt zur Standardisierung der Schnittstelle CAD/FEM und der Schnittstellen zwischen den Pre- und Postprozessoren und den FEM-Programmen vollzogen. Für die erste Schnittstelle kann der IGES-Standard mit geringer Änderung übernommen werden.

Eine flexible Datenstruktur erlaubt den Zugriff auf die Geometriedaten eines Bauteils sowie die gegebenenfalls damit zusammen abgespeicherten Technologiedaten über die Standardprogrammschnittstelle. Hierdurch wird der direkte Anschluß nachgeschalteter Programmsysteme, wie der FEM-Berechnung und der NC-Programmierung, ermöglicht. Praxisbewährte NC-Programme sind bereits in der Lage, die IGES-Files als Eingangsdaten zu verarbeiten [3.4, 3.7, 3.9].

Vollautomatische Verfahren lassen (abgesehen von gewissen Sonderfällen) bei der Übergabe der Geometriedaten generell keine Netze erwarten, die den praktischen Anforderungen des Berechnungsingenieurs gerecht werden. So kann ein FE-Modell aus Gründen der Rechenzeitökonomie durchaus von der tatsächlichen Bauteilgeometrie abweichen. Außerdem wird die Feinheit der Netzaufteilung wesentlich von den an einer bestimmten Stelle erwarteten Beanspruchungen bestimmt.

Ein Verfahren des Datenaustausches zwischen CAD- und FEM-System unterscheidet zwischen den Anwendungsfällen Variantenkonstruktion und Neukonstruktion.

Unter Variantenkonstruktionen sollen im vorliegenden Zusammenhang hauptsächlich Maßvariationen verstanden werden. Alle anderen Fälle werden im Sinne der CAD-FEM-Kopplung wie Neukonstruktionen behandelt.

Bei Variantenkonstruktionen erstellt der Berechnungsingenieur im FEM-Preprozessor ein FE-Grundmodell, das einer Grundvariante eines Bauteils im CAD-System entspricht. Zwischen der Bauteilkontur des FE-Modells werden die geometrischen Zusammenhänge definiert. Maßvariationen der Bauteilgeometrie werden dann vom FE-Preprozessor automatisch in Variationen des FE-Modells umgesetzt. Innerhalb gegebener Anwendungsgrenzen kann auf diese Weise der Eingabeaufwand für die FEM-Berechnung extrem niedrig gehalten werden.

Wenn kein eindeutiger Zusammenhang zwischen Bauteilgeometrie und FE-Netzvariante vorab formuliert werden kann, muß auf eine weniger automatisierte Arbeitsweise ausgewichen werden. Der Berechnungsingenieur leitet hierbei im graphisch-interaktiven Betrieb sein FEM-Modell aus der Bauteilgeometrie ab. Der Ablauf ähnelt dem Digitalisieren einer Zeichnung, allerdings ohne Umweg über das Medium Papier. Der Ingenieur definiert sein Modell direkt anhand der auf dem Bildschirm dargestellten Risse und Schnitte. Als Hilfsmittel stehen ihm dazu u. a. Funktionen zum Identifizieren von Knoten mit Geometrieelementen (Punkte, Kanten) zur Verfügung. Die Netzdefinition erfolgt zunächst über Makroelemente, aus denen der FE-Prozessor dann die eigentliche FE-Struktur erzeugt.

Der Ablauf einer CAD-FEM-Kopplung für Neukonstruktionen gliedert sich in vier Phasen:

1. Vorarbeiten im CAD-System
   Ersatzmodell definieren: IGES-File bereitstellen (IGES beherrscht kein Volumensystem)
2. Initialisierung des FEM-Preprozessors
   IGES-Datei einlesen
   Bildschirmeinteilung: Ansichten auswählen
3. Makrostruktur aufbauen
   Makroelemente und Unterteilungsvorschriften festlegen
4. Eingabe für FEM-System bereitstellen
   Generierung der FE-Struktur; Randbedigungen und Lasten zufügen

### 3.3.5.5 Graphikschnittstelle GKS

CAD-Systeme enthalten verschiedene Hardware- und Softwarekomponenten, die so aufeinander abgestimmt sind, daß sie dem Konstrukteur ein mächtiges Hilfsmittel zur Lösung seiner Konstruktionsaufgaben bieten.
Der allgemeine Aufbau von CAD-Systemen läßt sich in folgende Funktionseinheiten gliedern:

1. Kommunikationsbaustein; er enthält die Schnittstelle zwischen Konstrukteur und CAD-System und übernimmt die graphisch-interaktiven Ein- und Ausgabefunktionen sowie die Steuerung der Kommunikation.
2. Methodenbaustein; er enthält die Methoden und Algorithmen, die zur Lösung der Konstruktionsaufgaben benötigt werden.
3. Rechnerinternes Modell; es enthält die rechnerinterne Darstellung der technischen Lösung.

Der Konstruktionsprozeß ist ein iterativer Prozeß, bei dem die Konstruktion, nachdem sie entworfen wurde, geprüft und gegebenenfalls geändert werden muß. Die iterative Arbeitsweise stellt besondere Anforderungen (wie benutzerfreundliche Handhabung, graphische Fähigkeiten sowie Eingriffs- und Steuerungsmöglichkeiten durch den Benutzer) an Hilfsmittel und Werkzeuge, derer sich ein Konstrukteur bedienen will. CAD-Systeme enthalten daher Hardware- und Softwarekomponenten, die eine graphisch-interaktive Kommunikation zwischen Konstrukteur und CAD-System erlauben.
Die graphische Eingabe (z. B. Menütechnik, Identifizierung von Geometrieelementen) und die graphische Ausgabe sind wesentliche Einflußgrößen für den Einsatz und die Akzeptanz von CAD-Systemen in der Konstruktion.
Mit der Kombination von Ein- und Ausgabegeräten und der Entwicklung geeigneter Softwarebausteine wurden CAD-Arbeitsplätze geschaffen, die speziell auf die Anforderungen der Konstruktion zugeschnitten sind. Je nach Aufbau von CAD-Arbeitsplätzen entstehen verschiedene Ausprägungen der Kommunikation, z. B. die dynamische Bild- und Menüverarbeitung auf bildwiederholenden Bildschirmen gegenüber statischer Bild- und Menüverarbeitung mit Speicherbildschirmen und Tablett. Die physikalischen Prinzipien graphischer Ein- und Ausgabegeräte, die zu einem CAD-Arbeitsplatz konfiguriert wurden, sind ausschlaggebend für die Ausprägung der Kommunikation.

Auf der anderen Seite stellen die physikalischen Prinzipien graphischer Ein- und Ausgabegeräte Anforderungen an den Softwarebaustein „Graphik", der die Verarbeitung der graphischen Informationen durchführt, koordiniert und kontrolliert. Graphische Funktionen lassen sich auf logische Funktionen zurückführen. Das erfolgt nach der GKS-Vorschrift. Damit wird erreicht, daß für eine logische Funktion unterschiedliche Geräte verwendet werden können. Die Abstraktion von physikalischen Ausprägungen auf logische Ausprägungen hat besonders im Bereich CAD Bedeutung.

Durch die Entwicklung des ISO-Standards Graphisches Kernsystem (GKS) ist eine Schnittstelle entstanden, die diesen Abstraktionsschritt enthält. Eingebettet in ein CAD-System stellt GKS die Basis des Kommunikationsbausteins dar [3.5, 3.10, 3.11].

Auf die von GKS zur Verfügung gestellten Kernfunktionen wird eine GKS-Anwenderschale „CAD-Graphik" aufgesetzt, in der die Kernfunktionen für CAD-Anwendungen in geeigneter Weise zur Verfügung gestellt werden.

GKS stellt folgende Funktionen zur Unterstützung der Kommunikation im CAD-Prozeß zur Verfügung:

— Eingabe graphischer Daten:

    Anforderer                    Lokalisierer
                                     Stroke
    Abfrage                        Wertgeber
                                     Auswähler
    Ereignis                      Picker
                                     Textgeber

— Ausgabe graphischer Daten:
    — Polygon
    — Polymarke
    — Text
    — Text
    — Füllgebiet
    — Zellmatrix
    — verallgemeinertes Darstellungselement
— Handhabung graphischer Daten:
    — zentrale Bilddatenverwaltung (geräteunabhängiger Segmentspeicher)
    — Bildsegmentierung
    — Abbildungsprozeß Weltkoordinaten-Gerätekoordinaten
    — GKS-Arbeitsplatzverwaltung
    — Attributhandhabung für
        — Ausgabeelemente
        — Bildsegmente
        — GKS-Arbeitsplätze
— neutrale Bilddatenverwaltung
    — Bilddatendatei (Metafile)

Die Erzeugung von strukturierten Bilddaten nach dem Metafile-Konzept ermöglicht die systemunabhängige Speicherung und den Austausch von Bilddaten.

Bei der Erzeugung der neutralen Bilddaten wird der Metafile wie ein GKS-Arbeits-platz gehandhabt, d. h. GKS kontrolliert die Erzeugung (Metafile-Ausgabearbeits-platz) und auch das Einlesen des Metafile-Inhalts (Metafile-Eingabearbeitsplatz). In dem Metafile werden folgende Daten sequentiell gespeichert:

— Ausgabeelemente
— Attribute der Ausgabeelemente
— Segmente
— Attribute der Segmente
— Transformationen
— Anwendungsinformationen

Werden Bilddaten vom GKS eingelesen und interpretiert, so bewirkt dieser Vor-gang, daß der gleiche Zustand GKS-intern aufgebaut wird, daß die Bilddaten nicht nochmals, z. B. aus dem CAD-Prozeß, erzeugt werden müssen (etwa durch 3D-2D-Transformationen).

Durch die Handhabung des Metafiles als GKS-Arbeitsplatz gewährleistet GKS die Konsistenz des Metafile-Inhalts. Mit dem Konzept des Metafiles werden folgende Forderungen erfüllt, die wesentlich für die Handhabung von Bilddaten in CAD-Systemen sind:

— systemneutrale Speicherung von Bilddaten
— Austausch von Bilddaten zwischen CAD-Systemen
— Organisation der Ausgabe von Bilddaten

Systemneutrale Bilddaten stellen den Kern der Organisation zur Ausgabe graphi-scher Daten dar. Die Situation in Unternehmen ist oft die, daß an unterschiedli-chen CAD-Systemen verschiedene Plotter zur Verfügung stehen. Das Problem, al-le vorhandenen Plotter allen CAD-Systemen verfügbar zu machen, läßt sich nur durch die Vereinheitlichung der Bilddaten und die Festlegung eines genormten Bilddatenformats lösen. Damit wird ermöglicht, daß die Ausgabe der Konstruk-tionsergebnisse von mehreren CAD-Systemen nach bestimmten Kriterien auf die Menge verfügbarer Plotter verteilt werden kann (z. B. nach dem Kriterium der Ka-pazitätsauslastung).
Zwei wesentliche Eigenschaften, die die allgemeine Anwendbarkeit von Kernsyste-men begründen, lassen sich aus der Entwurfsmethodologie ableiten, die bei der Entwicklung von GKS verwendet wurde:

1. die Beschränkung des Kernsystems auf Darstellungsfunktionen unter Aus-schluß jeglicher Modellierungsfunktionen und
2. die Beschränkung des Kernsystems auf eine redundanzfreie und funktional voll-ständige Menge elementarer graphischer Funktionen.

GKS ist heute noch rein 2D; ein 3D-GKS ist in Vorbereitung. Bei 3D-Anwendun-gen werden heute Systeme verwendet, die z. T. auf der Grundlage der früheren GSPC-Konzeption entwickelt wurden.

### 3.3.5.6 Eingabeschnittstellen

Bei der Eingabe werden die Stapelverarbeitung und die Dialogverarbeitung unterschieden.

Beispiele für die Anwendung der Stapelverarbeitung sind u. a. die problemorientierten Geometrieprogrammiersprachen GRAL, GRAPL oder VARPRO. Diese Sprachen beinhalten in der Regel die Geometriefunktionen, die von dem entsprechenden CAD-System für den Dialogbetrieb zur Verfügung gestellt werden. Bezüglich der sonstigen Funktionen wie Vergleiche, Sprünge, Schleifen und Unterprogrammtechnik bleiben diese Geometrieprogrammiersprachen deutlich hinter den allgemeinen Programmiersprachen (z. B. FORTRAN) zurück. Ein weiterer Nachteil dieser Geometrieprogrammiersprachen ist der geringe Ausreifungsgrad der betreffenden Übersetzungsprogramme (Compiler) und Interpretationsprogramme mit den daraus folgenden mageren Fehlermeldungen. Die Folge sind lange Programmerstellungszeiten und eine geringe Bereitschaft zu nachträglichen Programmänderungen, wenn ein Programm erst einmal ausgetestet ist. Dies kann zu Konfliktsituationen zwischen Konstrukteuren und CAD-Programmierern führen. Trotzdem kann auf die Forderung nach einer Geometrieprogrammiersprache vom Standpunkt des Anwenders aus nicht verzichtet werden.

Aus den obengenannten Gründen wird die Dialogverarbeitung von den Benutzern bevorzugt angewendet. Leider weisen die heute verfügbaren CAD-Systeme für die Zwecke eines interaktiven Konstruierens mit automatischer Erzeugung von wiederholt ablauffähigen Programmen noch einen geringen Leistungsstand auf. Folgende Anforderungen sind an die Eingabeschnittstellen zur Dialogverarbeitung zu stellen:

— Protokollieren der verwendeten Dialogbefehle in einer sogenannten Protokolldatei für die Zwecke des wiederholten Ablaufs und zur Gewährleistung der Datensicherheit
— Gleichheit der Befehle und der Argumentenfolge der Programmiersprache und der interaktiven Befehle
— Die Protokolldatei des Dialogbetriebs ist in Klarschrift lesbar und sie ist editierbar. Die Befehle sind in derselben Schreibweise protokolliert wie bei der Geometrieprogrammiersprache.
— In die Protokolldatei können nachträglich Variablen, Formeln, Vergleiche Sprünge, Schleifen usw. eingetragen werden. Die Abarbeitung dieser Protokolldatei bedeutet eine Stapelverarbeitung für das System.

Werden diese Forderungen erfüllt, so bieten sich für den Anwender sehr komfortable Bedingungen für die rechnerunterstützte Programmentwicklung. Man ist damit in der Lage, eine Objektbeschreibung interaktiv durchzuführen und nachträglich in beliebig kleinen Schritten zu Variantenprogrammen zu gelangen. Jeder Programmierschritt kann durch Abarbeiten der Protokolldatei auf formale und logische Korrektheit überprüft werden. Damit lassen sich die Programmierzeiten um den Faktor 2 bis 3 verkürzen.

### 3.3.5.7 Schnittstelle zur rechnerinternen Objektdarstellung

Das rechnerinterne Modell (RID = Rechnerinterne Darstellung) eines technischen
Objektes besteht aus seinen Daten, deren Struktur und den Modellalgorithmen.
Die Daten beschreiben die einzelnen Modellelemente. Durch die Struktur werden
die Relationen zwischen den Modellelementen festgelegt. Der Zugriff zu den Daten
und Relationen erfolgt über die Modellalgorithmen.
Mit Hilfe von Relationen lassen sich die logischen Beziehungen zwischen den Modellelementen herstellen. Im allgemeinen unterscheidet man mehrere Ebenen von
Relationen, so z. B. die geometrische Ebene, die technologische Ebene und die Bemaßungsebene. Die Trennung in Relationsebenen gestattet es, in jeder dieser Ebenen Relationsnetze aufzubauen. Damit ist gewährleistet, daß jeder gewünschte logische Zusammenhang im Modell gebildet werden kann.
Die Modellalgorithmen stellen eine Bibliothek von Unterprogrammen dar, mit denen man in der Lage ist, Elemente, Daten und Relationen zu modifizieren, hinzu-
zufügen, zu lesen und zu löschen.
Alle Programme des CAD-Systems verwenden ausschließlich diese Bibliothekspro-
gramme.
Für die Erstellung von speziellen Anwenderprogrammbausteinen sollte diese
Schnittstelle ebenfalls dem Anwender zur Verfügung stehen. Der Umgang mit dieser Schnittstelle erfordert jedoch sehr tiefe Systemkenntnis. Der Vorteil des Zu-
gangs zu dieser Schnittstelle liegt darin, daß man selbständig und praktisch unbe-
grenzt Systemerweiterungen durchführen kann, sofern keine Restriktionen in der
Datenstruktur vorhanden sind. Die Systemerweiterungen sind genauso effektiv in
der Anwendung wie das Grundsystem. Nachteilig ist der hohe Programmierauf-
wand.

### 3.3.5.8 Geometrieorientierte FORTRAN-Schnittstelle

Es handelt sich hier um eine Spracheinbettung. Bewußt wird dabei nur die
FORTRAN-Schnittstelle betrachtet, da bis heute FORTRAN die „CAD-Sprache"
ist.
Eine wesentliche Erleichterung für die Erstellung von Anwenderprogrammen ist
es, wenn für die in der Geometrieprogrammiersprache zur Verfügung stehenden
Funktionen ein entsprechendes FORTRAN-Unterprogramm in Form einer Sub-
routine vorhanden ist.
Als Vorteile sind zu nennen:

— hohe Effektivität der Anwenderprogramme
— leichte Programmierbarkeit
— voller FORTRAN-Befehlsumfang
— Testhilfen durch ausgereifte Compiler und Debugger
— Integrierbarkeit fremder Softwaresysteme, z. B. von Datenbanksystemen
— rechner- und systemunabhängige Anwenderprogramme
— Kopplungsmöglichkeit verschiedener CAD-Systeme
— CAD-Systemwechsel mit vertretbaren Kosten

Eine Reduzierung des herkömmlich hohen Programmerstellungsaufwandes kann erreicht werden, wenn die Gleichheit der Befehle in der Protokolldatei und der Anweisungen der Geometrieprogrammiersprache auch auf den logischen Aufbau der FORTRAN-Programmierstufe ausgedehnt ist.

Eine wichtige Forderung im Zusammenhang mit der Verwendung von FORTRAN-Schnittstellen ist die Möglichkeit des Einbindens von Anwenderprogrammen in die CAD-Systemsoftware. Da damit gerechnet werden muß, daß Anwenderprogramme immer komplexer werden, sind virtuelle Betriebssysteme des CAD-Rechners hier besonders vorteilhaft; sie haben aber den Nachteil, daß die Verarbeitung länger dauert als in einem realen Betriebssystem.

Wichtiger als die Gleichheit der Aufrufe ist ein ausreichender Befehlsumfang. Generell ist die Forderung aufzustellen, daß man für jede interaktiv ausführbare CAD-Funktion auch über ein entsprechendes FORTRAN-Unterprogramm verfügt. Im einzelnen sind dies:

— Elementerzeugungsprogramme
  (z. B. Bemaßung, Schraffur)
— Elementänderungsprogramme
  (z. B. Trimmen, Verschieben, Drehen, Linienart)
— Elementlöschprogramme
— Hilfsprogramme
  (z. B. geometrische Berechnungen, Suchprogramme, Umwandlung REAL in ASCII)
— Dialogprogramme
  (z. B. Menüdarstellung, Menüauswahl, Identifizieren Fenster, Tischrechnerfunktionen, Tablettfunktion)
— Zugriffsprogramme zu Wahlparametern
  (z. B. aktueller Maßstab, Linienart, Schriftart)

Systeme wie CADIS, EUCLID, MEDUSA, SPACE-PLOT, T2000 usw. verfügen über umfangreiche FORTRAN-Subroutine-Schnittstellen.

## 3.4 Konfigurationen für CAD

Durch eine Betrachtung der Datenflüsse in den technischen Bereichen von Betrieben bzw. Organisationen werden die Informationssysteme begründet (siehe 3.4.1). Konfigurationen ergeben sich aus der Notwendigkeit, bei der Integration die Anpassungsbedingungen weitgehend zu erfüllen. Realisierungsmöglichkeiten werden im Unterabschnitt 3.4.2 durch konkrete CAD-Systemkonfigurationen angegeben.

### 3.4.1 Datenflußbetrachtungen

Die Grunddokumente zur Entwicklung und Herstellung eines Produktes sind

— die technische Zeichnung,
— die Stückliste und
— der Arbeitsplan.

Stückliste und Arbeitsplan sind bewährte Informationsträger zur Realisierung der verschiedenen Funktionen der

— Vorproduktion (Planung und Steuerung),
— Produktion (eigentliche Fertigung) und
— Nachproduktion (Wartung, Service, Reparatur),

die DV-technisch aufbereitet und aufgabenspezifisch verfügbar sind.
Vielfältige Anwendungsprogramme werden zum Zwecke der Optimierung der in Konflikt stehenden Größen

— Zeit,
— Kosten und
— Qualität

eingesetzt. Dieses Optimum liegt zwischen einem Minimum und einem Maximum.

Die Optimierungsprogramme dienen der Erreichung des unternehmenspolitischen Zieles, die divergierenden Interessen von

— Kunde,
— Personal und
— Kapitalgeber

zu befriedigen.

Beide Unternehmensbestrebungen (in den Bildern 3.04 und 3.05 verdeutlicht) können durch iterative Vorgehensweise erreicht werden, die wiederum durch kontinuierliche Informationsverarbeitung mit Rückkopplung, Soll/Ist-Vergleich und korrektiven Maßnahmen während des gesamten Produktlebens notwendig ist.
Die Zeichnung, als Abbild des Endprodukts und von Einzelteilen, Gruppen usw., entzog sich bisher weitgehend der Datenverarbeitung.

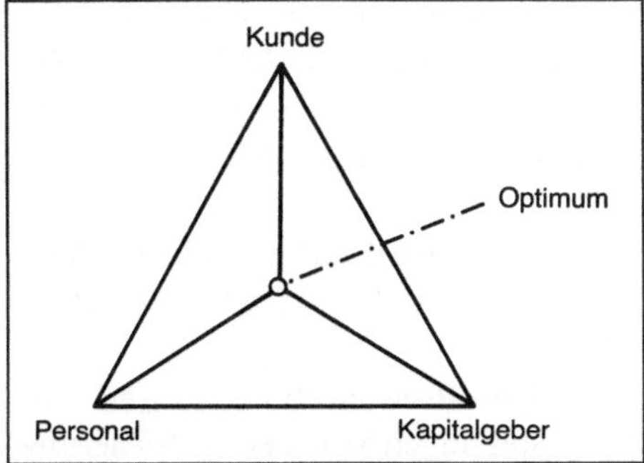


**Bild 3.04** Optimierungskonflikt zwischen Zeit, Kosten und Qualität

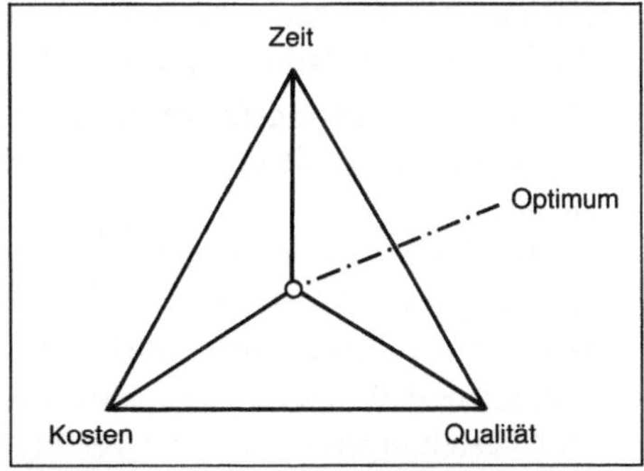


**Bild 3.05** Optimierungskonflikt zwischen Kunde, Personal und Kapitalgeber

Mit der graphischen Datenverarbeitung als Hilfsmittel und Werkzeug zur zeichnerischen und beschreibenden Dokumentation des Produkts ergibt sich als Folgerung die Einbindung der so gewonnenen Daten in ein verzweigtes Informationssystem. Betrachten wir den Informationsfluß im Anschluß an die Konstruktion und vor der eigentlichen Fertigung, so lassen sich allgemein folgende Haupttätigkeiten am Beispiel der Konsumgüterindustrie (Bild 3.06) feststellen:

— Die Kundenauftragsbearbeitung unterstützt den Benutzer beim Erfassen, Verwalten, Abfragen und Steuern von Kundenaufträgen, z. B. bei der Preisfindung, Bonitätsprüfung, Bestandsdisposition sowie durch Anzeige von Verkaufsstatistiken.

— Die Bestandsplanung und Bedarfsvorhersage (Prognoseverfahren) ermöglichen die Ermittlung des zukünftigen Bedarfs auf der Basis von Vergangenheitswerten, eine Verbrauchsanalyse und wertmäßige Klassifizierung von Teilen sowie die Berechnung von Bestellpunkten, Sicherheitsbeständen und wirtschaftlichen Losgrößen in einer verbrauchsgesteuerten Materialdisposition.

— Die Bestandsführung erlaubt das Führen von Bestandsinformationen für alle Arten von Teilen.

— Die Stücklistenverwaltung ermöglicht das Anzeigen, Hinzufügen, Löschen und Ändern von technischen Daten, die die Zusammensetzung eines Produkts beschreiben.

— Die Materialbedarfsplanung und -steuerung benutzt Bestands- und Produktstrukturinformationen. Sie bestimmt Nettomenge und Termine für alle benötigten Teile — gleich ob Eigenfertigung oder Fremdbezug —, die zur Erfüllung des Produktionsplanes notwendig sind (bedarfsgesteuerte Materialdisposition).

— Die Erzeugniskalkulation benutzt Kostenelemente und Produktstrukturdaten, um Produktkosten zu kalkulieren und zu simulieren.

— Die Arbeitsplan- und Betriebsmitteldatenverwaltung dient der optimalen Planung und Steuerung. Sie unterstützt die Arbeitsplanung und Verwaltung der Fertigungseinrichtungen (Arbeitsplätze, Maschinen, Werkzeuge und Vorrichtungen).

— Die Terminrechnung und Belastungsanalyse (Kapazitätsdisposition) übersetzen in Verbindung mit Bedarfsplanung und Werkstattauftragsfreigabe den Produktionsplan in Vorgaben für einzelne Arbeitsplatzgruppen und berechnen die daraus resultierende Belastung für die Fertigungseinrichtungen des Unternehmens.

— Die Werkstattauftragsfreigabe ist die Verbindung zwischen Fertigungsplanung und Ausführung. Sie unterstützt das Erstellen und Verfolgen von Werkstattaufträgen.

— Die Werkstattsteuerung und -überwachung verfolgt den Lauf eines jeden Auftrags durch die Werkstatt und informiert zu jedem Zeitpunkt über Auftragsstand, Auftragsfortschritt und Auftragsstatus.

— Einkauf und Wareneingang verwalten die gültigen Preisangebote, führen Einkaufsbestellungen durch und verfolgen die Bestellungen von der Anforderung über Bestätigung, Mahnung, Eingang und Qualitätskontrolle bis zur endgültigen Einlagerung der bestellten Waren und Dienstleistungen.

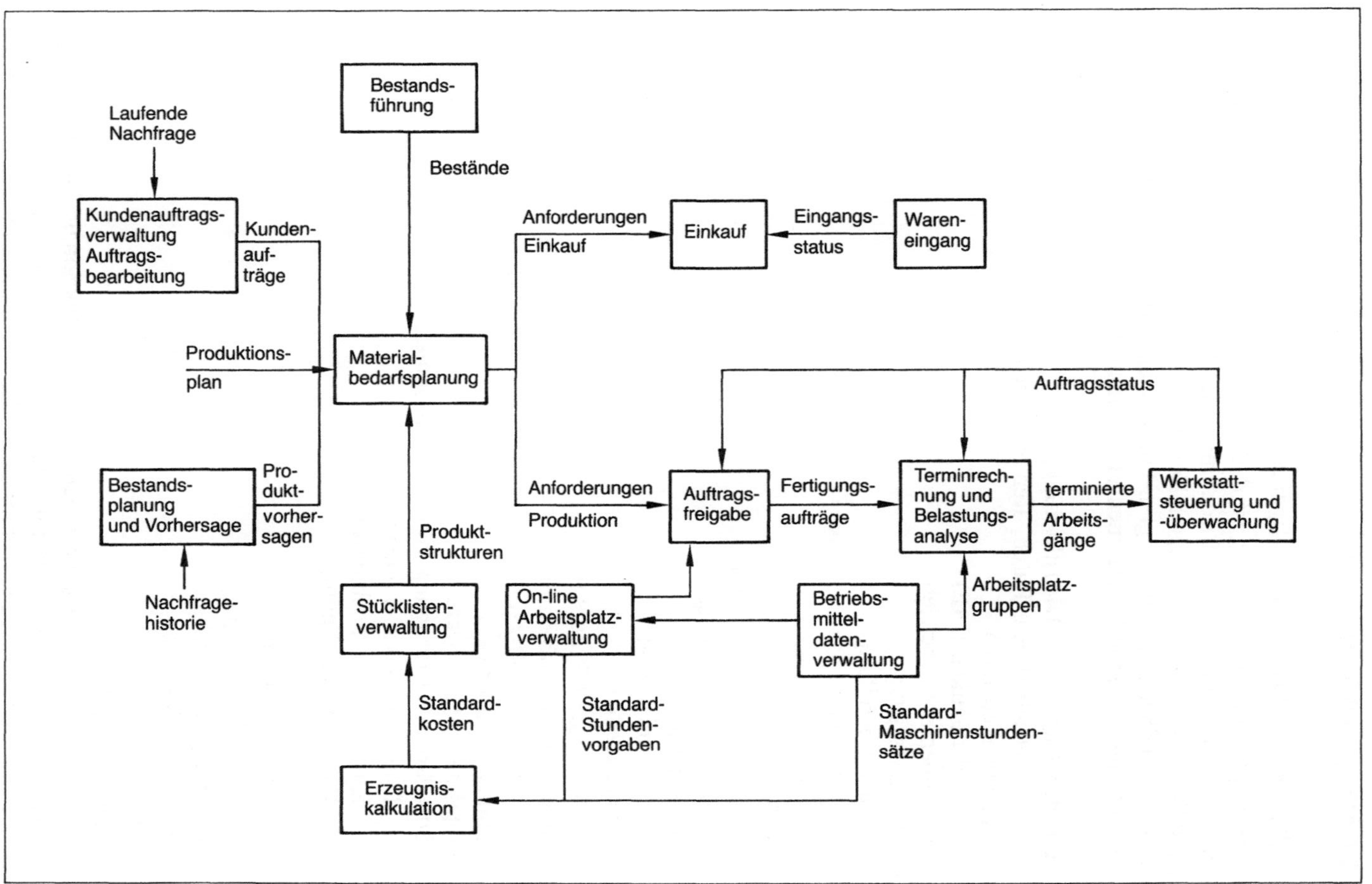


**Bild 3.06**    Informationsfluß

### 3.4.2 CAD-Systemkonfiguration

Eine allgemeine CAD-Systemkonfiguration wird in Bild 3.07 vorgestellt:

Die Verknüpfung bzw. Kopplung ist dadurch gekennzeichnet (Bild 3.08), daß sie bei einer gewissen, durch die Anforderungen in bezug auf Sicherheit, Zuverlässigkeit und Wirtschaftlichkeit bedingten Konzentration der Verarbeitungskapazitäten die von den Endbenutzern benötigten Funktionen verteilt bereitstellt. Dabei handelt es sich um folgende Funktionen und Hilfsmittel:

1. Rechenzentrums- und Dienstleistungen
   — Batch-Betrieb (Local Batch, Remote Batch)
   — Datenbanken (DB)
   — Methodenbanken (MB)
   — Dokumentationsbetrieb
   — Datenerfassung
   — Datenaufbereitung
   — Auftragssteuerungswerkzeuge
2. Software Engineering
   — Softwareentwurf
   — Methodenbankverwaltung
   — Methodenentwicklung
   — Systemsicherung
   — Softwaremigration
   — Echtzeitsysteme
3. Entwicklung und Produktion
   — interaktive Verarbeitung
   — Modellierungssoftware
   — Simulationssoftware
   — Optimierungssoftware
   — Software zur Erzeugung von Fertigungsunterlagen
      — Konstruktionszeichnungen
      — Zusammenbauzeichnungen
      — Explosionszeichnungen
      — Stücklisten
      — NC-Programme
4. Ausbildung und Training
   — Grundlagenvermittlung
   — Systembeschreibung
   — Systemtraining
5. Kopplungseinrichtungen
   Ein Computer-Netzverbund ermöglicht erst die funktionale Zusammenfassung von Anwendungen sowie die räumliche Konzentration von Benutzern.
   Damit eine weitestgehende Kombination der Verbundformen und Ausdehnungen von Installationen mit nur wenigen Terminals pro Anwendungsknoten bis hin zu komplexen, vermaschten Rechnernetzen ausgenutzt werden kann, muß man auf grundlegende Aussagen der DV-Architektur zurückgreifen.

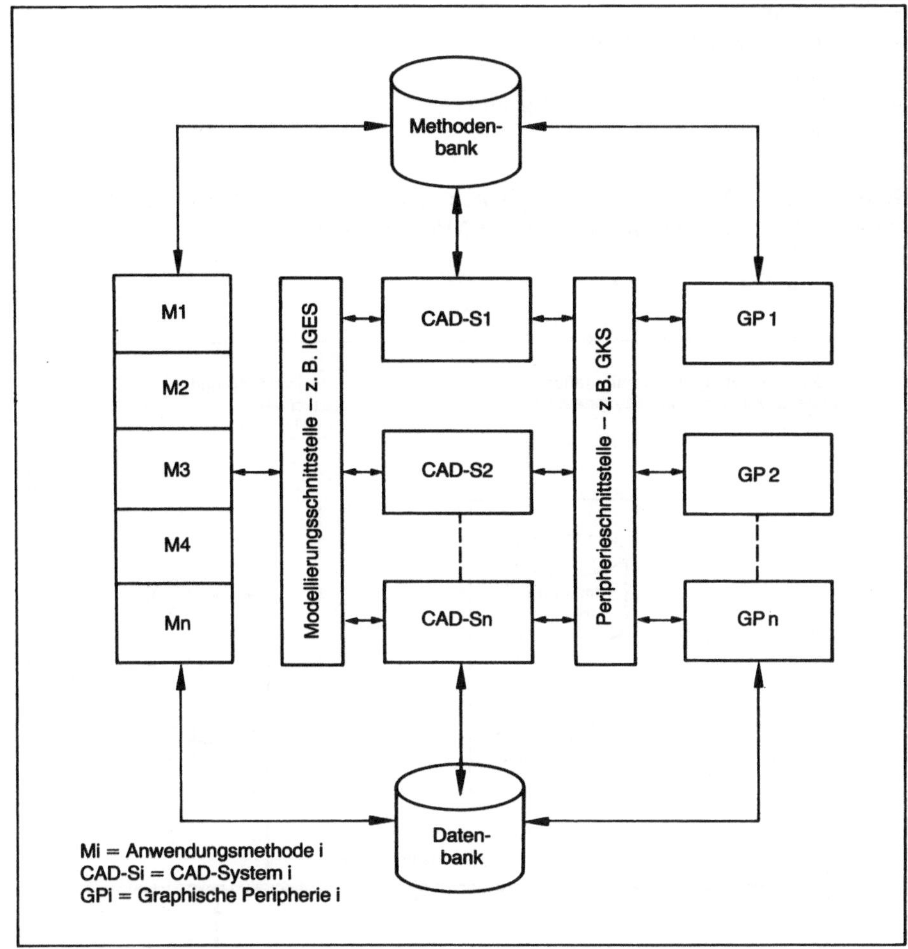



**Bild 3.07**   CAD-Systemarchitektur

Auf eine Detaillierung wird hier verzichtet; in Bild [3.08] werden unterschieden und erläutert:
— hierarchische Konfigurationen,
— sternförmige Konfigurationen,
— reihenförmige Konfigurationen,
— vermaschte Konfigurationen,
— kombinierte Konfigurationen und
— Ringsysteme.

In Abhängigkeit von der Anwendung und dem Grad der betrieblichen EDV-Unterstützung wird die Integration eines CAD-Systems vorzunehmen sein. Je nach Umfang des EDV-Systems, in dem CAD eine EDV-Komponente darstellt, ergeben sich verschiedene Konfigurationen, die sich im Kontext ihrer EDV-Fähigkeit (funktionalen Mächtigkeit) klassifizieren lassen in:

— Einplatzsysteme,
— gekoppelte Einsatzsysteme,
— Mehrplatzsysteme,
— Systeme mit DV-Unterstützung und
— heterogene Systeme.

Systeme mit DV-Unterstützung haben ausgelagerte EDV-Kapazität, Input-, Output-, Dokumentations- und Batch-Möglichkeiten.

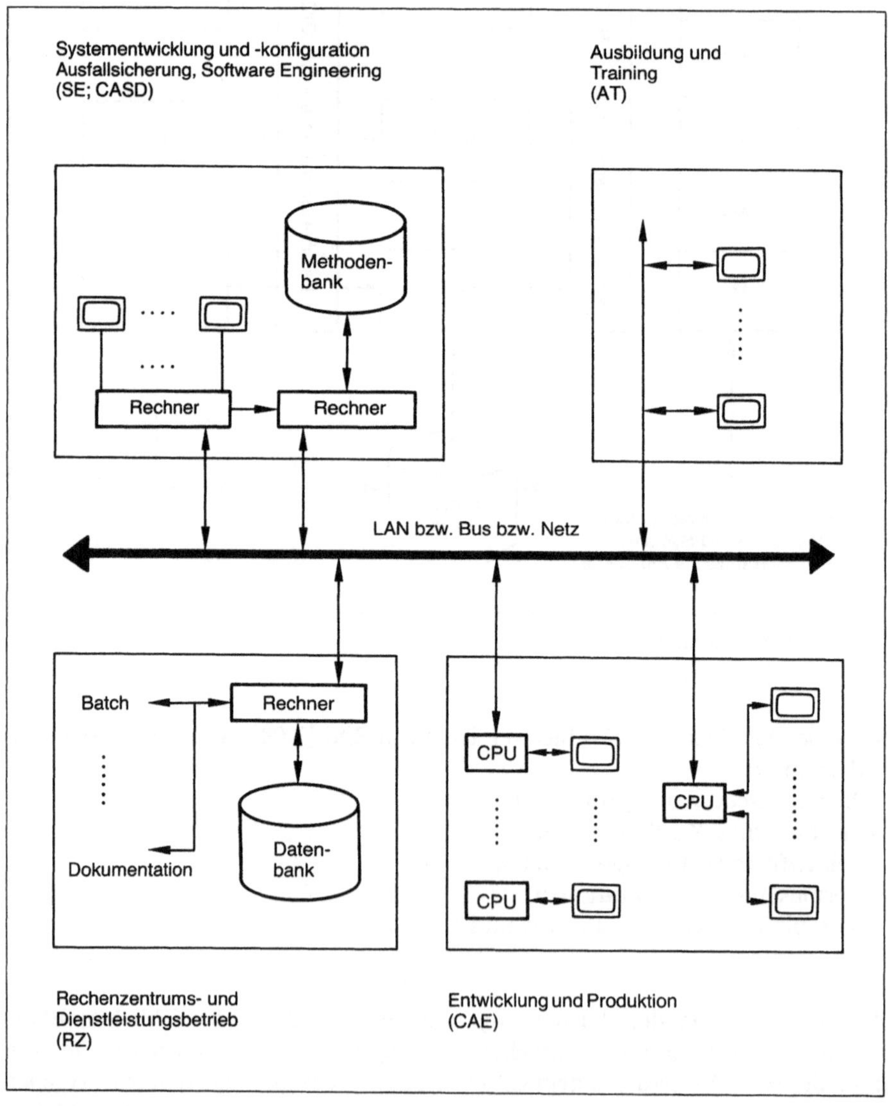


**Bild 3.08**   Globale CAD-Systemarchitektur

Haben die Systeme zusätzlich einen Zugriff zu einer zentralen Datenbank, können sie als Terminals eines Informationssystems betrieben werden.
Wenn auch der Zugriff zu einer Methodenbank gegeben ist, können die Systeme als integriertes Anwendungs- und Informationssystem eingesetzt werden.
Die mächtigste Struktur ist dann gegeben, wenn eigene Möglichkeiten zur Softwareentwicklung vorhanden sind (Methodenentwicklung, Systemintegration, Systemsicherung, Softwaremigration).

Daraus leitet sich folgende Hierarchie im Kontext einer steigenden Funktionalität ab:

Arbeitsplatzsysteme mit demselben Typ
Arbeitsplatzsysteme mit unterschiedlichen Typen
Arbeitsplatzsysteme mit mehreren Bildschirmen
Arbeitsplatzsysteme mit DV-Unterstützung
Arbeitsplatzsysteme mit Zugriff zu DB
Arbeitsplatzsysteme mit Zugriff zu MB
Arbeitsplatzsysteme mit Möglichkeit zur eigenen Softwareentwicklung

Beispiele für CAD-Systemkonfigurationen in den Bildern 3.09 bis 3.12:

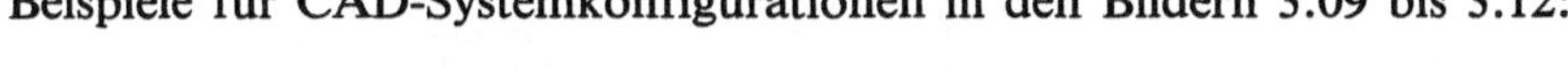

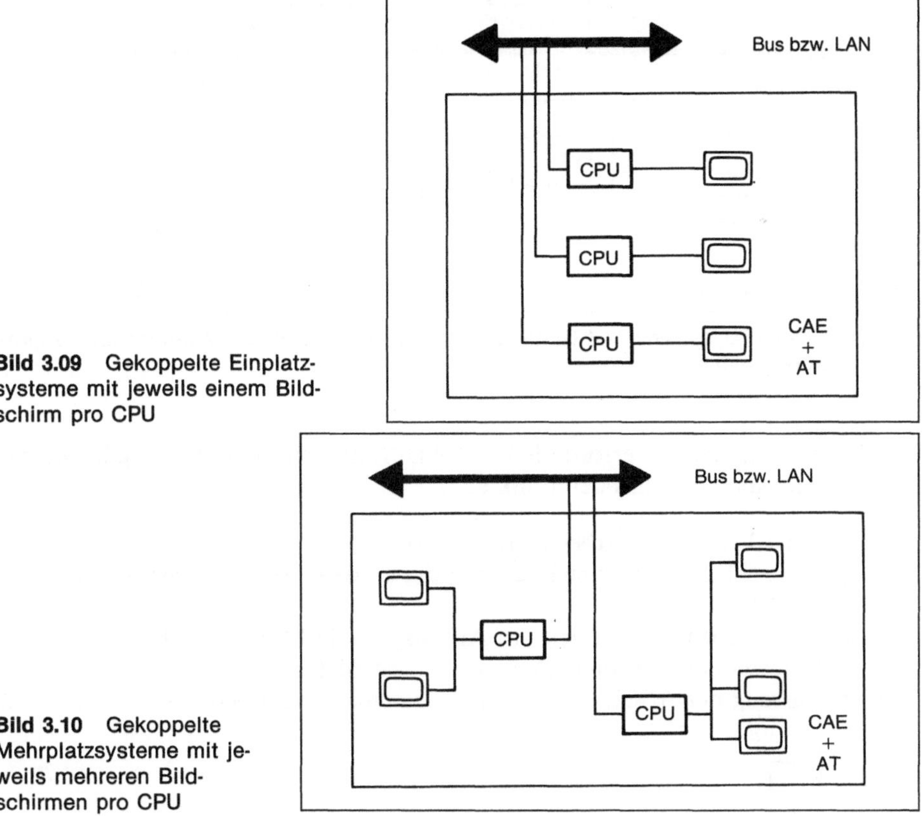


**Bild 3.09**  Gekoppelte Einplatzsysteme mit jeweils einem Bildschirm pro CPU

**Bild 3.10**  Gekoppelte Mehrplatzsysteme mit jeweils mehreren Bildschirmen pro CPU

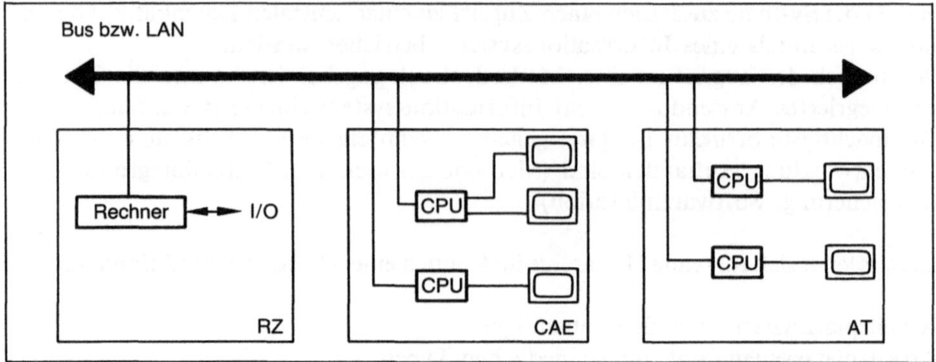



**Bild 3.11**  Mehrplatzsysteme mit Unterstützung durch Dienstleistungen eines Rechenzentrums

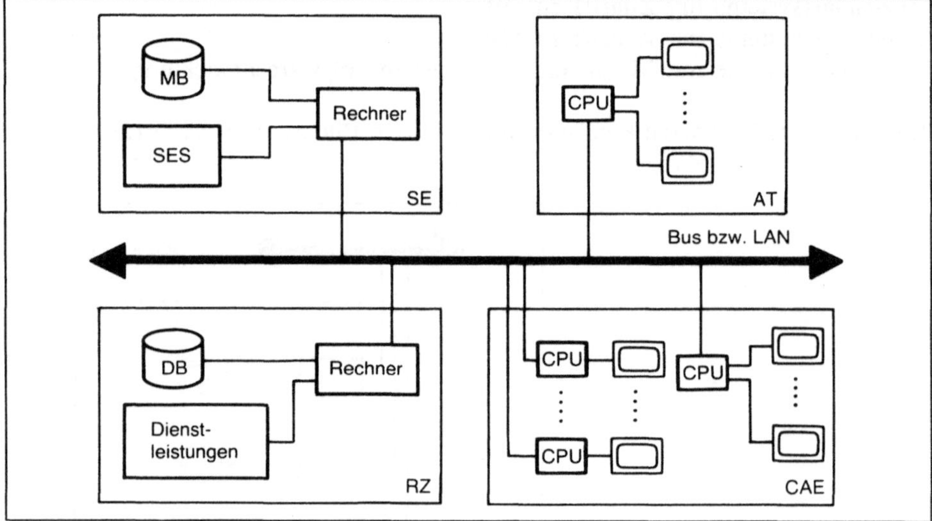



**Bild 3.12**  Mehrplatzsysteme mit DV-Unterstützung, Datenbank- und Methodenbankzugriff und Softwareentwicklung

Eine Konkretisierung der erforderlichen CAD-Systemkonfiguration ergibt sich als Resultat der Analyse folgender Punkte:

1. Anzahl der benötigten Arbeitsplätze ($= n$)
   a) Gesamtzahl der Mitarbeiter, die ständig an den Arbeitsplätzen arbeiten sollen ($= N$)
   b) mittlere tägliche Arbeitszeit am Arbeitsplatz je Mitarbeiter ($= t$)
   c) tägliche zeitliche Verfügbarkeit der Arbeitsplätze ($= h$)
   d) Auslastung des Arbeitsplatzes (Wartung etc. sind zu berücksichtigen) ($= L$)

$$n = \frac{N \cdot t}{h \cdot L}$$

2. Geplante Maßnahmen zur Einarbeitung, Schulung und Ausbildung
   a) Training on the Job
   b) Schaffung eines Trainingszentrums
3. Nutzung vorhandener Hardware
   a) Rechner
   b) Speicher
   c) periphere Geräte (Plotter, Hardcopy)
4. Nutzung vorhandener Software zur Unterstützung des CAD-Systems
   a) Datenbanken
   b) Methodenbanken
   c) Softwareentwicklungssysteme
   d) Dienstleistungssoftware
   e) sonstige Software
5. Benötigte Rechnerkapazität, z. B.
   a) Zeiteinheit für eine normierte CAD-Anwendung
   b) Zeiteinheit für Postprocessing
      — NC-Programme
      — Stücklisten
      — Zeichnungsausgaben und Listen
      — sonstige
6. Erforderliche Kopplungshardware und -software

## 3.5 Kompatibilität und Portabilität der Software

Kompatibilität und Portabilität sind Forderungen, die sowohl an schlüsselfertige als auch an offene Systeme zu richten sind.
Bei den schlüsselfertigen Systemen ist es primär die Aufgabe der Anbieter, diesen Forderungen Rechnung zu tragen. Bei den offenen Systemen müssen Kompatibilität und Portabilität durch den zukünftigen Anwender sichergestellt werden. Das bedeutet, daß bei der Konfiguration und der Auswahl des CAD-Systems im Hinblick auf die wesentlichen funktionalen Komponenten gemäß Bild 3.07 gewisse Regeln einzuhalten sind, und zwar für

— das Datenmodell,
— das Datenverwaltungssystem,
— die Modellierungsfunktionen,
— das Graphik- und Interaktionssystem und
— die graphischen Darstellungs- und Eingabegeräte.

Der Portabilität und Kompatibilität sind jedoch durch die am Markt erhältliche Hardware Grenzen gesetzt. Oft ist mit der Realisierung der obengenannten Forderungen ein erheblicher Effizienzverlust und Kapitalaufwand verbunden.
Eine Konzeption für ein offenes CAD-System bedeutet:

— Das System basiert auf einem Produktmodell, bestehend aus der Produktstruktur, Relationen, Daten und Parametern.

— Es unterstützt freistehende Arbeitsplätze mit Dialog- und Modellierungsfunktionen.
— Es baut auf einem Rahmenwerk aus Datenmodellen, Softwarebausteinen und Hilfsmitteln auf.
— Das System ist anpaßbar an
  — die Produktstruktur,
  — den Benutzer,
  — vorhandene Standards und
  — den betrieblichen Informationsfluß.
— Die Anpaßbarkeit an verschiedene Hardwarekonfigurationen und Betriebssysteme ist gegeben.
— Das System kann erweitert werden.

### 3.5.1 Funktionale Komponenten

#### *3.5.1.1 Datenmodelle*

Das Datenmodell eines offenen CAD-Systems besteht normalerweise aus einer oder mehreren Datenbasen. Die Beschreibung der geometrischen und topologischen Struktur eines technischen Objekts sowie der Relationen der verschiedenen Objektrepräsentationen untereinander muß möglich sein.
Die Beziehungen der Objekte untereinander, als da wären

— Standardteile und -baugruppen,
— technologische Daten,
— Organisationsdaten usw.,

sind zu klären.

#### *3.5.1.2 Datenverwaltungssystem*

Das Datenverwaltungssystem ermöglicht es, Repräsentationen von Objekten einzugeben, sie zu speichern, auf sie zuzugreifen, sie wieder abzurufen und sie zu verändern.
Sie stellen die Objektrepräsentation dem Graphiksystem in der von diesem benötigen Beschreibungsform zur Verfügung.
Datenverwaltungssysteme übernehmen ferner die Aufgabe, die interne und externe Konsistenz des Datenmodells zu gewährleisten.
Ein Datenverwaltungssystem kann ein Spezialprogramm oder ein Datenbanksystem sein.

#### *3.5.1.3 Modellierungsfunktionen*

Der Konstrukteur sollte folgende Modellierungsfunktionen zur Verfügung haben:

— Objektstruktureingabe und -modifikation
— Skizzierung von ebenen Modellen

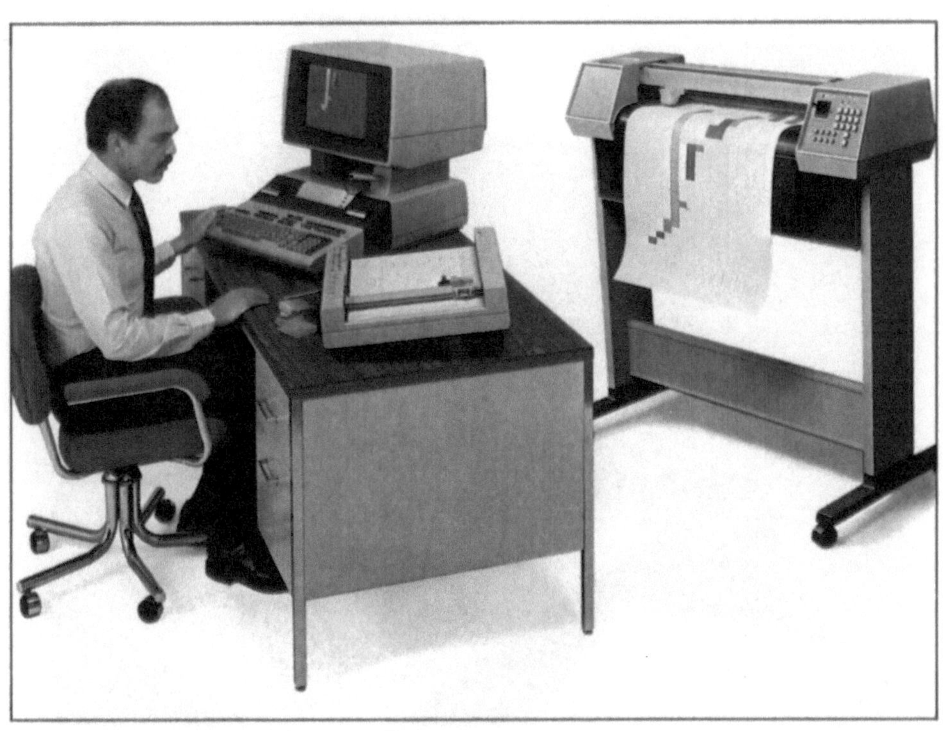

— Parametereingabe für die Dimensionskontrolle
— Parametrisierung oder Berechnungsalgorithmen
— Übergang von festgelegter ebener Darstellung zu Volumen
— Schnitte und Projektionen
— Darstellungsfunktionen für verschiedene Geräte
— Modellverifikationen am Bildschirm

Diese Funktionen machen es möglich, den Konstruktionsprozeß vom Konzept bis zur Fertigung für fast alle Produkte zu unterstützen.
Der Konstrukteur kann produktbezogene CAD-Systeme benutzen und um seine eigenen Lösungsmethoden erweitern.
Diese Funktionen sind in der Regel von einem Arbeitsplatz mit lokalen Dialogfunktionen und von einer schnellen Datenverwaltung abhängig, und natürlich auch vom Einsatz des verwendeten CAD-Basissystems mit festgestellten Systemgrenzen.

*3.5.1.4 Graphik- und Interaktionssystem*

Den für den Benutzer sichtbaren Teil des CAD-Systems bildet das Graphik- und Interaktionssystem.
Es übernimmt die Aufgabe der Visualisierung der in dem Datenmodell beschriebenen Objekte und beinhaltet damit die eigentlichen „graphischen Funktionen" wie

— Projektionen,
— Zeichnen von Primitiven,
— Windowing (Ausschnittsbildung) usw.

Ferner ermöglicht dieses System den interaktiven Mensch-Maschine-Dialog über graphische Eingabe- und Ausgabegeräte. Mit diesem Dialog können Konstruktionsergebnisse modifiziert, kann deren Lage verändert und können andere Darstellungen erzeugt werden.
Die niedrigste Ebene des Graphik- und Interaktionssystems bildet gemäß Bild 3.07 die graphische Grundsoftware. Sie ist entweder selbst von dem graphischen Gerät abhängig (z. B. RGS, PLOT 10) oder eine geräteunabhängige Software (GKS, GSPC, GPGS).

**3.5.2 Hardwarekomponenten und -funktionen**

*3.5.2.1 Gestaltung*

Ein graphischer Arbeitsplatz wird durch die Zusammenfassung folgender Hardwareeinrichtungen gebildet:

— graphischer Bildschirm
— graphisches Eingabegerät
— alphanumerische Tastatur
— ggf. alphanumerischer Bildschirm
— Hardcopygerät, Plotter

Als graphische Eingabegeräte werden in der Regel Tablett, Mouse, Tracker-Ball, Joystick, Touch-Pad verwendet. Sie dienen ausschließlich dem graphisch-interaktiven Dialog:

— Cursor-Funktionen
— Potentiometerfunktionen usw.

### 3.5.2.2 Funktionen

Für interaktive CAD-Anwendungen erscheinen heute aus der Sicht der Aufwärtskompatibilität und der zu erwartenden technischen Entwicklung der Funktionen der graphischen Arbeitsplätze unbedingt erforderlich:

1. Segmentierter Display-File (Bildspeicher)
   Er beinhaltet Funktionen für das Anlegen und Löschen von Segmenten und für die Änderung der Visibilität.
   Die Anzahl der verfügbaren Segmente sollte über 1000 liegen.
   Freispeicherverwaltung (Garbage Collection) im Display-File soll automatisch ausgeführt werden.
2. Hit-Funktionen auf Segmenten
   Das Terminal muß den Namen des vom Benutzer indentifizierten Segments zurückgeben. Wichtig ist auch, daß die „Hitability" als Attribut den Segmenten zugeordnet ist und mit entsprechenden Funktionen verändert werden kann.
   Der Arbeitsplatz liefert selbst einen „Identifier" für das Element.
3. Dragging-Funktion
   Echte graphische Interaktion ist dann möglich, wenn der Benutzer die graphischen Elemente interaktiv und dynamisch verändern kann. Das soll durch dynamisches Verschieben mittels eines graphischen Eingabegerätes geschehen. Diese Funktion wird als Dragging bezeichnet.

Die verwendete Graphiksoftware sollte die vorhandenen Hardwaremöglichkeiten optimal nutzen.
Zusätzliche Funktionen der Hardware können die Interaktivität des Arbeitsplatzes erheblich verbessern. Diese Funktionen lassen sich unterscheiden in solche, die wesentlichen Einfluß auf das Softwaredesign nehmen, und solche, die auch von einem gut strukturierten fertigen Softwaresystem noch nachträglich genutzt werden können.
So können Hardwarefunktionen vorliegen, deren Verfügbarkeit das Softwaredesign und somit die Kompatibilität beeinflussen. Im wesentlichen sind dies Funktionen, die komplexere Datenstrukturen erlauben wie

— die Subpicture-Funktion (Strukturierung in Bilder und Unterbilder),
— ein mehrstufig strukturierter Display-File mit Funktionen für das Identifizieren einzelner Elemente oder ganzer Strukturen,
— Datenstrukturen, die das Abspeichern geometrischer und topologischer Zusammenhänge erlauben.

Grundsätzlich sollte es deshalb das langfristige Ziel jeder Hardwareentwicklung sein, den Benutzer in die Lage zu versetzen, im Rahmen eines „Sketching-Systems" (System zur Objektbeschreibung über Skizzen) möglichst frei zu zeichnen bzw. zu entwerfen.
Die Verfügbarkeit solcher CAD-Systeme ist derzeit gering.

### 3.5.2.3 Einschränkungen durch bestehende CAD-Software

Das zentrale Problem bestehender CAD-Software liegt darin, daß diese von ihren Ursprüngen her größtenteils auf CAD-Systemen beruht, die in den frühen 70er Jahren entwickelt wurden. Diese CAD-Systeme wurden in aller Regel für Speicherbildschirme entworfen und beruhen in ihrem Interaktions- und Graphikteil auf dieser heute überholten Technologie. Daraus resultieren:

— unnatürliche Benutzeraktionen auf Grund überflüssiger Systemfunktionen (Beispiele: CLEAR SCREEN, SET, SHOW)
Der Benutzer will zeichnen und konstruieren, nicht mit Kommandos ein System oder einen Bildschirm bedienen.
— beschränkte graphische Eingabemöglichkeiten
Für ein Sketching-System z. B. benötigt man ein dynamisches Display und selektive Identifizierungsmechanismen für jedes Element, jede Gruppe von Elementen und jedes Segment im Display-Memory.
— beschränkte dynamische Darstellungsmöglichkeiten
Entweder durch die Wahl der Display-Technologie oder bei adäquater Hardware durch schlecht strukturiertes Display-Memory und mangelhaft entworfene Software wird die Modellierungsmöglichkeit des Systems beschränkt.
— anwendungs- und terminalabhängige Interaktionen
Einlesen und Auswerten eines einzelnen Tastaturzeichens in Verbindung mit graphischem Zeigen („Pointing") führt zu arbeitsplatzabhängiger Anwendersoftware.
— anwendungsabhängige Dialogverwaltung
Fest einprogrammierte Dialogtexte und Cursor-Definition erfordern anwendungsabhängige Dialogverwaltung.
— anwendungsabhängige Bildschirmaufteilung
Fest einprogrammierte Aufteilung des Bildschirms bedeutet schlechte Software-ergonomie.
— anwendungsabhängige Device- und I/O-Kontrolle
Die Verwendung von FORTRAN-„Write" z. B. verbietet die Verteilung der Applikationssoftware auf zwei Prozessoren (HOST-Terminal); damit kann man die angestrebten Hardwarearchitekturen nicht ausnutzen.
— graphische Identifikation abhängig vom Koordinatensystem und den graphischen Daten
Graphische Identifikation über in Weltkoordinaten transformierte Bildschirmkoordinaten z. B. macht die CAD-Software umständlich und langsam.

Zusammenfassend läßt sich zu den Einschränkungen, denen die bestehende Software unterliegt, sagen:

— Das Softwaredesign wird unflexibel, wenn es auf eine bestimmte Applikation, auf ein bestimmtes Terminal und auf eine bestimmte Hardwarekonfiguration ausgerichtet ist.
— Zu spezielle Datenstrukturen, die sich nicht teilweise auf den Arbeitsplatz übertragen lassen, bewirken, daß alle Modellierungsfunktionen nur auf dem Hintergrundrechner laufen können, so daß eine Aufwärtskompatibilität (in die technologische Zukunft) nicht erreicht wird.


### 3.5.3 Regeln für ein offenes System

Aus den obigen Erkenntnissen lassen sich nun die Regeln für ein offenes System herleiten.

#### 3.5.3.1 Offenheit zum Produktionsprozeß

Ein CAD/CAM-System, das gemäß den genannten Leitgedanken konzipiert ist, muß langfristig nicht nur das Produkt, sondern den gesamten Produktionsvorgang beschreiben und die für alle Steuerungsmechanismen notwendigen Informationen liefern können.

#### 3.5.3.2 Offenheit zum Benutzer

Zunächst wird das „User Interface" bestimmt durch die Interaktionstechnik, mit der Systemfunktionen ausgewählt, graphische Eingaben vorgenommen und Daten manipuliert werden. Diese müssen dem Benutzer im Rahmen der technischen Möglichkeiten und der jeweiligen Systemausbaustufe zur individuellen Auswahl angeboten werden.
Im Hinblick auf künftige Hardwareangebote am Markt ist es wichtig, über möglichst allgemeine programminterne Schnittstellen zu verfügen.
Ebenso wichtig wie die Interaktionswahl ist die Freiheit, mit der der Benutzer das Bildschirmlayout, die Dialogform, die Dialogkontrolle und den Dialoginhalt seinen individuellen Bedürfnissen anpassen kann.
Das bedeutet z. B., daß es bei Systemen, deren Steuerung auf hierarchischen Menüs beruht, dem Benutzer möglich sein muß, den textlichen oder symbolischen Inhalt der Menüs zu verändern. Ferner muß der Benutzer die hierarchische Anordnung der Menüs umstellen und damit Einfluß auf den funktionalen Ablauf im CAD-System nehmen können. Diese Forderungen sind jedoch nur sinnvoll, wenn in der Hierarchie keine Klassifikation vorliegt. Wo diese gegeben ist, würde der Benutzer die gefundene Ordnung und damit die sachlogischen Zusammenhänge verändern. Zusätzlich sollte der Benutzer die Möglichkeit haben, Makrokommandos zu definieren, um komplexe Operationen ausführen oder mehrere Stufen in der Menühierarchie überspringen zu können.

Die Abstimmung des Benutzer-Interface wird natürlich immer abhängen von der Art der Anwendung, von der Kompetenz des Benutzers und von seiner Systemkenntnis.

### 3.5.3.3 Offenheit für die Weiterentwicklung der Hardware

Die Datenstrukturen des Graphiksystems sind so zu gestalten, daß auch Arbeitsplätze mit intelligenteren Hardwarefunktionen möglichst leicht von der Software genutzt werden können.
Dies betrifft z. B. Anwendungen, bei denen der Übergang von Gestalten und Festlegen der Hauptabmessungen zu räumlichen Modellen ganz oder überwiegend graphisch-interaktiv erfolgt. Hier benötigt der Konstrukteur eine leistungsfähige 3D-Arbeitsplatz-Hardware, die in direkter Kontrolle über das 3D-Modell die geometrische Beschreibung des Produkts jederzeit konsistent und verifizierbar verändern kann. Hierzu werden in der Zukunft zunehmend Daten über Geometrie und Topologie des Produkts zum Terminal hin verlagert werden. Die Software des Systems sollte dies ermöglichen, ohne neu entworfen bzw. entwickelt werden zu müssen.

### 3.5.4 Folgerung

Ein aufwärtskompatibles, portables System wird gebildet durch ein Rahmenwerk von Einzelkomponenten (Datenbank, Dialoggenerator, Modellierer usw.), die in sich kompatibel und portabel sind und die es erlauben, das CAD-System der Anwendung und den Rahmenbedingungen (z. B. bestehender Hardware und Software) anzupassen.

## 3.6 Zusammenfassung

Die Kinderjahre des CAD, in denen CAD-Systeme nur zur Unterstützung von isolierten Konstruktionsproblemen verwandt werden konnten, sind vorbei. Die neue Generation von CAD-Systemen kennzeichnet mehr und mehr ihre Integrationsfähigkeit in vorhandene DV-Umgebungen; CAD-Konfigurationen sind die Folge.
Dieses Ziel wird erreicht durch die Transparenz und die Standardisierung wichtiger Systemschnittstellen auf der Hardware- wie auf der Softwareseite.
Wie eine Integration zu erfolgen hat, hängt von problem- und betriebsspezifischen Faktoren ab. Durch eine Klassifizierung der CAD-Systemstrukturen, durch die Diskussion darüber, wie sich eine spezifische Struktur ergibt, und durch die Angabe der Regeln für ein offenes System konnte in diesem Kapitel ein relativ hoher Konkretisierungsgrad erreicht werden.
Die Frage nach Kosten und Nutzen der Integration eines CAD-Systems in die DV-Umgebung wird in Kapitel 5 behandelt.

# 3.7 Literatur


[3.1] Eigner, M.; Maier, H.:
Einführung und Anwendung von CAD-Systemen. Hanser Verlag, München 1982

[3.2] Klos, W. F.:
Software-Werkzeuge für graphisch-interaktive Anwendungen im technischen Bereich. Darmstädter Dissertation, D17, 1982

[3.3] Dörr, R.:
Was ist IGES? CAE-Journal 2/83, Hüthig Verlag, Heidelberg

[3.4] Groth, P.; Katz, C.; Werner, H.; Hilber, H. M.:
Fedis — Finite Elemente Daten Interface Standard. KfK-PFT Q1, 03.82, Zwischenbericht Feb. 1983

[3.5] Anderl, R.; Rix, J.; Wetzel, H.:
GKS im Anwendungsbereich CAD. Informatik Spektrum, Band 6, Heft 2, April 1983
Springer-Verlag, Berlin / Heidelberg / New York

[3.6] Spur, G,; Krause, F.-L.; Lewandowski, S.; Müller, G.; Melzer-Vassiliadis, P.; Siebmann, H.; Kiesbauer, H.; Kuhn, E.:
Baustein Geometrie, Programmvorgabe zur 1. Ausbaustufe. Gesellschaft für Kernforschung mbH, KfK-CAD 134, Karlsruhe 1979

[3.7] Lewandowski, S.:
Schnittstellen in CAD-Systemen. CAD/CAM-Fachseminare, Dressler und Partner, Heidelberg 1982

[3.8] Händler, W.; Nees, G.:
Rechnergestützte Aktivitäten, CAD. BI, Zürich 1980

[3.9] Hellwig, H.-E.:
CAD-Normen, Bewertungskriterien und Anwendungsprobleme. CAD-CAM Report Nr. 2 1982

[3.10] Informatik Spektrum
GI-Organ der Gesellschaft für Informatik. Springer-Verlag, April 1983, Band 6, Heft 2

[3.11] Graphisches Kernsystem (GKS)
Funktionale Beschreibung. DIN 66252 — Beuter Verlag, Berlin

[3.12] PHIGS
Programmer's Hierarchical Interactive Graphics Standards. Baseline Document by ANSI X3H31/82-03R03 Dez. 1983

[3.13] Poths, W.:
Methodisches Vorgehen bei der Ableitung eines betriebsindividuellen Modells der integrierten Datenverarbeitung. In: Angewandte Informatik 12/71

[3.14] Kosiol, E.:
Modellanalyse als Grundlage unternehmerischer Entscheidungen. In.: Zeitschrift für betriebswirtschaftliche Forschung, 13. Jahrgang 1961, S. 318-334

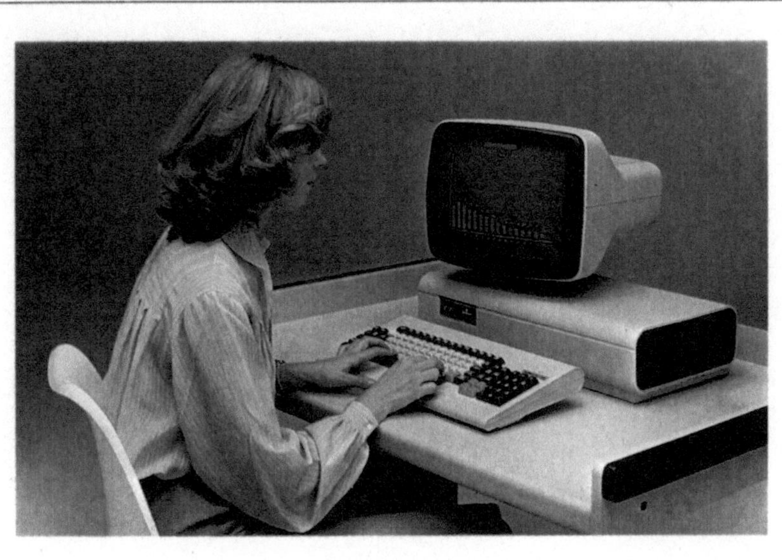

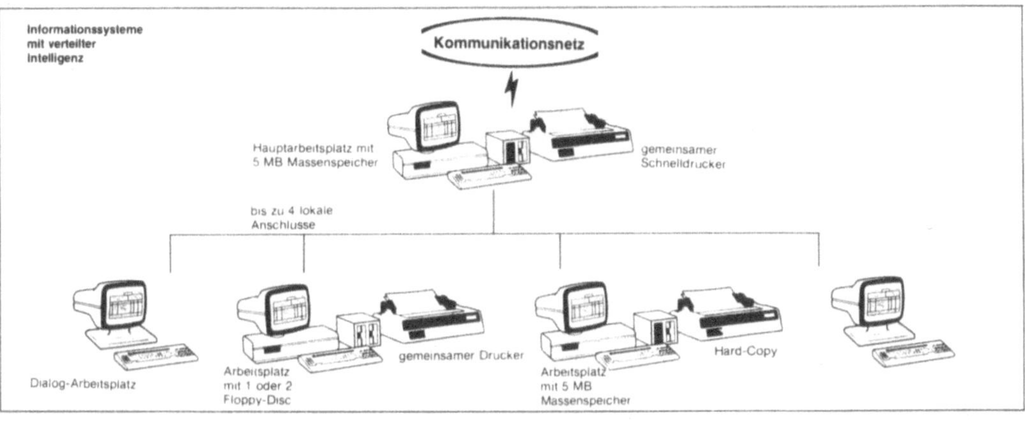
Informationssysteme
mit verteilter
Intelligenz
Kommunikationsnetz
Hauptarbeitsplatz mit
5 MB Massenspeicher
gemeinsamer
Schnelldrucker
bis zu 4 lokale
Anschlusse
Dialog-Arbeitsplatz
Arbeitsplatz
mit 1 oder 2
Floppy-Disc
gemeinsamer Drucker
Arbeitsplatz
mit 5 MB
Massenspeicher
Hard-Copy

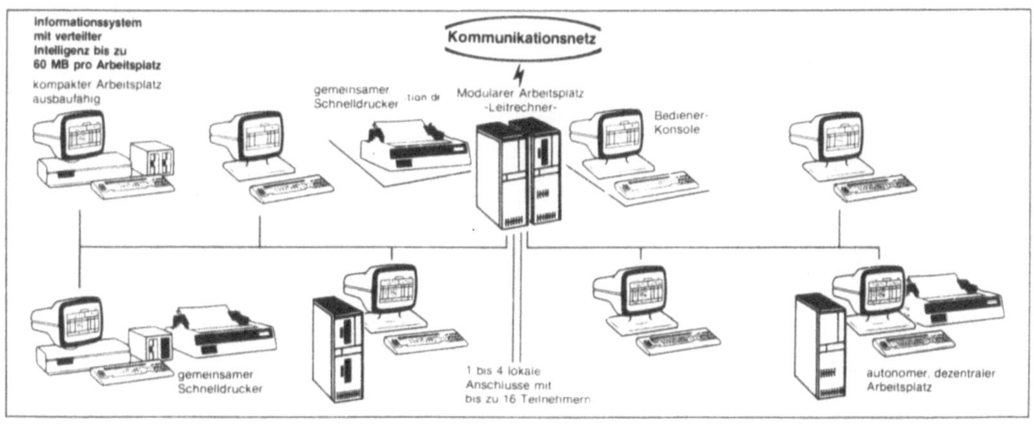
Informationssystem
mit verteilter
Intelligenz bis zu
60 MB pro Arbeitsplatz
Kommunikationsnetz
kompakter Arbeitsplatz
ausbaufahig
gemeinsamer
Schnelldrucker
Modularer Arbeitsplatz
-Leitrechner-
Bediener-
Konsole
gemeinsamer
Schnelldrucker
1 bis 4 lokale
Anschlusse mit
bis zu 16 Teilnehmern
autonomer, dezentraler
Arbeitsplatz

# Kapitel 4

# Klassifizierung von CAD-Systemen



| | | |
|---|---|---|
| 4.1 | Vorbemerkungen..... | 83 |
| 4.2 | Beziehungen zwischen CAD-Systemen und Unternehmen..... | 84 |
| 4.2.1 | Systematik zum Vergleich angebotener CAD-Systeme..... | 85 |
| 4.2.1.1 | Die Integrationsfähigkeit als Bestandteil der Systematik..... | 86 |
| 4.2.1.1.1 | Modellverarbeitung als Voraussetzung..... | 86 |
| 4.2.1.1.2 | Kriterien der Integrationsfähigkeit..... | 88 |
| 4.2.1.1.3 | Vorteile der integrierten CAD-Verarbeitung..... | 90 |
| 4.2.1.2 | Prozeßleistungsfähigkeit des In-Systems..... | 90 |
| 4.2.1.3 | Prozeßleistungseigenschaften..... | 92 |
| 4.2.1.4 | Archivierung..... | 94 |
| 4.3 | Das CAD-System..... | 96 |
| 4.3.1 | Das Modell (Verarbeitung in CPU)..... | 97 |
| 4.3.1.1 | CAD-Software..... | 97 |
| 4.3.1.1.1 | Geometrierepräsentation..... | 97 |
| 4.3.1.1.2 | Geometriemodell (rechnerinterne Darstellung)..... | 99 |
| 4.3.1.1.3 | Formulierung der Topologiestruktur (der Gestalt)..... | 99 |
| 4.3.1.1.4 | Manipulationszugriff auf Objekte..... | 101 |
| 4.3.1.1.5 | Generierungsprinzipien..... | 102 |
| 4.3.1.1.6 | Lage- und Größenbestimmung..... | 103 |
| 4.3.1.1.7 | Verknüpfungsoperatoren (Integration der Kommunikation)..... | 103 |
| 4.3.1.1.8 | Definition der Geometrieelemente (Form)..... | 104 |
| 4.3.1.1.9 | Durchdringungslogik zwischen Flächen..... | 104 |
| 4.3.1.1.10 | Abrundungen..... | 104 |
| 4.3.1.1.11 | Transformationen..... | 105 |
| 4.3.1.1.12 | Zusatzfunktionen..... | 105 |
| 4.3.1.1.13 | Interaktionsmethoden (Handhabungsdynamik)..... | 105 |
| 4.3.1.2 | Host-System..... | 106 |
| 4.3.1.2.1 | Host-System-Hardware..... | 106 |
| 4.3.1.2.2 | Host-System-Software..... | 108 |
| 4.3.2 | Die Abbildung (Verarbeitung im Graphik-Controller)..... | 109 |
| 4.3.2.1 | Lokale Systemsoftware..... | 109 |
| 4.3.2.2 | Lokale Systemhardware..... | 109 |
| 4.4 | Zusammenfassung..... | 112 |
| 4.5 | Literatur..... | 112 |

# 4.1 Vorbemerkungen

In der einschlägigen Literatur findet sich eine Vielzahl von Kriterien, die für die Auswahl von CAD-Systemen als relevant angesehen werden [4.1, 4.2]. In diesem Kapitel wird eine Systematik vorgestellt, die es gestattet, CAD-Systeme nach ihrer Integrationsfähigkeit und Prozeßleistungsfähigkeit zu klassifizieren und entsprechend die Auswahlkriterien zu gruppieren.
Beim Aufbau dieser Systematik muß mit einer Reihe zunächst undefinierter Begriffe begonnen werden; deren Bedeutung wird jedoch aus dem jeweiligen Kontext ersichtlich bzw. im weiteren Textverlauf erklärt. Die Arbeitsmethodik des gesamten Kapitels veranschaulicht Bild 4.01:

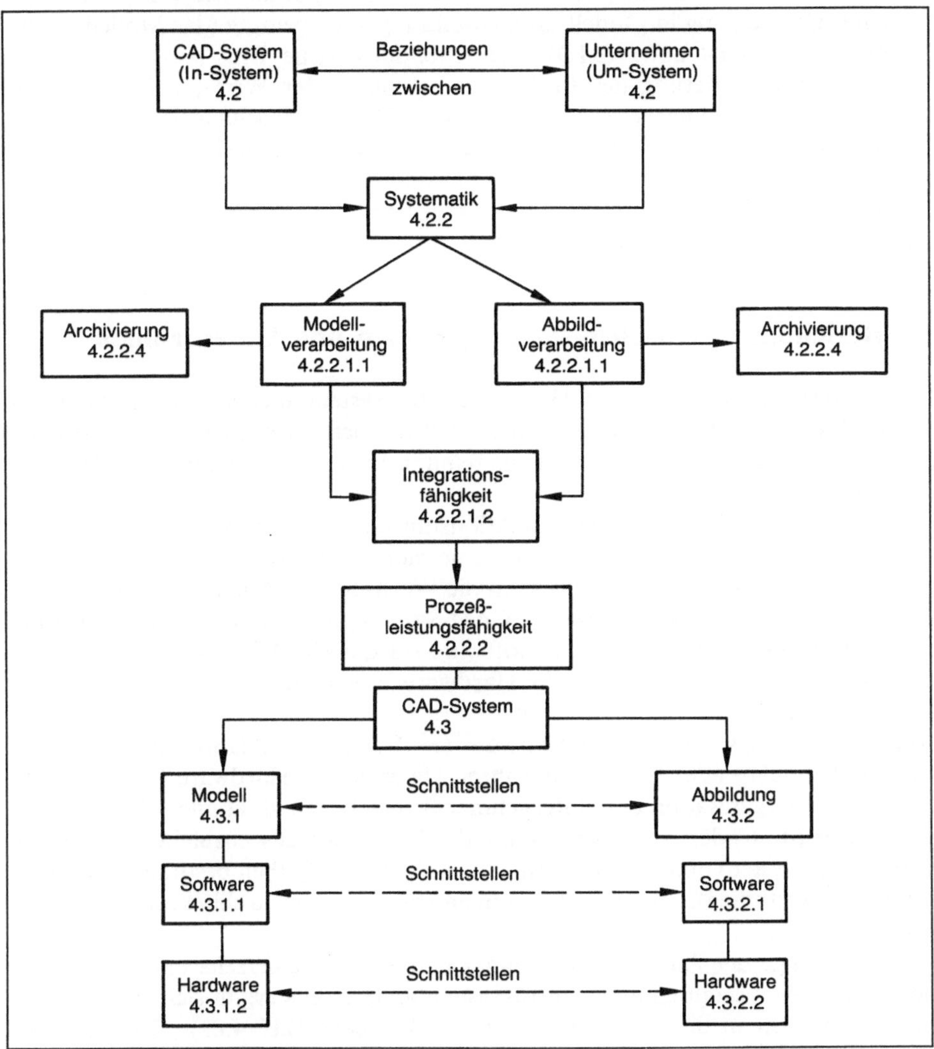


**Bild 4.01**  Arbeitsmethodik Kapitel 4

Abschnitt 4.2 befaßt sich mit den Beziehungen zwischen CAD-System (In-System) und Unternehmen (Um-System) [4.3]. Bei der Beschreibung dieser Beziehungen wird eine Systematik zum Vergleich angebotener CAD-Systeme verwendet, die die angewandte Beschreibungsmethode erläutert und zugleich die Kriterien zur Klassifizierung der Systeme vorstellt. Weil die Systeme erst im Einsatz ihre Wirtschaftlichkeit nachweisen können, wird gezeigt, wie über die Prozeßleistungsfähigkeit der zu erwartende Wirkungsgrad im voraus ermittelt werden kann.

Alle Ergebnisse im CAD-Produktionsprozeß sollten archivierbar sein, deshalb ist die Archivierung mit ihren Kriterien als weitere Dimension eingeführt.

Abschnitt 4.3 befaßt sich dann mit dem CAD-System selbst.

Aus der Forderung nach integrierter Datenverarbeitung ergibt sich die Notwendigkeit einer Unterteilung in Modell- und Abbildungsverarbeitung (das Modell ist die rechnerinterne Darstellung (RID), die Abbildung seine Ein-/Ausgabe-Darstellung). Die Strukturierung des In-Systems erfolgt in der Weise, daß jeweils im Modell- und Abbildungsbereich Software und Hardware behandelt werden.

Im Abschnitt 4.3 werden die CAD-Systemeigenschaften nach ihrer Prozeßleistungsfähigkeit geordnet. Anhand dieser Ordnung sowie der sie begleitenden Erläuterungen und Begründungen kann der künftige CAD-Anwender die für ihn optimale Systemvariante konfigurieren.


## 4.2 Beziehungen zwischen CAD-Systemen und Unternehmen

In-System (oder Subsystem; vgl. [3.14]) und Um-System müssen so miteinander zu einem Gesamtsystem verknüpft werden, daß die betrieblichen Leistungsprozesse nach der Einführung des CAD-Systems reibungslos und wirtschaftlicher als zuvor abgewickelt werden können.

Um zu einem System mit großem Funktionsumfang und weitgehender Integration in den Produktionsprozeß[1] zu kommen, betrachten wir sowohl die Architekturen von In-System und Um-System als auch die Wechselwirkungen zwischen beiden.

Die Architekturen für beide Bereiche, CAD-System und Systemumgebung, werden durch die Aufgaben bestimmt. Die Software für das CAD-System ergibt sich aus den Applikationsanforderungen; die Hardware ist entsprechend den auftretenden Informationsströmen zu organisieren.

Auch das Um-System benötigt Software (= Verfahren, Algorithmen), um bestimmte Produkte oder Projekte mit ihren Daten in der Hardware (= Systemarchitektur = Organisation des Unternehmens) verarbeiten zu können. Die Systemarchitektur ist aus der Aufgabenstellung des Unternehmens abzuleiten. Für beide Systeme (In-System und Um-System) gilt somit: die Aufgaben bestimmen die Verfahren (Algorithmen), und diese bestimmen wiederum die Architektur der jeweiligen Hardware.

Aus der Menge der Anforderungen eines Um-Systems einerseits und der Menge der realisierten Verfahren in einem In-System andererseits ergibt sich eine Schnittmenge, die sich in der *Konformität* ausdrückt (siehe Bild 4.02). CAD-System-

---

[1] Prozeß zur Erzeugung von Informationsträgern für die Fertigung eines Erzeugnisses

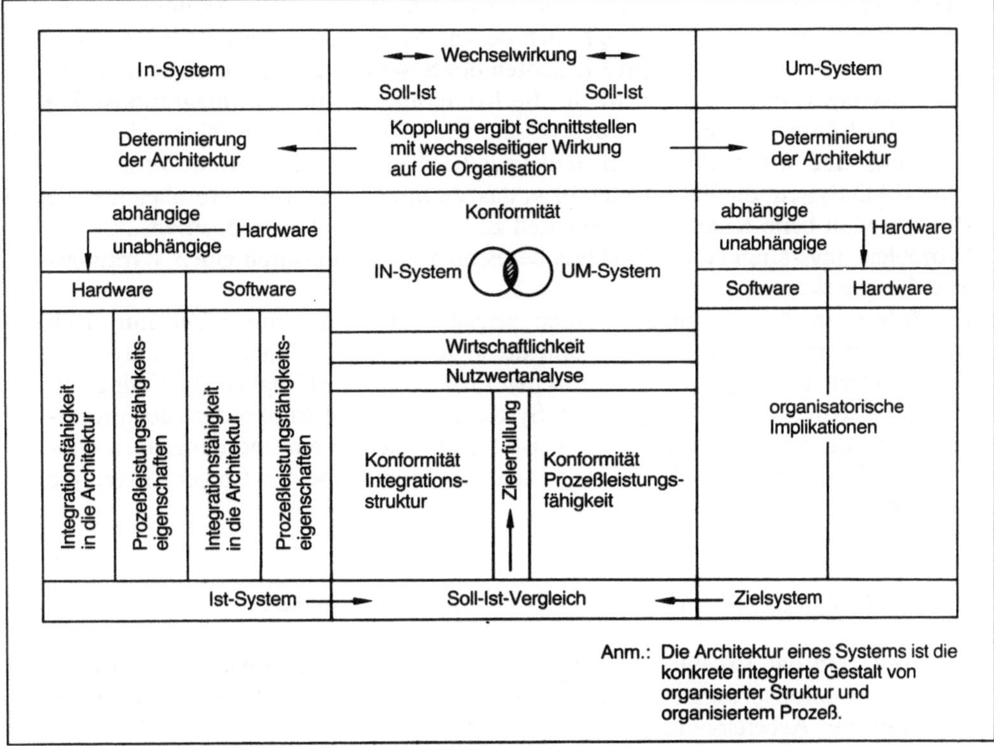


**Bild 4.02**   Globaler Zusammenhang zwischen In-System und Um-System

Anbieter und CAD-System-Anwender sind bestrebt, diese Konformität so groß wie möglich zu gestalten und mit der Zeit zu verbessern.

In-System und Um-System sind über die Zeit Änderungen unterworfen. Diese sind zu beobachten und im Bedarfsfalle zu berücksichtigen. Beide Systemkategorien determinieren sich gegenseitig, d. h. beim CAD-Einsatz sowie bei Änderungen sind Anpassungen des In-Systems an das Um-System und umgekehrt erforderlich (vgl. Kapitel 2).

Der Nutzen, den ein In-System auf Grund der Anforderungen für ein Um-System erbringt, kann im Rahmen einer Nutzenbetrachtung durch Soll/Ist-Vergleich ermittelt werden (vgl. Kapitel 5).

Zum Vergleich der angebotenen CAD-Systeme in Software und Hardware soll die in ihrem Wirkungszusammenhang erläuterte Systematik dienen.

### 4.2.1 Systematik zum Vergleich angebotener CAD-Systeme

CAD-Systeme unterscheiden sich in ihrer Methodik der Nutzung sowie in bezug auf die Konstruktionslogik und die Erzeugung der Ergebnisse erheblich. Ziel der hier entwickelten Systematik ist es deshalb, dem Anwender das für die Auswahl eines Systems nötige Know-how zu vermitteln. Mit ihrer Hilfe lassen sich die wesentlichen Eigenschaften der verschiedenen Systeme erfassen und bewerten.

Die dieser Systematik zugrunde liegende Methode sei durch ein Analogon erläutert: Der Käufer eines Autos fragt nach dessen Ausstattung; diese ist beim CAD-System die Architektur aus den Elementen des Systems, die zusammen ein in sich geschlossenes Ganzes ergeben (d. h. die Komponenten müssen integrationsfähig sein). Der Käufer möchte aber auch wissen, wie schnell das Auto fährt, wie es beschleunigt und wie exakt es sich lenken läßt; diesen Eigenschaften entsprechen beim CAD-System die Fähigkeiten bzw. das Vermögen, etwas im Hinblick auf die Produktivität beim Konstruktionsprozeß zu leisten. Dieses Vermögen wird als die Prozeßleistungsfähigkeit des Systems bezeichnet; sie kann durch einen Wirkungsgrad beschrieben werden.

Die folgenden Ausführungen werden zeigen, daß In-Systeme nicht nur nach Systemelementen der Architektur und deren Integrationsfähigkeit zu analysieren sind, sondern auch nach ihrer spezifischen Prozeßleistungsfähigkeit. Es können also zwei Systeme A und B die gleichen Systemelemente haben und denselben Kaufpreis, und dennoch kann die Prozeßleistungsfähigkeit in ein und demselben Um-System sehr unterschiedlich sein. Dies kann nur durch eine vergleichende Analyse festgestellt werden.

### *4.2.1.1 Die Integrationsfähigkeit als Bestandteil der Systematik*

Produkte sind das Ergebnis verknüpfter Leistungs- und Datenverarbeitungsprozesse (Produktionsprozesse). Dies gilt auch für Ergebnisse aus Entwicklung, Konstruktion und Arbeitsplanung.

### 4.2.1.1.1 Modellverarbeitung als Voraussetzung

Beim Einsatz von CAD-Systemen besteht deshalb das Ziel, die Produktionsprozesse als integrierte Datenverarbeitung in Form von Produktionsketten abwickeln zu können. Die damit verbundene Erzeugung und Verifikation von geometrischen Daten in integrierte Anwendungsketten (Produktionsprozeßphasen) macht ein rechnerinternes Modell notwendig. Die Behandlung findet in den einzelnen Organisationseinheiten an Abbildern des jeweiligen Modells statt.

Das *Funktionsprinzip des In-Systems* in der integrierten Datenverarbeitung ist in Bild 4.03 erläutert. Im Modell sind alle Informationen vereinigt. Daten und Algorithmen werden nur einmal gespeichert. Es gibt jedoch Situationen und Zweckmäßigkeitsgründe, die dafür sprechen, dieses Prinzip aufzuheben, wenn z. B. die Daten aus Sicherheitsgründen redundant gespeichert werden sollen oder wenn der Zugriff zu lange dauert.

Es werden folgende Möglichkeiten der Modellspeicherung genutzt:

— Daten und Algorithmen einmal
— Daten einmal, Algorithmen mehrfach
— Algorithmen einmal, Daten mehrfach
— Daten und Algorithmen mehrfach

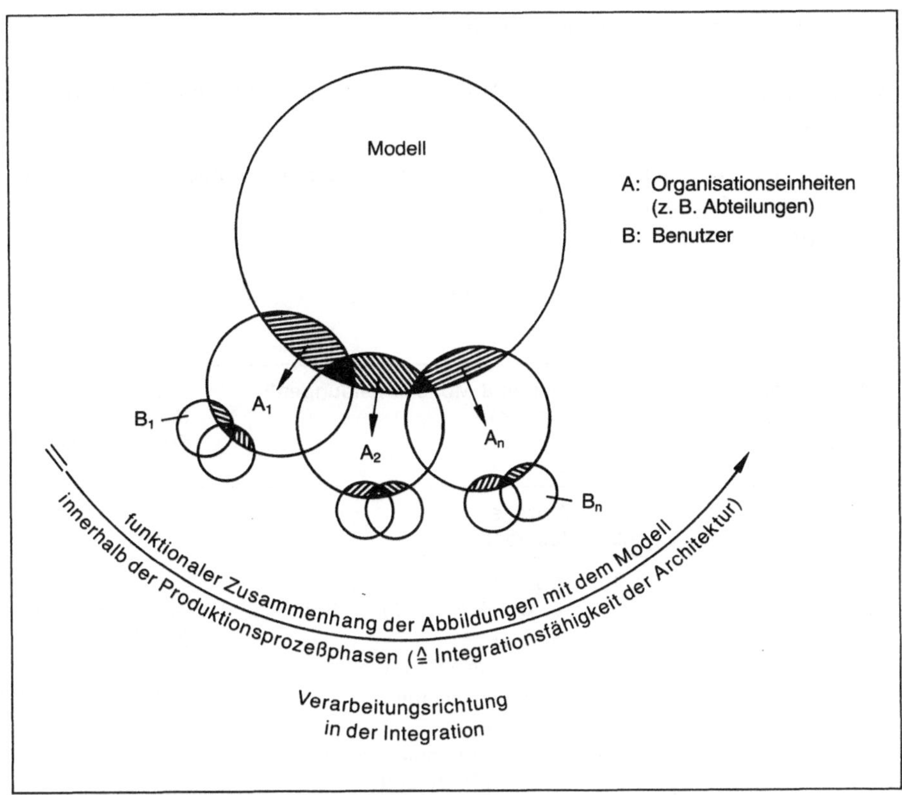


**Bild 4.03**   Funktionsprinzip des integrierten Systems

Die integrierte Verarbeitung der Systemkomponenten der Software innerhalb des
In-Systems stellt bestimmte Anforderungen an die Architektur der Hardware. Das
System muß in zwei Bereiche gegliedert werden, und zwar in einen Modellbereich
und einen Bereich für Abbildungen des Modells.
Sowohl bei der Herstellung von Erzeugnissen als auch bei der Manipulation der
Geometrie eines Erzeugnisses gibt es ein Modell und dessen Abbildungen. Über die
Abbildungen erfolgt die Verwendung der Daten und Algorithmen:

— Im Um-System wird ein Modell zur Herstellung des Erzeugnisses über Abbildungen manipuliert:
  In der 1. Ebene der Fertigungskette gibt es abteilungsbezogene Abbildungen.
  In der 2. Ebene gibt es arbeitsplatzbezogene Abbildungen. In Abhängigkeit von
  der Bearbeitungshierarchie müssen beliebige Abbildungsuntermengen möglich
  sein.
— Im Computer des In-Systems wird das als rechnerinterne Darstellung gespei-
  cherte Modell manipuliert, im lokalen intelligenten Graphiksystem des In-
  Systems die jeweilige Abbildung. Innerhalb eines CAD-Systems bedeutet dies,
  daß alle transformationsinvarianten Größen im Rechner gespeichert sind und
  die spezielle transformationsabhängige Abbildung im lokalen intelligenten Graphiksystem manipuliert wird.

## 4.2.1.1.2 Kriterien der Integrationsfähigkeit

Die Integrationsfähigkeit eines CAD-Systems ist von folgenden Einflußfaktoren abhängig:

— Anzahl der Systemelemente innerhalb der Architektur eines CAD-Systems
— Mächtigkeit der Systemelemente[1]
— Mächtigkeit der Kernstruktur[2]

Eine Übersicht geben die Bilder 4.04 und 4.05:

| Methodologie | Für Modell und Modellabbildungen[1] im Um-System | | Prozeßleistungs-fähigkeit; Erfüllungsmatrix → |
|---|---|---|---|
| 1. Entstehung | 1.1 | Anfrage | |
| | 1.2 | Angebot | |
| 2. Begründung | 2.1 | Produkt-Engineering mit CAD für Objekte, Betriebsmittel | Die Matrix wird im Abschnitt 4.3 „CAD-System" erläutert (siehe auch unter 4.2.2.2) |
| | 2.2 | Produkttest Muster und Prototyp | |
| | 2.3 | Produkt-Nullserie | |
| | 2.4 | Produktion<br>— Fertigungsplanung, Steuerung, Regelung<br>  — Betriebsmittel<br>    — Vorrichtungen<br>    — Werkzeuge<br>    — Meßzeuge<br>    — Materialzuweisung<br>    — Robotik<br>    — NC, CNC-Einsatz<br>  — Arbeitsvorbereitung<br>— Fertigung<br>— Montage<br>— Abnahme | |

**Bild 4.04**   Produktionsprozeßübersicht

---

[1] Werden die von Systemelementen zu erbringenden Fähigkeiten aus eigenem Potential geschöpft, spricht man von einem mächtigen System; sind sie dagegen nur über eine Vielzahl von Verknüpfungen mit entsprechenden Schnittstellen realisierbar, spricht man von einem schwachen System.

[2] Sind z. B. aufgrund der Kernstruktur keine mathematisch exakten Lösungen in den Abbildungen möglich, werden diese aber in der Produktion benötigt, so ist die integrierte Verarbeitung nicht realisierbar. Eine schwache Kernstruktur kann zur Folge haben, daß die für nachgeschaltete Abteilungen erforderlichen Daten nicht erzeugt werden können.

Erläuterungen zu [1] und [2] : Die Mächtigkeit einer Struktur, gleich ob Element oder System, wird durch die „Möglichkeit" bestimmt. Wird die Möglichkeit der Anwendung groß, so ist die Mächtigkeit groß, weil die Struktur schon viele Fälle der Verwendung beherrscht; sie muß deshalb nicht komplex sein, sondern lediglich intelligent organisiert.

| Methodologie | Für Modell und Modellabbildungen[1]<br>im Um-System | Prozeßleistungs-<br>fähigkeit;<br>Erfüllungsmatrix<br>→ |
| --- | --- | --- |
| 3. Verwendung | 3.1   Versand<br>3.2   Service | |

Entstehung: alle Relationen von außen
Begründung: alle Relationen systemintern
Verwendung: alle Relationen nach außen

[1] Modell = Schnittmenge der Daten und Algorithmen aus den Abbildungen (Abteilungen)

**Bild 4.04**   Produktionsprozeßübersicht (Fortsetzung)

---

| 2.1 | Produkt-Engineering mit CAD | |
| --- | --- | --- |
| 2.1.1 | Initialphase (siehe auch DIN- u. VDI-Richtlinien)<br>— Zielfestlegung (Was)<br>— Funktionsfestlegung (Wie)<br>— Ausgangs- und Randbedingungen (Womit) | |
| 2.1.2 | Entwurfsphase<br>— Funktionsprinzip als geometrische Gestalt | |
| 2.1.3 | Konstruktionsphase<br>— Form, Gestalt<br>— Zusammenbau, Kollision<br>— Einbau (Implantierung); Schnittstellen<br>— Integration von Einzelaufgaben | Die Matrix wird im Ab-<br>schnitt 4.3 „CAD-System"<br>erläutert (siehe auch unter<br>4.2.2.2) |
| 2.1.4 | Berechnung (Felder)<br>— Statik<br>  — Gewicht<br>  — Kräfte<br>  — Momente<br>— Festigkeit<br>  — Spannung<br>  — Dehnung<br>— Dynamik<br>  — Eigenwerte<br>— Materialverbrauch | |
| 2.1.5 | Kommunikation<br>— taktil: Handhabung Mensch-Maschine<br>  — Eingabe     Selektion, Verifikation<br>  — Ausgabe     Selektion, Verifikation<br>  — Verarbeitung<br>— sprachlich (voice) = akustisch<br>— optisch | |

**Bild 4.05**   Produkt-Engineering (= 2.1 in Bild 4.04)

Bild 4.04 zeigt die Phasen bei der Erzeugung und Lieferung eines Produkts mit Hilfe der methodologischen Begriffe „Entstehung", „Begründung" und „Verwendung". Bild 4.05 stellt gleichsam eine Ausschnittvergrößerung dar: es untergliedert den Punkt 2.1 „Produkt-Engineering" aus Bild 4.04.

### 4.2.1.1.3 Vorteile der integrierten CAD-Verarbeitung

Solche Vorteile sind:

— bessere technische Vorklärung der Konstruktionsaufgabe
— Beschleunigung der Arbeitsabwicklung in Konstruktion und Arbeitsvorbereitung
— Nutzung aller im Rechner abgelegten Daten für alle beteiligten Stellen
— schnellere Verfügbarkeit der Daten für alle beteiligten Stellen
— identische Datenbasis für alle Stellen des Unternehmens
— Reduzierung des Anteils von Routinetätigkeiten
— Integration von Berechnungsverfahren in den Konstruktionsablauf
— Vereinfachung und Beschleunigung des Änderungsdienstes
— Vermeidung von Fehlern, insbesondere Übertragungsfehlern
— Einsparung von Geometriebeschreibung für die NC-Programmierung
— Nutzung der NC-Technik bereits bei Mustern, Prototypen und bei der Werkzeugherstellung
— Reduzierung von Testzeiten auf Maschinen bei neuen NC-Programmen
— Verantwortungsverlagerung von der fallorientierten Problembearbeitung zur Programmentwicklung

### 4.2.1.2 *Prozeßleistungsfähigkeit des In-Systems*

Neben der Integrationsfähigkeit ist die Prozeßleistungsfähigkeit eines Systems von Bedeutung. Die Prozeßleistungsfähigkeit kommt u. a. in den dynamischen Eigenschaften des Systems zum Ausdruck. Werden z. B. approximative Verfahren zur Darstellung von analytischen Flächen benutzt, so sind Speicherbedarf und Rechenzeit wesentlich größer und die Darstellungsgenauigkeit von Modell und Abbildung wesentlich kleiner als beim Einsatz vergleichbarer analytischer Verfahren. Dies ist auf den Sachverhalt zurückzuführen, daß die approximativen Verfahren jede analytische Fläche durch eine begrenzte Menge von Ebenen darstellen. Außerdem können approximativ arbeitende Systeme dünnwandige Schalen, Tangierungen und Sattelpunkte von Flächen nicht erkennen. Der Verfahrensunterschied zwischen approximativ und analytisch ist jedoch nur *ein* Kriterium (siehe Bild 4.06). Es ist zu beachten, daß die Systeme nicht nur bei größerer Kompliziertheit der Flächen, sondern auch bei größerer Komplexität (Anzahl Elemente in der Abbildung) sehr unterschiedlichen Aufwand in der Verarbeitungs- (a) und Problemformulierungszeit (b) haben. Die Prozeßleistungseigenschaften wirken sich außerdem auf die Integrationsfähigkeit eines Systems aus. So produziert ein approximatives System u. U. Daten, die wegen ihrer Ungenauigkeit nur bedingt für die physikalische Berechnung und Fertigung verwendet werden können.

**Bild 4.06**    Analytisch versus approximativ

In Abhängigkeit von der Prozeßleistungsfähigkeit können unterschiedliche Prozeßleistungsfähigkeitsklassen definiert werden, denen die real existierenden Systeme zugeordnet werden können.

— Werden z. B. Bezier-Kurven oder Bezier-Flächen verwendet, so steigert sich die Qualität der Approximation, die Lösung ist aber dennoch ungenau und sehr rechenzeitaufwendig. Der folgende Test ermöglicht einen Nachweis: Man schneide einen vollen Zylinder mit einem hohlen Zylinder mit gleichem Durchmesser in gekreuzten, zueinander schräg stehenden Achsen und stelle die dabei entstehende Singularität auf dem Rand vergrößert dar, ohne daß der Startpunkt der Approximation manuell nachgeeicht oder vorausberechnet neu festgelegt wird.
— Einige approximative In-Systeme haben die Möglichkeit, den Startpunkt des Approximationsbeginns nachträglich zu variieren. Dies bedeutet aber, daß eine bestimmte Konstruktionsaufgabe (= Problem) umständlicher eingegeben werden muß, weil erst nach der Erzeugung der Abbildung ersichtlich wird, ob der Approximationsgrad bzw. Startpunkt so gewählt wurde, daß die gewünschten Schnittpunkte, Tangentenpunkte usw. auch erhalten werden. Ein Beispiel ist die Teilung eines Winkels durch drei Abschnitte auf einem Kreisumfang, wobei die Winkel nicht in Anzahl und Startpunkt der Approximationsteilung passen; im 3D-Falle ist dies noch viel schwieriger mit approximativen Systemen zu lösen. In all diesen Fällen spricht man von Problemformulierungszeiten.

Die Ergebnisse der Systematik werden durch das Diagramm in Bild 4.07 deutlich:

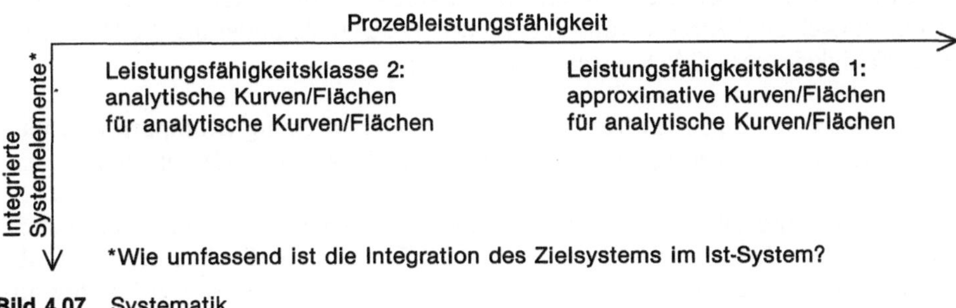


**Bild 4.07**    Systematik

Auf Grund anderer Eigenschaften der In-Systeme ist es möglich, daß sich Überlappungen in den Prozeßleistungsfähigkeitsklassen ergeben.
Die Prozeßleistungsfähigkeit des CAD-Systems ist abhängig von seiner Organisations- und Verarbeitungsstruktur bzw. Intelligenz. Sie werden im folgenden Abschnitt behandelt.

### 4.2.1.3 Prozeßleistungseigenschaften

Die Prozeßleistungseigenschaften beziehen sich auf Software und Hardware (Bild 4.08). Es ist deshalb erforderlich, beide Systemkomponenten sowohl im Hinblick auf das Modell (RID) als auch im Hinblick auf seine Abbildungen zu analysieren, um die jeweils vorhandenen Prozeßleistungseigenschaften zu erkennen.
Die Prozeßleistungseigenschaften selbst werden untergliedert, wobei die Untergliederung zugleich die Begründung für die Anordnung der Prozeßleistungsfähigkeitsklassen der CAD-Systeme liefert. Aus dieser Systematik ergeben sich für den Anwender folgende Schritte bei der Auswahl eines CAD-Systems:

*Schritt 1:* Durchlaufen der Matrix (vgl. Bild 4.09) im Hinblick auf Software und Hardware sowohl für das Modell einer RID als auch für die Abbildung des Modells. Bei diesem ersten Schritt werden nur Strukturelemente und Prozeßleistungsfähigkeitsklassen in einer K.o.-Entscheidung betrachtet.
Nach diesem Durchlauf der Matrix hat der Anwender diejenigen Systeme ausgeschieden, die seine *Muß-Anforderungen* — z. B. 2D-Flächensysteme oder 3D-Volumensysteme, analytische Verarbeitung der Geometrie, Eingabe zweidimensional — nicht erfüllen. Es wird also nur mittels K.o.-Kriterien gefragt, ob ein System die geforderten integrierbaren Struktur- und Prozeßleistungseigenschaften hat oder nicht (qualitative Betrachtung).
*Schritt 2:* Erst in einem zweiten Schritt werden die Zahlenwerte der einzelnen Systeme abgefragt. Dies geschieht durch Betrachten der *numerischen Ausprägung* der Eigenschaften in Bild 4.09. Die Ergebnisse werden durch Erfüllungszeichen festgehalten. Die genauere Vorgehensweise wird in Kapitel 6, Abschnitt 1 erklärt; hier soll nur das Prinzip erläutert werden:
Jede sich auf Grund der Prozeßleistungseigenschaften ergebende höhere Leistungsfähigkeitsklasse hat einen besseren Wirkungsgrad. So werden z. B. Genauigkeit und Geschwindigkeit immer höher, während der Speicherbedarf, die Fehlerhäufigkeit usw. immer kleiner werden. Sowohl das „Größerwerden" als auch das „Kleinerwerden" bedeutet qualitativ höherwertige Systemeigenschaften. Es gibt demnach auch zwei Klassen von Eigenschaften, deren Veränderung die Prozeßleistungsfähigkeit eines CAD-Systems verbessert:

— die Klasse der Eigenschaften mit vergrößernder Wirkung (Komparation) und
— die Klasse der Eigenschaften mit verkleinernder Wirkung (Diminution).

In Bild 4.08 sind alle geforderten Prozeßleistungseigenschaften in vergrößernde und verkleinernde Eigenschaften untergliedert. Es geschieht dies in einer sog. Ordinalskala. Sollen die Eigenschaften später quantifiziert werden, so werden ihre numerischen Größen in Intervall- (relativer Nullpunkt mit Teilung) und Ratioskalen (absoluter Nullpunkt und Teilung) gemessen. Im Gegensatz dazu dient die Nominalskala (Eigenschaft zugehörig oder nicht?) einer qualitativen Beurteilung.

| Skalensystem | Begriff | Relation | Klasse | Prozeßleistungs-eigenschaft |
|---|---|---|---|---|
| Ordinalskala | Komparation | | | |
| > | Vergrößerung<br>Steigerung<br>Verbesserung<br>Erhöhung<br><br>Beschleunigung<br>(über alles)<br>(in Teilsystemen) | von | Geometrie: | Exaktheit<br>Modellgenauigkeit<br>Realitätstreue<br>Reproduzierbarkeit<br>Auflösung<br>Modelldimensions-<br>  verhältnis<br>Bestimmtheit<br>Genauigkeit<br>Stetigkeit |
| | | | Qualität: | Sicherheit<br>Fehlerfreiheit<br>Zuverlässigkeit<br>Restartfähigkeit<br>Vollständigkeit<br>Redundanz<br>redundanzfrei |
| | | | Handhabung | Eleganz<br>Akzeptanz<br>Transparenz<br>Ergonomie<br>Kreativität<br>Bedienerführung<br>Funktionalität |
| | | | Quantität: | Geschwindigkeit<br>Anzahl<br>Komplexität<br>Kapazität<br>Gleichzeitigkeit<br>Kommunikations-<br>  geschwindigkeit<br>  — Eingabe<br>  — Ausgabe<br>  — Verarbeitung<br>Netzgeschwindigkeit |
| | | | Integriertheit: | gleiche Datenbasis<br>Einheitlichkeit<br>Zugriffschutz<br>Erweiterbarkeit<br>Änderungsmöglichkeit |
| | | | Leistung: | Ausführbarkeit<br>Produktivität<br>Flexibilität<br>Marktanpassung,<br>  Situation<br>Verarbeitbarkeit |

**Bild 4.08**  Prozeßleistungseigenschaften

| Skalensystem | Begriff | Relation | Klasse | Prozeßleistungs-eigenschaft |
|---|---|---|---|---|
| Ordinalskala | Diminuation | | | |
| < | Senkung<br>Reduzierung<br>Verminderung<br>Einsparung | von | Geometrie:<br>Qualität: | Änderungen<br>Fehlerquote<br>Ausschuß<br>Übertragungsfehler<br>Unbestimmtheit<br>Unvollständigkeit<br>Unsicherheit |
| | | | Handhabung: | Interaktionsoperationen |
| | | | Quantität: | Entwicklungszyklen<br>Durchlaufzeit<br>— Verarbeitungszeit<br>— Termine<br>— Liefertermine<br>— Zeitraumgrenzen<br>Freigabezeit<br>Reaktionszeit<br>Datenbestände<br>Antwortzeitverhalten<br>Weitergabegeschwin-<br>digkeit von<br>Informationen<br>Alternativenzahl<br>Speicherbedarf<br>Zeitintensität<br>Übertragungsintensität<br>Transferzeiten<br>Zykluszeiten |
| | | | Integriertheit: | |

**Bild 4.08**   Prozeßleistungseigenschaften (Fortsetzung)


## 4.2.1.4 Archivierung

Die Archivierung ist eine wichtige Prozeßleistungseigenschaft, weil sie in allen
Phasen des Produktionsprozesses benötigt wird. Die Prüfung der Prozeßleistungs-
eigenschaften muß deshalb auch auf die Archivierung ausgedehnt werden.
Im Überblick gliedern sich die Anforderungen an die Prozeßleistungseigenschaft
Archivierung wie folgt:

— Unterstützung von Änderungen, d. h.
   — effiziente Unterstützung von Änderungen bei Zeichnungserstellung,
   — schnelle und zuverlässige Durchführung der Änderungen,
   — Ausschließen von Übertragungsfehlern beim Ändern,
   — Unterstützung der Kontrolle technischer Änderungen.

— Verfügbarkeit einer Datenbank. Diese soll
  — die Klärung der Konstruktionsaufgaben unterstützen,
  — die Wiederholverwendung von Teilen und Baugruppen unterstützen,
  — die Verfügbarkeit rechnergestützt durchführen für
    — Vorrichtungen und
    — Werkzeuge,
  — von Routinearbeit entlasten.
— Verfügbarkeit einer Methodenbank. Diese soll
  — das methodische Konstruieren unterstützen
        (Lösungsfindung,
        Prinziperarbeitung,
        z. B. morphologischer Kasten),
  — Berechnungsmodule zwecks Integration in den Konstruktionsprozeß bereit-
    stellen.
— Gewährleistung der erforderlichen Sicherheit, d. h.
  — Reproduzierbarkeit von Ergebnissen gewährleisten,
  — Datensicherheit bei Mehrfachnutzung der Konstruktionsdaten gewährlei-
    sten,
  — gewährleisten, daß Originaldatenbestände im Rechner verbleiben und nicht
    Originalzeichnungen oder Urmodelle ohne entsprechend gesicherte Freiga-
    beverfahren weitergegeben werden,
  — Gewährleistung eines sicheren Änderungsdienstes,
  — Sicherung des betriebsspezifischen Know-hows durch
    — Zugriffsberechtigung,
    — Freigabeverfahren,
    — Schreibschutz und
    — Leseschutz.
— Abbildung von Arbeitsunterlagen, d. h. die graphische Darstellung von
  — Katalogen,
  — Prospekten,
  — Normen,
  — Standardteilen,
  — Angeboten,
  — Zeichnungen,
  — Arbeitsplänen,
  — Stücklisten und
  — beliebigen, für die Arbeitsprozesse in der Konstruktion erforderlichen Un-
    terlagen.

Alle gespeicherten Informationen müssen über ein Archivierungsverfahren mit Da-
tenklassifizierung im Zugriff sein. Die genannten Anforderungen an die Prozeßleistungseigenschaft Archivierung lassen sich mittels weiterer, durch Statistiken fest-
stellbarer Sub-Parameter strukturieren. Solche Sub-Prozeßparameter sind:

— ähnlich
— rechenintensiv
— zeitintensiv

— komplex
— kompliziert
— häufig auftretend
— gleiche Datenbasis
— datenübertragungsintensiv
— Lebensdauer, Zerfallzeit, Gültigkeitsdauer

Die Statistiken erfassen außerdem:

— Antwortzeit
— Auslastung
— Ausfälle
— Datenbestände

Weitere Archivierungsgrößen sind:

qualitativ:
    Namen
    Enstehung
    Begründung
    Verwendung
    Zeichnungsart
    Produkttyp
    Inhalt
      Ansichten
      Schnitte
      Normalmaße

quantitativ:
    Nummer
    Größe
    Datum
    Anzahl Elemente + Relationen
    bestimmter Art und Typ usw.

## 4.3 Das CAD-System

Im folgenden werden die CAD-Systeme nach ihrer Prozeßleistungsfähigkeit betrachtet. In den Schaubildern ist die Prozeßleistungsfähigkeit jeweils von links nach rechts angeordnet. Steigerungen werden durch Pfeile symbolisiert. Die Zuordnung zu den Prozeßleistungsfähigkeitsklassen ergibt sich aus den Prozeßleistungsfähigkeitseigenschaften. Nach unten sind die Systemelemente eingetragen, denen Prozeßleistungseigenschaften zugeordnet werden können. Diese Elemente bestimmen die Architektur des CAD-Systems in bezug auf seine integrierte Verwendbarkeit im Produktionsprozeß.
Objekte werden als Modell dargestellt und verarbeitet. Insofern sind die Leistungen für die Modellrepräsentation und die Abbildungsrepräsentation zu messen.
Alle vergrößernden Prozeßleistungseigenschaften (Komparation), die sich qualitätssteigernd auswirken, wie Geschwindigkeit, Genauigkeit usw., und alle verkleinernden Prozeßleistungseigenschaften (Diminution), die sich ebenfalls qualitätssteigernd auswirken, wie Speicherbedarf, Anzahl Polygonpunkte usw., sind von links nach rechts (nach zunehmendem Wirkungsgrad) angeordnet. Je weiter sich der Kennlinienverlauf der Prozeßleistungseigenschaften nach rechts verschiebt, desto höher ist die Qualität des CAD-Systems.

Prozeßleistungsfähigkeit (der SW und HW)

|  | |
|---|---|
| **Modell** (in CPU) | (4.3.1) |
| CAD-Software | (4.3.1.1) |
| Host-System | (4.3.1.2) |
| Host-System-Hardware | (4.3.1.2.1) |
| Host-System-Software | (4.3.1.2.2) |
| **Abbildung** (im Graphiksystem) | (4.3.2) |
| Lokale Systemsoftware | (4.3.2.1) |
| Lokale Systemhardware | (4.3.2.2) |

Die Pfeile zeigen die Klassifizierungsrichtung innerhalb der Systematik an.

**Bild 4.09**   Ordnungsschema der Prozeßleistungsfähigkeit

In der Folge werden die Prozeßleistungseigenschaften der einzelnen Systemelemente eines CAD-Systems betrachtet, und zwar sowohl für das Modell in der Zentraleinheit als auch für die Abbildung des Modells im lokalen intelligenten Graphiksystem.

### 4.3.1 Das Modell (Verarbeitung in CPU)

*4.3.1.1 CAD-Software*

4.3.1.1.1 Geometrierepräsentation

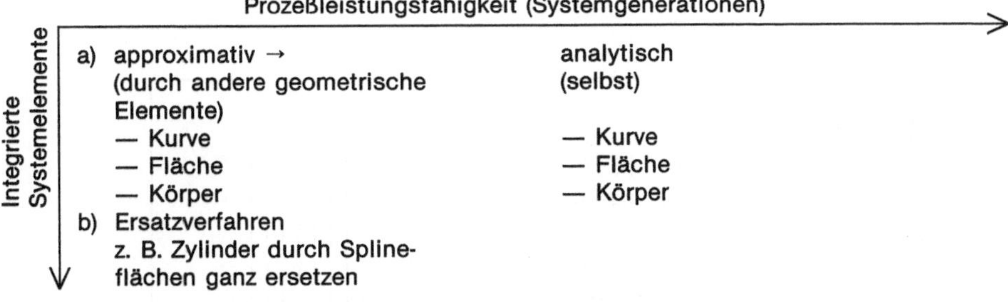

Den Unterschied zwischen approximativ und analytisch zeigen Bild 4.10 und Bild 4.11:

Werden Zylinder approximativ verarbeitet, so kann die Sprungstelle bzw. starke Steigung in der Durchdringungskurve nicht mehr erfaßt werden, da die Approximationsteilung zu groß ist. Wird die Teilung, also der Abstand der durch Geraden verbundenen Punkte, wesentlich verkleinert, so steigen Rechenzeit und Speicherbedarf exponentiell, da ja auch die Sichtbarkeit berücksichtigt werden muß.
Selbst wenn die approximativen Systeme die nicht vollständige und zackige „Durchdringungskurve" z. B. durch eine Bezier-Kurve glätten, so ist die Kurve zwar optisch glatt, aber die Koordinaten sind physikalisch falsch.

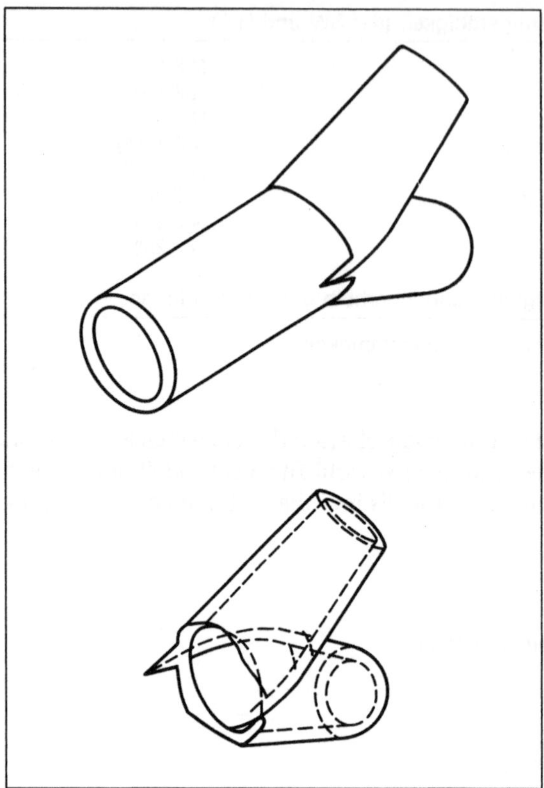

**Bild 4.10**   Durchdringung analytisch

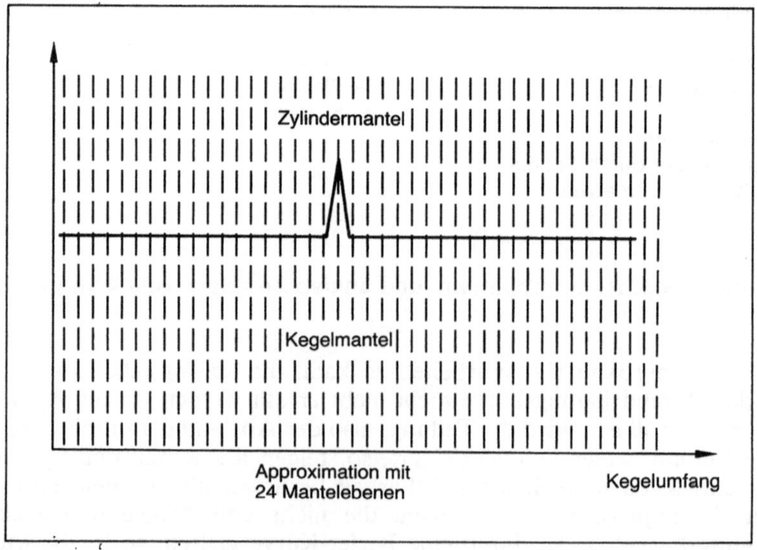


**Bild 4.11**   Abwicklung der Kegeldurchdringung

## 4.3.1.1.2 Geometriemodell (rechnerinterne Darstellung)

Prozeßleistungsfähigkeit ⟶

Integrierte Systemelemente

| | | |
|---|---|---|
| 2D | : | Punktemodell → Linienmodell → 2D-Flächenmodell |
| 2½ D | : | Schichtenmodell |
| 3D | : | Punktemodell → Kantenmodell → Oberflächenmodell → Volumenmodell |
| 3½ D | : | Schichtenmodell |
| 4D | : | Punktemodell → Kantenmodell → Oberflächenmodell → Volumenmodell |
| 4½ D | : | Schichtenmodell |

Anm.: 4D-Modelle sind zeitabhängige Modelle

Reine 2D-Systeme erlauben die Beschreibung und Abbildung von Linien und ebenen Flächenstücken. Sie finden Verwendung bei Schaltplänen, Flußplänen, Diagrammen usw.

Bei CAD- und NC-Systemen versteht man unter 2½ D eine zweidimensionale Darstellung zuzüglich einer konstanten dritten Dimension.

Im 3D-Bereich werden Körper vereinfacht durch sogenannte ,,Drahtmodelle'' (Kantenmodelle) beschrieben, wobei nur die Körperkanten erfaßt werden. Flächenmodelle verarbeiten zusätzlich die Oberfläche des Körpers. Bei Volumenmodellen werden Körperkanten, Körperoberflächen und Körpervolumen beschreibbar. Volumenmodelle erlauben die Ermittlung vieler weiterer technisch-physikalischer Größen des Körpers (Werkstücks).

Beim 3½ D-Schichtenmodell liegen Körper schichtenweise übereinander statt Flächen wie beim 2½ D-Schichtenmodell (sinngemäß wie bei der Layertechnik im Schaltungsentwurf).

Beim 4½ D-Schichtenmodell liegen bewegte, von der Zeit abhängige Volumina schichtenmäßig übereinander. Dies wird bei der Simulation der Kollision/Nichtkollision z. B. bei der Robotik oder Flugsimulation benötigt.

## 4.3.1.1.3 Formulierung der Topologiestruktur (der Gestalt)

Die *Objekte-* und *Schnittverlaufformulierungen* in den CAD-Systemen sind sehr unterschiedlich in der Methodik und in der Effizienz.

Die Systeme unterscheiden sich in der Verwendung der Geometrieelemente. Viele Systeme können im 3D-Raum z. B. nur mit Quader, Kegel, Zylinder und Kugel operieren und müssen einen Rand (= Kontur) aus solchen Makros zusammensetzen.

Die nachfolgende Gliederung wurde gewählt, weil verschiedene CAD-Systeme die Gestalt nur über bestimmte Methoden formulieren können.

Prozeßleistungsfähigkeit

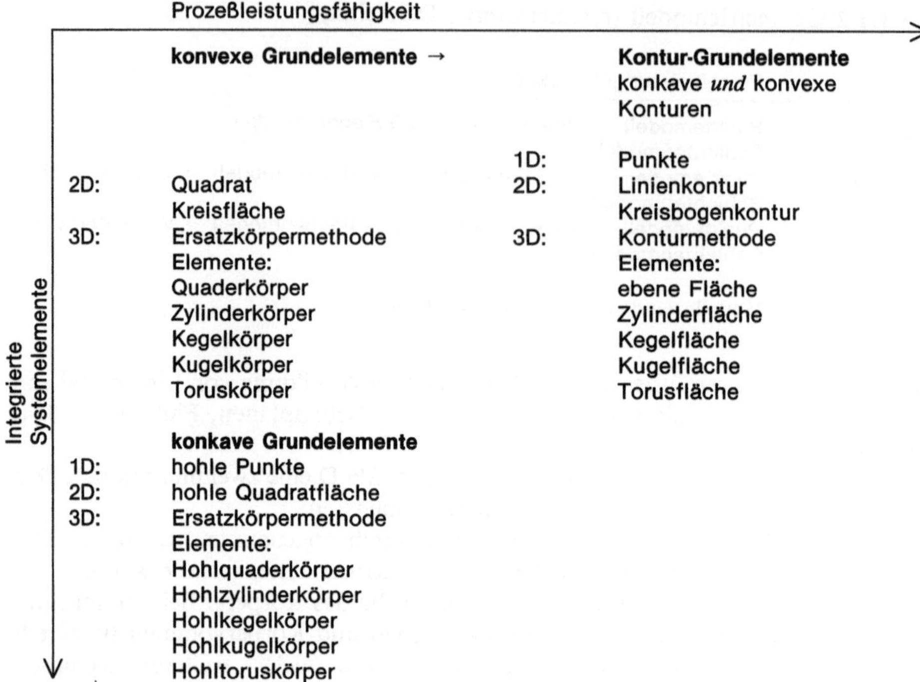



Die meisten Systeme haben nur volle = konvexe Grundelemente; zur Erzeugung eines Hohlraumes, z. B. einer Nut, müssen sie ein volles Element vom Körper abziehen, anstatt gleiche hohle Figuren zu konstruieren.

Weiterhin müssen die Systeme der linken Spalte eine Kontur aus mehreren abgeschlossenen Operationen nacheinander erzeugen. Systeme der rechten Spalte hingegen erzeugen die Kontur frei ohne zwangsbedingte Aufteilung in die Grundelemente.

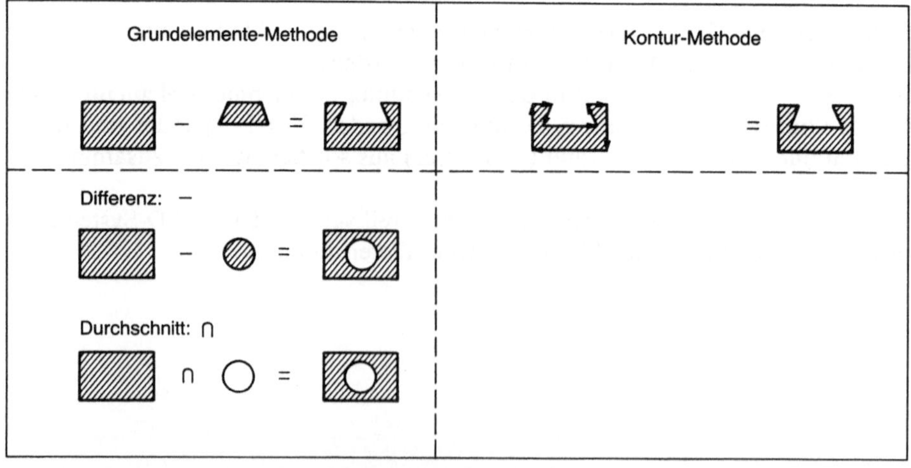



**Bild 4.12**    Beispiele für logische Verknüpfungsoperationen

## 4.3.1.1.4 Manipulationszugriff auf Objekte

### a) Operationsraum explizit oder implizit

Der Unterschied zwischen expliziter und impliziter Methode ist an einem Beispiel demonstrierbar: Bei der expliziten Eingabe werden Flächen durch ihre Form direkt im Raum miteinander in Beziehung gebracht; bei der impliziten Methode wird im projektiven Abbild mit Konturelementen, die die Form der Fläche erst generieren, gearbeitet — dies ist im Sprachgebrauch des Konstrukteurs die rißweise Konstruktion im projektiven Modellraum. Es werden also zweidimensionale Elemente benutzt, um ein dreidimensionales Element zu generieren. Konturzüge werden mittels der Projektion mit Strukturierungselementen (z. B. mengenlogischen Befehlen), die aus anderen Projektionen generiert wurden, in Verbindung gebracht.
Das Problem existiert auch in 2D, da z. B. ein Kreis aus einer anderen Sicht eine Ellipse ist. Im 3D-Raum haben die Figuren Projektivbilder, mit denen der Konstrukteur in der Projektionsebene, z. B. eines Schnittes, konstruiert.

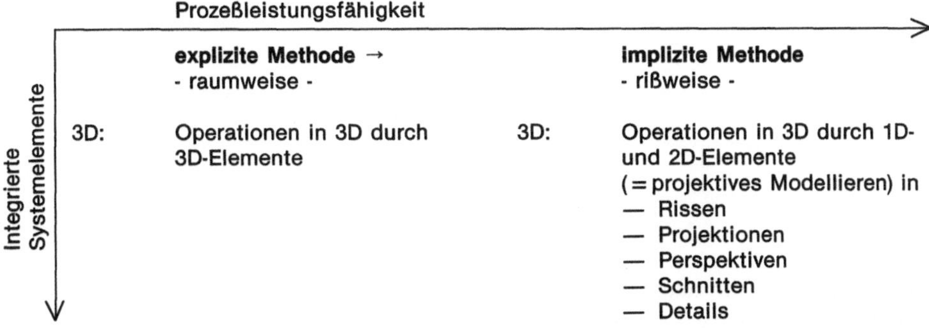


Im expliziten System werden die Elemente zur Formulierung des Randes des Körpers mit ihren Parametern direkt angegeben. Im impliziten System sind die Parameter und ihre Beträge projektive Größen; sie erscheinen also nicht notwendigerweise in ihrer natürlichen Länge. Deshalb ermöglichen Systeme mit impliziter rißweiser Konstruktion ein effizienteres Arbeiten.

### b) Kopplung der Operationsräume

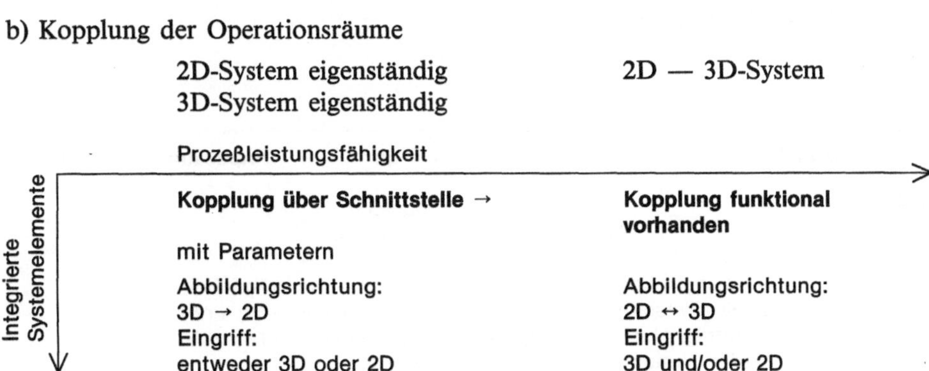

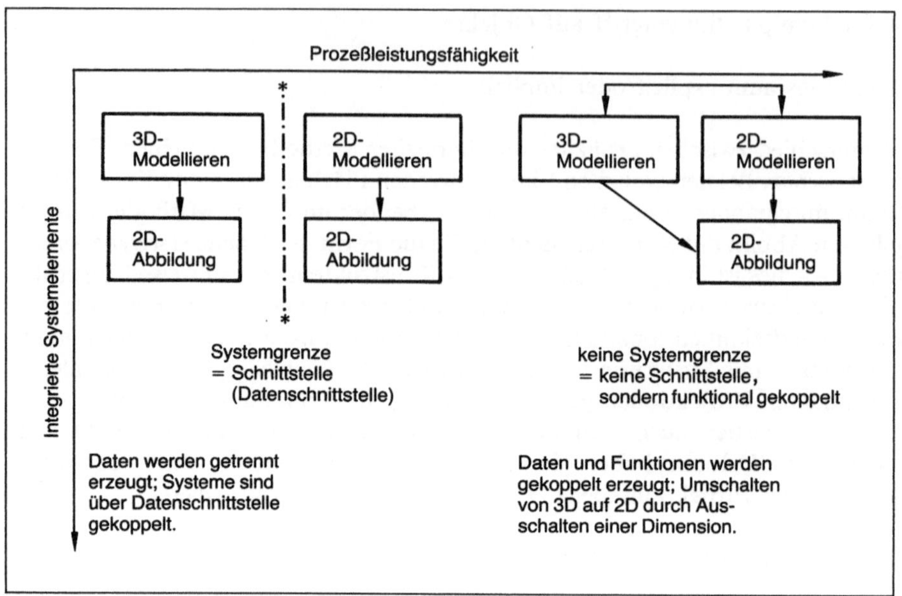



Die meisten 3D-Volumensysteme modellieren in 3D und bilden ab in 2D. Sie haben zusätzlich ein 2D-Zeichnungserstellungssystem.

Bei der funktionalen Kopplung (im Schaubild rechts) werden Zeichnungen in 2D erstellt mit automatischer Erzeugung des 3D-Körpers. Zusätzlich kann natürlich auch modelliert werden. Diese Methode mit Zeichnungserstellung in 2D und automatischer 3D-Generierung kommt der heute üblichen Methode des Konstruierens sehr nahe.

### 4.3.1.1.5 Generierungsprinzipien

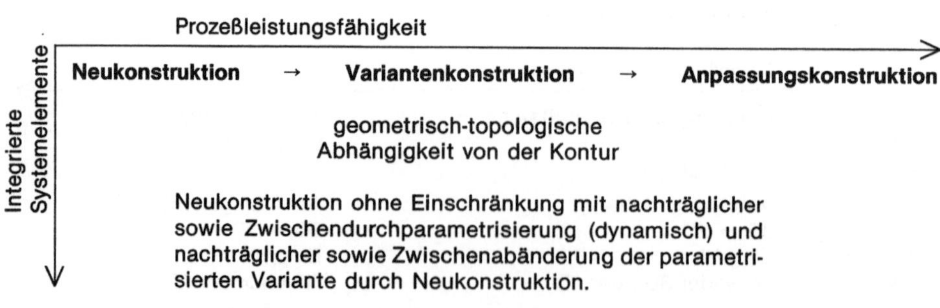

Prozeßleistungsfähigkeit

**technologische Abhängigkeit**

Parametrisierungs- bzw. Neukonstruktionsvariable von geometrisch-topologischen Variablen abhängig (Form-, Gestalt-, Lage- usw. definierenden Algorithmen)

**Kostenermittlung**

Für die Konstruktionsparameter werden zunächst die (gesetzmäßigen) Abhängigkeiten ermittelt. Zur Beschreibung dieser Abhängigkeiten verfügen manche Systeme über spezielle Variantensprachen oder haben FORTRAN-Schnittstellen, damit in FORTRAN geschriebene Variantenprogramme eingebunden werden können. In anderen Systemen erfolgt die Festlegung der gewünschten Variante geometrisch interaktiv.

Integrierte Systemelemente

## 4.3.1.1.6 Lage- und Größenbestimmung

Prozeßleistungsfähigkeit

Integrierte Systemelemente

**absolute Beziehung** →
— Koordinaten
  alphanumerischer Dialog
— Koordinaten
  graphisch-interaktiv
**Beispiel:** kanonische Systeme,
Koordinaten von einem
Ursprung aus

**relative Beziehung**
— Koordinaten — Abstände
  alphanumerischer Dialog
— Koordinaten — Abstände
  graphisch-interaktiv
**Beispiel:** Koordinatensystem-Netzwerke,
Geometrieelemente sind
Bezugssysteme

## 4.3.1.1.7 Verknüpfungsoperatoren (Integration der Kommunikation)

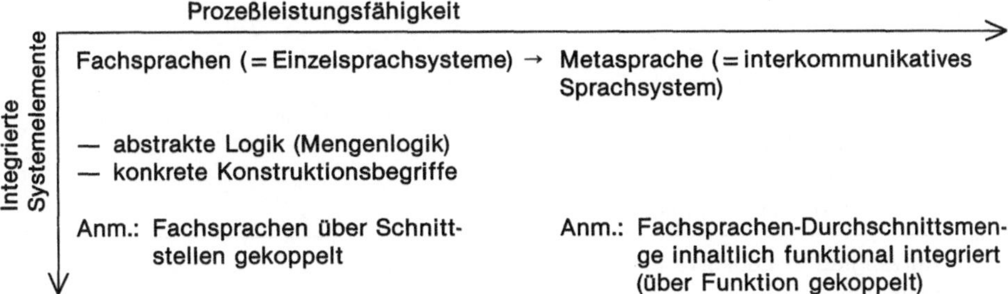


Fachsprache und Metasprache sind notwendig, weil den Begriffen durch verschiedene Verwendung eine Mächtigkeit zukommt, die über die Fachsprache hinausgeht.

## 4.3.1.1.8 Definition der Geometrieelemente (Form)

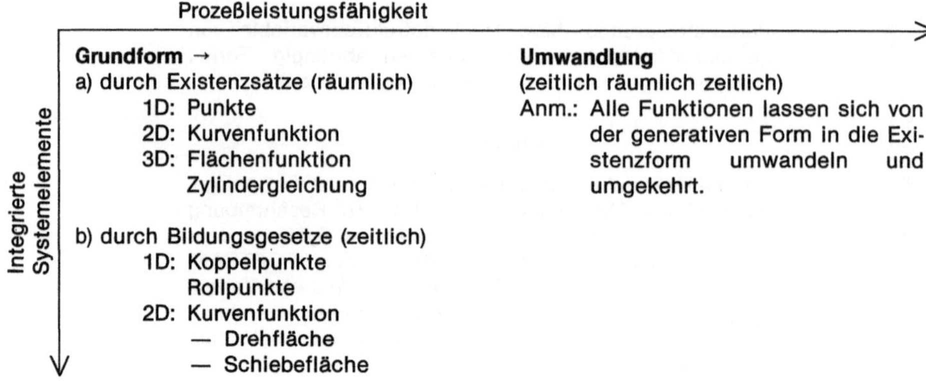


Alle Kurven/Flächen, die durch Bewegung oder Schwingungen gegeben sind, lassen sich rechnerintern in raumartig (ohne Zeitparameter) vorhandene Elemente verwandeln. Dies ist für die Gebiete der Kinematik sehr wichtig.

## 4.3.1.1.9 Durchdringungslogik zwischen Flächen

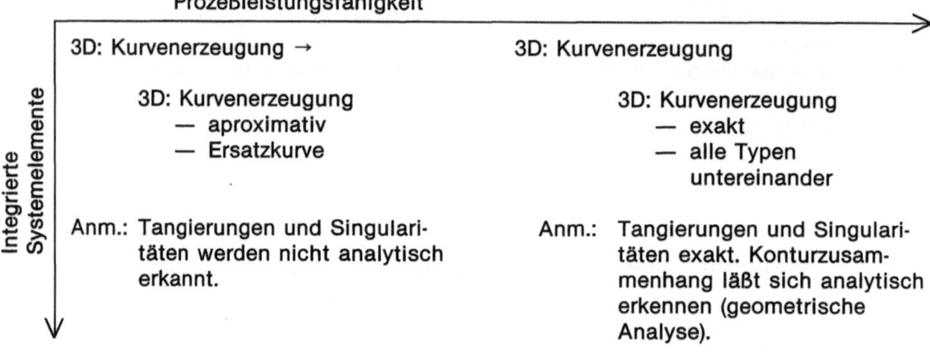


## 4.3.1.1.10 Abrundungen

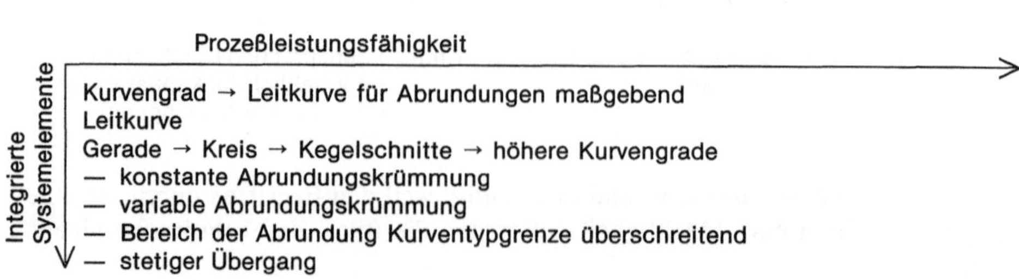

## 4.3.1.1.11 Transformationen

Prozeßleistungsfähigkeit →

**Integrierte Systemelemente** ↓

Spiegelung (mit und ohne Duplizierung)
Verzerrung (affin, projektiv)
Rotation
— Multiplikation (Vervielfältigung)
— Division mit und ohne Restbildung
Translation
— Multiplikation (Vervielfältigung)
— Division mit und ohne Restbildung

## 4.3.1.1.12 Zusatzfunktionen

Zusatzfunktionen (noch nicht nach ihrer Prozeßleistungsfähigkeit gegliedert) sind:

— Abwicklungen
— kotierte Projektionen
— Strukturierung
    — Gruppenbildung: gleichartige, ungleichartige
    — Familienbildung: Teilefamilien, Variantenfamilien
    — Makrobildung: Kontur-, Flächen-, Volumenmakros
— geometrische Hilfskonstruktion und Berechnung, z. B. Inkreis
— Layertechnik = Schichtentechnik
— Ausschnitte = zeichnerische Abbildung
— Einzelheiten = zeichnerische Abbildung
— verdeckte Kanten und Flächen
— Linien nach DIN und frei sowie nach anderen Normen
— Schraffuren
— Mustererzeugung auf Flächen und Kurven
— Bemaßung
    — DIN-Bemaßungselemente
    — DIN-Toleranzenangaben
    — DIN-Oberflächenzeichenangaben
— Form- und Lagetoleranzen
— Beschriftung

## 4.3.1.1.13 Interaktionsmethoden (Handhabungsdynamik)

Prozeßleistungsfähigkeit →

**Integrierte Systemelemente** ↓

**Formulierungsgeschwindigkeit**
**keine** interaktive Führung →          interaktive Führung
Batch: alphanumerisch                    Dialog: alphanumerisch
       graphisch                                graphisch

**Interaktionslogik** →                   **Interaktionslogik**
— ohne inneren Zwang; keine              — mit innerem Zwang und Konstruk-
  Konstruktionsmethodolo-                  tionsmethodologie (dyn.) ablauf-
  gie (statisch)                           bzw. prozeßgesteuert
                                         — dynamische Menüs aus Informationssystem
                                         — Softwareergonomie

Die Intelligenz eines CAD-Systems bei der Interaktion zeigt sich darin, daß die Kommunikation des Benutzers mit dem CAD-System durch den Computer so geführt wird, daß die über Erfahrung gewonnene Konstruktionslogik Bestandteil der Benutzerführung ist. Die Elemente des Systems werden also über ein Verfahren dem Konstrukteur intuitiv angeboten.

### 4.3.1.2 Host-System

Auch die Hardware besteht aus zwei Bereichen für die Manipulation der

— Modellverarbeitung = CPU (Host) und der
— Modellabbildung = lokales intelligentes Graphiksystem.

Ein- und Ausgabe beinhalten Abbildungen; *in* ihnen wird jedoch keine Manipulation des Modells vorgenommen. Es handelt sich vielmehr um Ergebnisdarstellungen.

### 4.3.1.2.1 Host-System-Hardware

Prozeßleistungsfähigkeit

1.    CPU-Architektur[1]
      Prozessor-orientiert → Bus-orientiert

2.    Wortbreite[*]
   .  16 → 32 → 48 → 64 → 128

3.    Echtzeiteigenschaft[*]
      virtuelle CPU → Prozeß-CPU → Feldrechner
                                   — Vektormaschine
                                   — Skalarmaschine

4.    Verarbeitung[1]
4.1   Parallel- oder Pipeline-Verarbeitung in CPU und Arithmetikhardware

(Integrierte Systemelemente)

Die nachfolgenden Systemelemente 4.2 bis 8. sind noch nicht nach ihrer Prozeßleistungsfähigkeit klassifiziert. Für 6. und 7. gilt als Klassifizierungskriterium die Intelligenz des lokalen Graphiksystems.

4.2     Hardwarebausteine der Arithmetik
4.2.1   Operationszeiten bei Wortlängen in Festkomma v. Gleitkomma
        — ADD: Addition
        — MUL: Multiplikation
        — SQRT: Wurzel
        — DG: Differentialgleichung — Lösungshardware
        — DIV: Division

---

[1] Die Ergebnisse werden in der Wirtschaftlichkeitsberechnung benötigt; sie sind für das Preisleistungsverhältnis und den Wirkungsgrad maßgebend. Für die Geometrieverarbeitung gilt die Floating-Point-Rate (MFLOP). Für die Datenstrukturverarbeitung gilt die Instruktionsrate (Vgl. Kapitel 6).

4.2.2   Kopplung der Arithmetikbausteine
            über: I/O Bus
                  DMA
                  IEEE
4.2.3   Zahlendarstellung
        — Mantissestellen
        — Exponentstellen
        — Exponent normiert

5.      Multiprozessoreigenschaft*⁾
        seriell → parallel

6.      Kommunikationsprozessor nach externen Systemen
6.1     Cluster-Prozessoren
6.2     I/O-Prozessor
6.3     Terminal-Prozessor

7.      Kommunikationsprozessor
7.1     Disk-Prozessoren
7.2     File-Prozessoren
7.3     Datenbankmaschine
7.4     Assoziativspeicher

8.      Diagnoseprozessor für System (Fehler, Service)

        Prozeßleistungsfähigkeit

nur innerhalb → auch von außen (DFÜ)

9.      Kopplung für Netze (Interfaces) und Leistung
9.1     intern: seriell → parallel → Direct Memory Access (DMA)
9.2     extern: — LAN
                — DFÜ
                — RS 232
                — RS 422
                — IEEE 488

(Integrierte Systemelemente)

Im folgenden ist noch nicht nach der Prozeßleistungsfähigkeit klassifiziert.

10.     Bus-Leistungen
10.1    Bitbreite
10.2    Pipelining: Stufenzahl, Operandenzahl
10.3    Transfer: MB/S
10.4    Interrupt-Zeiten

11.     Verarbeitung der Software
        Task-Größen
        — Programme
        — Daten

12.     Speicher
12.1    Memory:
        — Zykluszeit
        — Interleaving

12.2  Cache:
      — virtuell
      — steuerbar (Shadow Memory)
12.3  Disk
12.3.1 Disk-Art
      — magnetisch
      — magneto-optisch
      — optisch
12.3.2 Disk-Transfer
      — normale Disk → Real-Time Disk, Disk-Cache
      — von Disk zu Disk
      — von Disk zu Memory
12.3.3 Anzahl paralleler Köpfe
12.3.4 Formatierung durch Benutzer festlegbar
12.4  Bulk Memory (Halbleitermemory für sehr schnelle Massendaten)

13.   Technologische Daten
13.1  Abwärme
13.2  Geräuschpegel
13.3  Stromversorgung
13.4  Fail-save-System des Rechners
      — Architektur
      — Restart-Fähigkeit
13.5  Gewicht
13.6  Abstrahlsicherheit
13.7  MIL-Spezifikation (militärische Forderung)
13.8  Abmessung
13.9  Environment (Büro oder Computerraum)

## 4.3.1.2.2 Host-System-Software

Unter Systemsoftware sind alle Werkzeuge, Mittel, Verfahren usw. zur Produktion von Softwareprodukten im Entstehungs-, Begründungs- und Verwendungszusammenhang im Host-Rechner zu verstehen.
Die nachstehenden integrierten Systemelemente sind noch nicht nach ihrer Prozeßleistungsfähigkeit klassifiziert.

1. Betriebssystem
2. Compiler
3. Run-Time Library, User Libraries
4. Entwicklungs-Tools
5. Editor
   — zeilenorientiert
   — seitenorientiert
6. File-System
   — Access-Methoden
   — File-Attribute
   — File-Hierarchie (Directories)
7. Datenbank
8. Mailing
9. Wordprocessor
10. Emulatoren
11. Netzwerksoftware
12. Accounting-Software
13. Sicherheit
    — Update Service
    — Restart-Fähigkeit
    — Statistik
14. Kompatibilität
15. Portabilität
16. gekoppelte Fremdsoftware
17. Projektmanagement

## 4.3.2 Die Abbildung (Verarbeitung im Graphik-Controller)

### 4.3.2.1 Lokale Systemsoftware

Im folgenden ist noch nicht nach der Prozeßleistungsfähigkeit klassifiziert.

— Graphik-Subroutine-Paket
  — GKS
  — Daten von Host-CPU lesbar?
— Emulatoren
— String Commands
  — ASCII
  — englisch
— Schnittstellen
  — IGES
  — VDAFS

### 4.3.2.2 Lokale Systemhardware

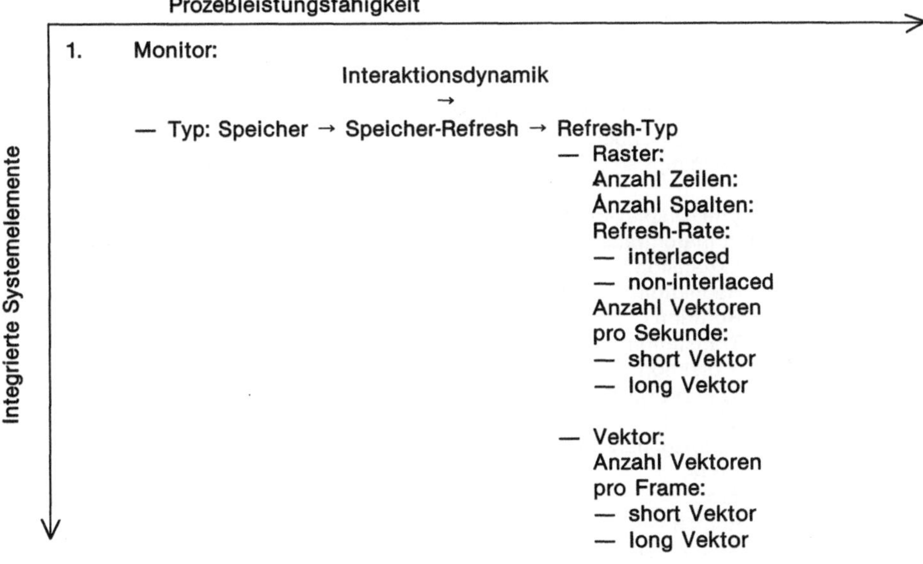


Im folgenden ist noch nicht nach der Prozeßleistungsfähigkeit klassifiziert.

  — Bildgröße
  — Antireflexionsfilter
  — Elektronenstrahldicke
  — Helligkeit

2.   Koordinatenraum

  — Graphik-Adreßraum
    — Koordinatendifferenz
    — 2D
    — 3D
  — lokaler Adreßraum:
  — physikalischer Adreßraum:

3.    Controller
    — Prozessor
        — Multiprozessorarchitektur
        — Channel-Prozessor
        — File-Prozessor
        — Koordinatentransformationsprozessor
            — Transformationszeit
              short Vektor
              long Vektor
            — Rotationszeit
              short Vektor
              long Vektor
            — Funktionsgeneratorprozessor
            — Matrixmultiplizierer
    — DDA (Digital Differential Analyzer)
    — Segment Buffer
    — Frame Buffer
    — Display Speed
        — Point
        — short Vektor
        — long Vektor

4.    Farbe
    — schwarzweiß (sw)
    — Anzahl gleichzeitiger Farben
    — Look-up Table
    — Shading

5.    Graphik-Display-Funktionen
5.1   Koordinatentransformationen:
    — Expansion
    — Reduktion
    — Rotation
    — Translation
    — Projektion
    — Windowing View Port Transform
    — Clipping
5.2   Funktionsgenerator
    — Kreis
    — Arc
    — Ellipse
    — Rectangle
    — Polygon
    Filling Funktionen
    Segment Management (strukturiertes Segment und Subroutine Management)
    Multi-View-Ports
    — Anzahl gleichzeitig
5.3   Charakter
    — Graph.-Charakter-Typen (Dots, Strokes)
    — Konsol-Charakter-Typen
5.4   Symbole:
    — Cursor-Typen
    — vom Benutzer definierbare Typen
5.5   Interaktive Funktionen
    — Rubber Band
    — Panning

— Positionierung
— Dragging
— Picking
— Color-Shading
— Inking
— Linesmoothing
— Grid
— Zooming

6.      I/O-Einheiten
6.1     Devices
— Keyboard-Zeichensatz
— Funktions-Keys
— integrierter Joystick
    — 2D
    — 3D
    — mit Button
    — mit Drehknopf
— Tablett
— Maus
— Control Dials
— Rollkugel
— Forcestick
6.2     Peripherie
6.2.1   Hardcopy
— schwarzweiß (sw)
— color
— elektrostatisch
— fotographisch
6.2.2   Scanner

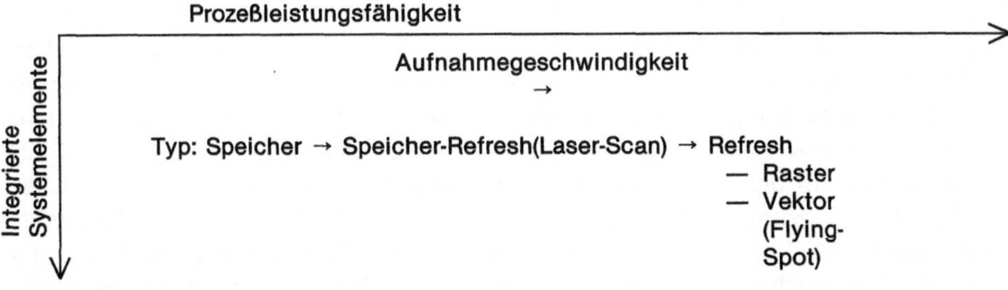


Im folgenden ist noch nicht nach der Prozeßleistungsfähigkeit klassifiziert

6.2.3   Plotter
— Geschwindigkeit
— Verfahren
    — Pen-Plotter
    — elektrostatischer Plotter
    — Thermoplotter
    — Ink-Plotter
    — Foto-Plotter
    — Laser-Scan-Plotter
    — Farbanzahl
    — Stiftanzahl

6.2.4   Drucker
6.3     Kommunikation (Interface)
        — RS 232 C/TTY
        — RS 422
        — IEE 488

7.      Technologische Daten
7.1     Abwärme
7.2     Geräuschpegel
7.3     Stromversorgung
7.4     Fail-save-System
7.5     Gewicht
7.6     Abstrahlsicherheit
7.7     Mil.-Spezifikation (militärisch)
7.8     Dimensionen

## 4.4 Zusammenfassung

In diesem Kapitel wurden Kriterien für die Prozeßleistungsfähigkeit von CAD-Systemen entwickelt. Die Prozeßleistungsfähigkeit ist die Grundlage einer Abschätzung des zu erwartenden Rationalisierungserfolges.

Das Leistungsvermögen von CAD-Systemen hängt von der Systemkonzeption und von der Integrationsfähigkeit der Systemelemente ab. Eine umfassende Analyse der jeweiligen Konstruktionsaufgaben und ein aus dieser Analyse entwickeltes Anforderungsprofil, das den Gesichtspunkt der Integration mit einschließt, sind Grundvoraussetzungen für die Auswahl des Systems mit dem notwendigen Leistungsvermögen, d. h. Voraussetzungen auch für die Vermeidung von Fehlinvestitionen. Der Anwender und Käufer muß also nicht nur die einzelnen Systemelemente, sondern auch die Systemkonzeption verstehen. Sicher lassen sich mit manchen Systemen kurzfristig Erfolge, sprich Renditen, erzielen. Es erhebt sich jedoch die Frage, ob der Anwender die Entscheidung für ein CAD-System nicht grundsätzlich im Hinblick auf mögliche längerfristige Entwicklungen treffen sollte, um von vornherein Anpassungs- und Umstellungsprobleme zu vermeiden. Auch deshalb wurde in diesem Kapitel so dezidiert auf die Bedeutung der Prozeßleistungsfähigkeit verwiesen. In der Tat ist sie für die Amortisation entscheidend. Je schneller ein System die Lösung einer Aufgabe bei gleichen Beschaffungskosten ermöglicht, desto wirtschaftlicher ist es und desto geringer ist das unternehmerische Risiko. Es wurde deshalb nach Geschwindigkeit, Speicherbedarf und Genauigkeit systematisiert. Der empirische Benchmark und die prognostizierte Wirtschaftlichkeit werden beim Einsatz des Systems korrigiert.

## 4.5 Literatur

[4.1]   D'Avis, W.; Wenz, H.:
        Konstruieren auf der Basis eines Volumenmodells unter Berücksichtigung seiner Durchsetzbarkeit im Markt. CAD-CAM-Report Nr. 3, Nov. 1982
[4.2]   D'Avis, W.; Wenz, H.:
        Irrationale Entscheidungsbarrieren erschweren CAD-Einsatz. CAD-CAM-Report Nr. 10, Okt. 1983

[4.3]   ZIF — Zeitschrift für interdisziplinäre Forschung. IGL—Institut für geometrische Logik (Hrsg.), Heft 1, Jan. 1981; Heft 1, Jan. 1982

[4.4]   Grätz, J.-F.; Seifert, H.:
Die rechnerische Darstellung von Bauteilen als kombinierte Körpermodelle mit PROREN 2. CAD/CAM 2/82

[4.5]   Bernhardt, R.; W & PF.:
Überlegungen zur Auswahl eines CAD-Systems. VDMA-Fachkreis, TB-Organisation 1980

[4.6]   Helms, H.-M.:
CAE-System zur Lösung von Automatisierungsaufgaben. ATM-Computer, Konstanz

[4.7]   Verfahrensbeschreibung RIBCON. RIB-Software und Systemberatung im Bauwesen GmbH, Stuttgart 1983

[4.8]   Das 2-dimensionale 3D-Volumensystem SPACE-PLOT.
Programmbeschreibung der IGL, Mühlheim/Main, Frankfurt/Main

[4.9]   Grieb, Ph.:
Rechnergestützte Konstruktion und Zeichnungserstellung mit MEDUSA. AGS Firmenschrift

[4.10]  Rothenberg:
Baustein Geometrie — ein Basismodul für CAD/CAM-Programmketten. IKOSS Firmenschrift, Stuttgart

[4.11]  Gausemeier, B.; Ajouri, R.:
Aufgabenspezifische Kopplung von CAD-Systemen mit NC-Programmiersystemen. München, ZWF 77 (1982), Heft 5

[4.12]  Reinauer, G.:
Praxisgerechtes, rechnergestütztes Konstruieren, Wien

[4.13]  Literatursammlung für den Arbeitskreis „Wirtschaftlichkeit von CAD-Systemen" der Fachgruppe CAD des Fachausschusses 8 der Gesellschaft für Informatik, Teil I (Mai 1982), Nr. GRIS82-7, Teil II (Oktober 1982), Nr. GRIS82-10, zusammengestellt von J. Encarnação

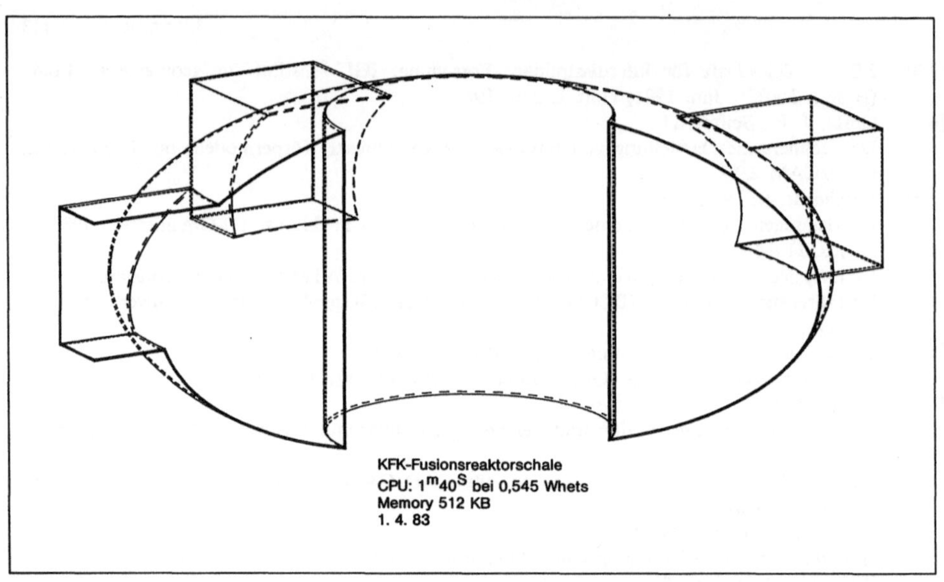

KFK-Fusionsreaktorschale
CPU: $1^m40^S$ bei 0,545 Whets
Memory 512 KB
1. 4. 83

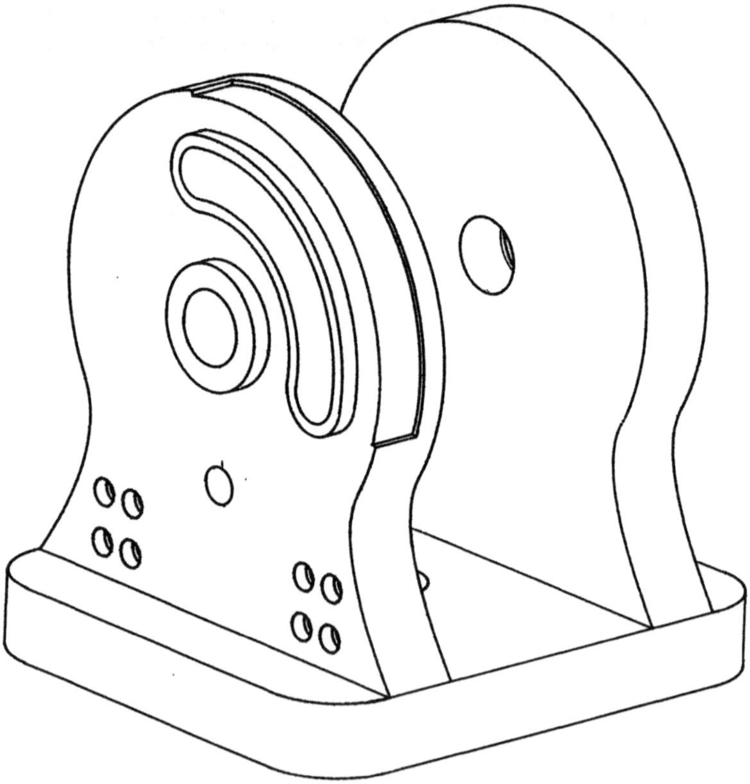

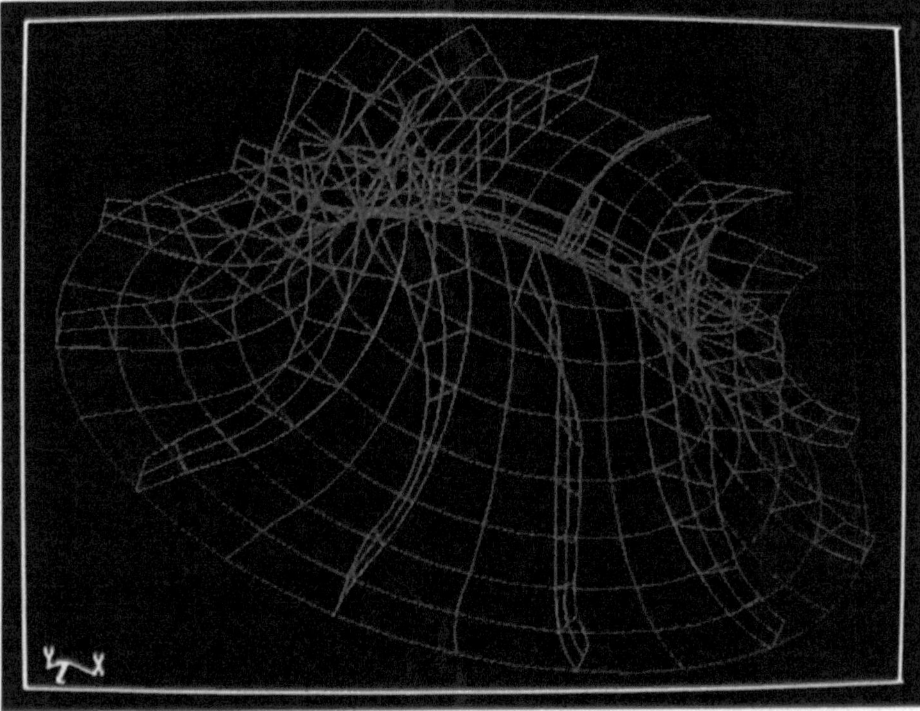

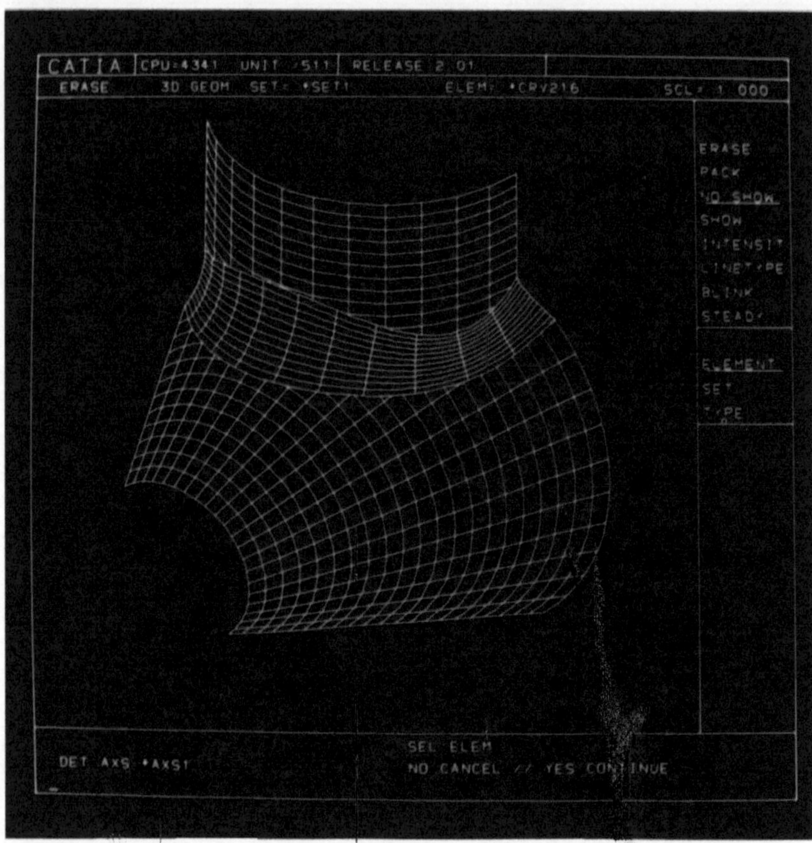

CATIA    CPU:4341   UNIT /511   RELEASE 2 01
ERASE      3D GEOM   SET: *SET1           ELEM: *CRV216        SCL: 1 000
ERASE
PACK
NO SHOW
SHOW
INTENSIT
LINETYPE
BLINK
STEADY
ELEMENT
SET
TYPE
DET AXS *AXS1
SEL ELEM
NO CANCEL // YES CONTINUE


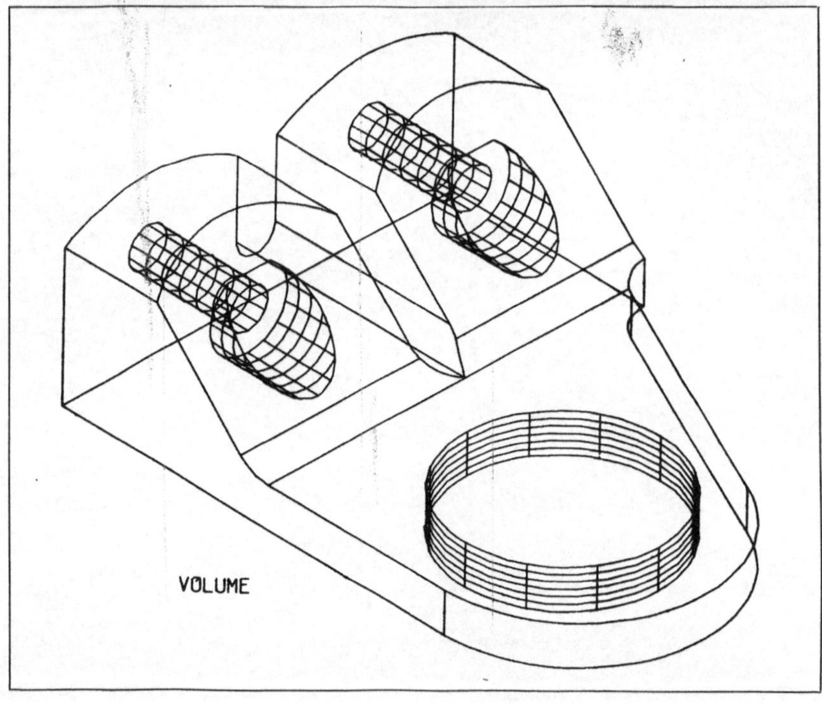

VOLUME

# Ermittlung der Wirtschaftlichkeit von CAD-Systemen


5.1      Vorbemerkungen..... *119*
5.1.1   Kapitelaufbau und -gliederung..... *119*
5.1.2   Begriffe..... *119*
5.1.3   Abgrenzungen..... *120*
5.1.4   Kriterien der Wirtschaftlichkeit..... *120*
5.2      Methoden zur Ermittlung der Wirtschaftlichkeit..... *121*
5.2.1   Methoden mit eindimensionaler Zielsetzung..... *121*
5.2.1.1 Statische Methoden..... *122*
5.2.1.2 Dynamische Methoden..... *123*
5.2.2   Methoden mit mehrdimensionaler Zielsetzung..... *124*
5.2.3   Zeitpunkte für
         Wirtschaftlichkeitsbetrachtungen und -rechnungen..... *130*
5.2.3.1 Wirtschaftlichkeitsbetrachtungen und -rechnungen vor Einführung eines
         CAD-Systems..... *130*
5.2.3.2 Wirtschaftlichkeitsbetrachtungen und -rechnungen
         nach Einführung eines CAD-Systems..... *131*
5.3      Nutzenermittlung..... *132*
5.3.1   Abgrenzung der Nutzenkomponenten..... *132*
5.3.2   Zeitliche Entwicklung der Nutzenkomponenten..... *134*
5.3.3   Bewertung der Nutzenkomponenten..... *134*
5.3.3.1 Produktivitätssteigerung..... *135*
5.3.3.2 Qualitäts- und Flexibilitätssteigerung..... *143*
5.4      Kostenermittlung..... *146*
5.4.1   Einmalige Ausgaben bzw. Kosten..... *147*
5.4.1.1 Systemkosten..... *147*
5.4.1.2 Raumkosten..... *149*
5.4.1.3 Leitungskosten..... *150*
5.4.1.4 Kosten für die organisatorische Vorbereitung..... *150*
5.4.1.5 Kosten für die Schulung..... *151*
5.4.1.6 Kosten für die Installation und Integration..... *152*
5.4.1.7 Kosten, die sich aus der Minderleistung
         bis zur Erreichung der erwarteten Beschleunigung ergeben..... *152*
5.4.1.8 Kosten für die Dateneingabe und Umstellung..... *152*
5.4.1.9 Sonstige Einmalkosten..... *153*
5.4.2   Laufende Ausgaben bzw. Kosten..... *153*
5.4.2.1 Personalkosten..... *154*
5.4.2.2 Kosten für die Schulung..... *154*
5.4.2.3 Kosten für die Datensicherung..... *154*
5.4.2.4 Kosten für Verbrauchsmaterial und Energie..... *155*

5.4.2.5 Kosten für die Hardwarewartung und -instandhaltung sowie für die Softwarepflege.....*155*

5.4.2.6 Kosten für die Versicherung.....*155*

5.4.2.7 Verzinsung des gebundenen Kapitals.....*155*

5.4.2.8 Mieten.....*155*

5.4.2.9 Abschreibungen.....*155*

5.5 Zusammenfassung.....*158*

5.6 Literatur..... *158*

# 5.1 Vorbemerkungen

In diesem Kapitel werden die Methoden und Verfahren der Wirschaftlichkeitsrechnung beschrieben, die bei der Einführung von CAD-Systemen angewandt werden können. Dazu werden die in der heutigen Betriebswirtschaftslehre üblichen Methoden auf den speziellen Fall der Entscheidungsfindung beim CAD-Einsatz bezogen, und es wird gezeigt, wie man die Nutzen- und Kostenkomponenten als die Grundlage der Anwendung betriebswirtschaftlicher Methoden und Verfahren ermittelt und bewertet.

## 5.1.1 Kapitelaufbau und -gliederung

Der Abschnitt 5.2 beschreibt die Anwendung der klassischen Methoden des betrieblichen Rechnungswesens [5.10] und der Verfahren zur Nutzen- und Kostenermittlung bei der Einführung von CAD-Systemen. Innerhalb der klassischen Methoden wird unterschieden zwischen ein- und mehrdimensionaler Betrachtungsweise. Mit Hilfe der Nutzwertanalyse [5.5] sowie an ihr orientierter Verfahren wird versucht, Systemeigenschaften für die Entscheidungsfindung aufzubereiten. Weiterhin werden Anregungen gegeben, zu welchen Zeitpunkten diese Methoden und Verfahren angewendet werden sollten.

Die Abschnitte 5.3 und 5.4 beschreiben die Ermittlung der Nutzen- und Kostenkomponenten. Die einzelnen Komponenten werden aufgelistet, und ihr Einfluß auf die Wirschaftlichkeitsberechnung wird beschrieben. Die Bewertung der Nutzen- und Kostenkomponenten dient der Rückführung der verschiedenen Einheiten auf die Einheit D-Mark. Es bleibt dem Anwender überlassen, welche der Komponenten er als relevant in seiner speziellen Wirschaftlichkeitsrechnung ansehen will.

## 5.1.2. Begriffe

*Wirtschaftlichkeit*
Definiert man die Wirtschaftlichkeit als den Quotienten aus dem Wert einer zu erbringenden Leistung und den zur Erbringung der Leistung enstehenden Kosten, so ist eine absolute Wirtschaftlichkeit immer dann gegeben, wenn der Quotient aus Leistung und Kosten größer ist als der Wert 1 [5.14].

Bei dem Einsatz von CAD-Systemen ist jedoch nicht primär die absolute, sondern die relative Wirtschaftlichkeit von Bedeutung, weil die bestehenden Leistungsstrukturen zweckmäßigerweise nur dann durch neue ersetzt werden, wenn diese relativ wirtschaftlicher arbeiten.

*Nutzen*
Definiert man den Nutzen eines CAD-Systems als die Summe der erbrachten Leistungen, die die Einführung eines solchen Systems bewirkt, dann muß man alle erkennbaren quantifizierbaren und nicht quantifizierbaren Auswirkungen ermitteln und versuchen, sie monetär zu bewerten.

*Kosten*

Als Kosten bezeichnet man den Wert aller verbrauchten Güter und Dienstleistungen pro Periode, und zwar für die Erstellung der betrieblichen Leistungen für Analyse, Auswahl, Einführung und Betrieb eines CAD-Systems.


### 5.1.3 Abgrenzungen

So einfach die theoretischen Zusammenhänge zwischen der Ermittlung der Nutzen- und Kostenkomponenten und der Durchführung der Wirtschaftlichkeitsberechnungen sind, in der Praxis stößt beides auf erhebliche Schwierigkeiten. Bei dem Versuch, die Daten für die beiden Komponenten der Wirtschaftlichkeit, nämlich Kosten einerseits und Leistung bzw. Leistungssteigerung andererseits, zu ermitteln, erkennt man sehr bald, daß praktikable Maßstäbe zur Messung der Leistung bzw. der Leistungssteigerung schwer zu finden sind. Dies gilt besonders für den Nutzen von Informationen, die ein Unternehmen in die Lage versetzen, bestimmte Leistungen schneller zu erbringen, brauchbare Lösungen zu optimieren, den Fehlerumfang zu reduzieren, vom Personal unabhängig zu werden usw. Demgegenüber lassen sich die Kosten relativ einfach erfassen oder im Rahmen von Zukunftsüberlegungen abschätzen.


### 5.1.4 Kriterien der Wirtschaftlichkeit

Die Einführung von CAD-Systemen ist mit Investitionen verbunden, die den Charakter von Rationalisierungs- und Erweiterungsinvestitionen haben. Es werden bestehende Verfahren in Konstruktion und Fertigungsplanung durch rechnerunterstützte Verfahren ersetzt. Außerdem können Aufgaben bewältigt werden, die ohne CAD-Einsatz nicht zu bewältigen sind.

Eine Beurteilung der Wirtschaftlichkeit der Investition kann nach monetären und nach nicht-monetären Kriterien erfolgen. Übliche monetäre Wirtschaftlichkeitskriterien sind z. B. die Reduzierung von Kosten, die Verzinsung und die Amortisation einer Investition.

Dem gegenüber stehen gerade bei CAD-Investitionen Auswirkungen, die monetär oft nur schwer oder gar nicht quantifizierbar sind. Die Bewertung dieser Auswirkungen hängt von der subjektiven Einschätzung der urteilenden Person ab.

Bei der Ermittlung des Nutzens einer CAD-Investition ist es jedoch notwendig, möglichst viele Auswirkungen mit dem Ziel zu quantifizieren, die Entscheidung über die Investition auch wirtschaftlich abzusichern. Dadurch kann z. B. verhindert werden, daß eine Entscheidung gegen den Einsatz von CAD-Systemen gefällt wird, weil es nicht gelungen ist, die vorteilhaften Auswirkungen monetär zu bewerten.

## 5.2 Methoden zur Ermittlung der Wirtschaftlichkeit

Grundsätzlich lassen sich zwei einander ergänzende Gruppen von Methoden unterscheiden, die zur Entscheidungsfindung anwendbar sind:

— Methoden mit eindimensionaler Zielsetzung wie z. B. Kostenreduzierung, Verzinsung oder Amortisationsdauer der Investition und
— Methoden mit mehrdimensionaler Zielsetzung, wobei sowohl quantitative als auch qualitative Ziele in die Wirtschaftlichkeitsüberlegungen einbezogen werden.

### 5.2.1 Methoden mit eindimensionaler Zielsetzung

Bei den Methoden zur Ermittlung der Wirtschaftlichkeit mit eindimensionaler Zielsetzung wird die Betrachtung der mit einer CAD-Investition angestrebten Ziele auf ein einziges Ziel eingeschränkt; dies ist in der Regel der quantitativ erreichbare monetäre Nutzen. Solche eindimensionalen Ziele können sein:

— Kostensenkung durch Investition,
— Verzinsung der Investition oder
— Amortisationsdauer der Investition.

Kriterien wie Kostensenkung, Verzinsung, Amortisationsdauer werden bei ein- und mehrperiodischen (statischen und dynamischen) Verfahren der Investitionsrechnung berücksichtigt. Die Anwendung dieser Verfahren setzt voraus, daß

— Kosten und
— monetärer Nutzen

quantifiziert werden können. Die Kosten sind zu gruppieren in

— einmal auftretende Kosten für Auswahl und Einführung des CAD-Systems und ggf. spätere Erweiterungen und
— laufende Kosten für Systembetrieb und Systempflege (vgl. 5.4.1).

Die Investitionsbeträge für Hardware, Software, Räume und Leitungen sind relativ einfach feststellbar.
Zur Ermittlung der übrigen einmaligen Kosten ist es erforderlich, zunächst den Zeitbedarf für die verschiedenen Phasen des Projekts „CAD-Einsatz" zu schätzen. Die erzielbare Genauigkeit ist wesentlich von dem Detaillierungsgrad der Projektphasen abhängig. Durch Bewertung der geschätzten Zeiten für die einzelnen Aktivitäten mit Stunden- oder Tagessätzen erhält man die restlichen Einmalkosten (vgl. 2.4).
Bei der Nutzenquantifizierung [5.10] ist zu unterscheiden zwischen Nutzenkomponenten, deren Auswirkungen direkt quantifizierbar sind, und Nutzenkomponenten, die sich nur indirekt in quantitativen monetären Vorteilen niederschlagen. Der

direkt quantifizierbare monetäre Nutzen ist auf Rationalisierungserfolge zurückzuführen, die durch den Einsatz des CAD-Systems im Vergleich zu den bisherigen Verfahren erzielt werden. Er hat direkte Kosteneinsparungen zur Folge, ist somit ergebniswirksam durch direkte Reduzierung des Aufwands. Für Rationalisierungserfolge dieser Art sind typisch:

— absolute Zeiteinsparungen, die verwendet werden können für:
  — die Verminderung von Fremdleistungen
  — die Reduzierung von Mehrarbeitstunden,
  — Personaleinsparungen,
  — die Verbesserung der Produktqualität und
  — Innovationen (Kreativität);
— absolute Materialeinsparungen.

Indirekt monetär quantifizierbar sind Nutzen, die mittelbar auf Rationalisierungserfolge zurückzuführen sind. Zu nennen sind hier Zeit- und Materialeinsparungen auf Grund verbesserter Disposition, der Anwendung von Optimierungsverfahren und erhöhter Transparenz des Beschaffungsmarktes. Nutzenkomponenten dieser Art werden in der Regel später direkt ergebniswirksam, z. B. durch niedrigere Bestände, die Vermeidung von Fehlbeständen und den Fortfall von Überstunden.

### 5.2.1.1 Statische Methoden

Folgende statische (einperiodische) Methoden der Investitionsrechnung werden für die Ermittlung der Wirtschaftlichkeit von CAD-Systemen eingesetzt:

— Kostenvergleichsrechnung,
— Rentabilitätsrechnung und
— Amortisationsrechnung.

### Kostenvergleichsrechnung

Kriterium für die Wirtschaftlichkeit ist die Kostenreduzierung, die beim Einsatz verschiedener CAD-Systeme im Vergleich zur herkömmlichen Konstruktion erzielt wird. Beim Vergleich der Verfahren werden für eine bestimmte Periode, in der Regel ein Jahr, die Kosten für die Alternativen ermittelt und die jährlich erzielbaren Kostenvorteile der einzelnen Verfahrensalternativen festgestellt.
Die Einmalkosten werden in Form von Abschreibungen auf die Jahre der Nutzungsdauer verteilt und kalkulatorisch verzinst.

### Rentabilitätsrechnung

Die Rentabilitätsrechnung ist eine kombinierte Methode. Die Wirtschaftlichkeit eines CAD-Systems wird auf Grund der erzielbaren Verzinsung des Investitionsbetrages beurteilt. Sie ergibt sich aus der durchschnittlichen Kosteneinsparung pro Periode auf Grund der durchgeführten Investition und dem für die Investition erforderlichen Kapitaleinsatz. Die Formel für die Rationalisierungsinvestition lautet:

$$\text{Rentabilität} = \frac{\text{Kostenersparnis pro Jahr}}{\text{Kapitaleinsatz pro Jahr}} \cdot 100 \ [\%]$$

Planperiode für die Ermittlung der Kosten ist in der Regel ein Jahr. Der Kapitaleinsatz ergibt sich aus der Investitionssumme, evtl. reduziert um Erlöse für verkaufbare Anlagengegenstände. In der Regel wird das durchschnittlich gebundene Kapital (das ist die halbe Investitionssumme während der Nutzungsdauer) angesetzt.

Bezieht man den Jahresumsatz in die Rechnung mit ein, so kann man zusätzliche Erkenntnisse gewinnen:

$$\text{Return on investment} = \frac{\text{Kostenersparnis}}{\text{Umsatz}} \cdot \frac{\text{Umsatz}}{\text{Kapitaleinsatz}} \cdot 100$$

Der erste Quotient dieser Formel bezeichnet den Umsatzerfolg, der zweite Quotient den Kapitalumschlag.

*Amortisationsrechnung*
Bei dieser Methode stellt die Amortisationsdauer (= Kapitalrückflußzeit) das Beurteilungskriterium für die Investitionen dar. Sie umfaßt die Länge des Zeitraums für den Rückfluß des eingesetzten Kapitals. Sie wird auch als „Pay-off-Methode" oder „Pay-back-Methode" bezeichnet.

$$\text{Amortisationsdauer} = \frac{\text{Kapitaleinatz}}{\text{Kostenersparnis} + \text{Abschreibung} + \text{kalk. Zinsen}} \; [\text{Jahr}]$$

Der Kapitaleinsatz umfaßt die Summe der Einmalkosten inkl. Kaufpreis des Systems (vgl. 5.4.1). In den Abschreibungen enthalten sind ein Teilbetrag, der sich kalkulatorisch aus den jährlichen Abschreibungen auf die Einmalkosten der Vorbereitung und Einführung ergibt, und die Abschreibungen auf das CAD-System selbst.
Neben dieser einfachen (einperiodischen oder statischen) Methode der Amortisationsrechnung gibt es die mehrperiodischen (dynamischen) Methoden der Investitionsrechnung. Für die Ermittlung der Wirtschaftlichkeit von CAD-Systemen geeignet sind von diesen die

— Kapitalwertmethode und deren Variante in Form der
— internen Zinsfußmethode.

### 5.2.1.2 Dynamische Methoden

Die statischen Verfahren der Investitionsrechnung enthalten vereinfachende Annahmen, die ihren Aussagewert für die Beurteilung von Investitionsalternativen erheblich einschränken können. Diese Kritik richtet sich im wesentlichen gegen den Ansatz von *durchschnittlichen* jährlichen Kosteneinsparungen sowie gegen die kalkulatorische Verzinsung des *durchschnittlich* gebundenen Kapitals.
Das folgende Beispiel möge diese Kritikpunkte verdeutlichen: Es stehen zwei CAD-Systeme zur Wahl: Alternative A hat einen geringeren Funktionsumfang als Alternative B. Daher fallen zwar die Verluste in der Einarbeitungsphase bei A geringer aus, aber ebenso auch die nach der Einarbeitung zu erzielenden Kostenein-

sparungen. Beide Projekte weisen bei (statischer) Durchschnittsbetrachtung die gleiche Rentabilität auf. Aber bei Projekt A setzen die Kapitalrückflüsse deutlich früher ein als bei B:

|   |   | Alternative A | Alternative B |
|---|---|---|---|
| 1 | Investitionssumme im Jahr 0 | 120.000 | 120.000 |
| 2 | Nutzungsdauer (Jahre) | 6 | 6 |
| 3 | Ausgabenwirksame Kostenersparnisse | | |
|   | — im Jahr 1 | 28.000 | — |
|   | — im Jahr 2 | 40.000 | 24.000 |
|   | — im Jahr 3 | 40.000 | 42.000 |
|   | — im Jahr 4 | 40.000 | 48.000 |
|   | — im Jahr 5 | 40.000 | 54.000 |
|   | — im Jahr 6 | 40.000 | 60.000 |
| 4 | Ø Bruttoersparnis pro Jahr | 38.000 | 38.000 |
| 5 | Jährliche kalk. Abschreibung | 20.000 | 20.000 |
| 6 | Jährliche kalk. Zinsen (10%) | 6.000 | 6.000 |
| 7 | Nettoersparnis pro Jahr | 12.000 | 12.000 |
| 8 | Ø Rentabilität der Investitionen | 10% | 10% |
| 9 | Amortisationszeit | 3,75 | 3,75 |

Durch Abzinsung der Kosteneinsparung wird der Tatsache Rechnung getragen, daß Einsparungen, die man ja zumindest zinsbringend anlegen könnte, in späteren Perioden weniger wertvoll sind als solche in früheren Perioden.

Je nach dem gewählten Verfahren kann man zwei Kennzahlen zur Beurteilung einer Investitionsalternative berechnen:

— den Kapitalwert und den
— internen Zinsfuß.

Es wird in diesem Zusammenhang auf die einschlägige Literatur verwiesen [5.34, 5.44].

### 5.2.2 Methoden mit mehrdimensionaler Zielsetzung

Bei den Methoden mit mehrdimensionaler Zielsetzung zur Ermittlung der Wirtschaftlichkeit wird die volle Breite der quantitativen und qualitativen Zielsetzungen berücksichtigt, die mit dem Investitionsvorhaben verbunden sind. Für den Bereich der CAD-Systeme werden zusätzlich zu den

— monetären Wirtschaftlichkeitszielen vor allem
— Leistungsziele

vorgegeben, die vom Benutzer erwartet werden. Hier wird die Nutzwertanalyse als Methode empfohlen. Sie wird im folgenden dargestellt.

*Nutzwertanalyse*

Die Nutzwertanalyse ist eine in Technik, Wirtschaft und öffentlicher Verwaltung häufig angewandte Methode zur vergleichenden, systematischen Bewertung von Entscheidungsalternativen, die sich durch hohe Komplexität und Vielschichtigkeit einer direkten intuitiven Beurteilung entziehen. Sie geht auf Arbeiten Zangemeisters [5.26] vom Ende der sechziger Jahre zurück und ist z. B. Bestandteil der VDI-Richtlinie 2212 [5.22].

Gerade bei der zuverlässigen Beurteilung der fachlich-technischen Eignung von CAD/CAM-Systemen für den Einsatz im eigenen betrieblichen Umfeld steht der Entscheidungsträger vor dem Problem, die Vielzahl der häufig schwer zu quantifizierenden Nutzenaspekte zu erfassen und zu verdichten, um zu einem richtigen Gesamturteil zu gelangen. Da die auf diesem Urteil basierenden Entscheidungen von großer finanzieller Tragweite sind, sollte das Urteil eindeutig, nachvollziehbar und damit wenig anfechtbar sein. Da außerdem von der Systemeinführung im allgemeinen verschiedene Fachbereiche berührt werden, die Entscheidung also einer Vielzahl von Personen verständlich gemacht werden muß, sollte das Beurteilungsverfahren transparent und überschaubar sein.

Mit der Methode der Nutzwertanalyse wird eine Vedichtung der vielschichtigen Nutzenaspekte komplexer CAD/CAM-Systeme erreicht, wobei die Eindeutigkeit, Nachvollziehbarkeit und Transparenz der Ergebnisse gewahrt bleibt.

Die methodischen Grundzüge der Nutzwertanalyse werden nachstehend anhand von Beispielen dargestellt. Für detailliertere Erläuterungen sei auf die einschlägige Literatur verwiesen [5.4, 5.5, 5.17, 5.26].

Im Rahmen der Nutzwertanalyse erfolgt die Bewertung der CAD/CAM-Systemalternativen anhand einer geordneten Zusammenstellung von Beurteilungskriterien in Form eines Zielsystems, das alle relevanten Eigenschaften der Alternative erfassen muß. Dabei ist zu unterscheiden zwischen Fest- bzw. Mindestanforderungen, sogenannten K.o.-Kriterien, bei deren Nichterfüllung die betreffende Alternative wegen Untauglichkeit sofort aus der weiteren Betrachtung ausscheidet, und Wunschanforderungen, deren mehr oder weniger gute Erfüllung über ein Punkte- und Gewichtungssystem erfaßt wird.

Die Nutzwertanalyse wird in folgenden Schritten durchgeführt:

1. Vorselektion anhand der K.o.-Kriterien
2. Aufstellen des Zielsystems auf der Basis der Wunschforderungen
3. Festlegung der Gewichtungsfaktoren
4. Aufstellen der Zielerfüllungstabellen bzw. -funktionen
5. Berechnung der Nutzwertbeiträge und des Gesamtnutzwertes
6. Beurteilung der Ergebnisse

*1. Schritt*

Der erste Schritt dient der schnellen Aussonderung offensichtlich ungeeigneter oder wenig geeigneter CAD-Systeme. Die Aussonderung erfolgt anhand einer begrenzten Zahl möglichst aussagekräftiger K.o.-Kriterien, die bei Nichterfüllung zum Ausscheiden des entsprechenden Systems führen.

Dadurch soll die Zahl der weiter in Betracht kommenden CAD-Systemalternativen nach Möglichkeit auf weniger als sechs reduziert werden.

Als beispielhafte K.o.-Kriterien, die allerdings entscheidend von den jeweiligen Anwendungsanforderungen abhängen, seien genannt:

— Anschließbarkeit der vorgesehenen Anzahl CAD-Arbeitsplätze
— Kopplung des CAD-Rechners an vorhandenen Zentralrechner
— Variantenprogrammierung
— Dialog in deutscher Sprache
— Layertechnik
— DIN-Bemaßungsnorm
— automatisches Schraffieren
— NC-Schnittstelle
— automatische Stücklistengenerierung
— FORTRAN-Zugriff auf Graphikdaten

*2. Schritt*

Im nächsten Schritt wird auf der Grundlage der aus Anwendersicht wünschenswerten Anforderungen an ein CAD-System ein geordneter, hierarchisch strukturierter Katalog von Nutzenzielen definiert. Das Gesamtziel besteht darin, im Vergleich der CAD-Systeme dasjenige zu bestimmen, das für die Belange des zukünftigen Anwenders den höchsten Nutzwert aufweist.

Dieses Gesamtziel wird auf mehreren Hierarchieebenen in Teilziele untergliedert, die jeweils einen wohldefinierten, abgrenzbaren Teilnutzen abfragen.

Ein Beispiel für ein solches Zielsystem zur Bewertung von CAD-Systemen zeigt Bild 5.01:

Es wird hier nur die Zielstruktur der oberen beiden Hierarchieebenen dargestellt. Die für jedes Ziel vergebene Kurzbezeichnung lautet vollständig: „Nutzen der entsprechenden Einheit, Eigenschaft bzw. Funktion im Hinblick auf technische Leistungsfähigkeit und Handhabung."

Die Verfeinerung des Zielsystems ist soweit zu treiben, daß auf unterster Hierarchieebene meßbare Detaileigenschaften der zu bewertenden Alternativen abgefragt

---

4.  CAD-Basissoftware
4.1 Mensch-Maschine-Kommunikation
    4.1.1   Dialogsystem
        .0 Komfort der Kommandosprache
        .1 Kommandomakros
        .2 Menütechnik
        .3 Dialoghilfen
        .4 Fehlerbehandlung
    4.1.2   Variantenprogrammiersprache
        .0 Interaktionsmöglichkeit
        .1 Erlernbarkeit
        .2 Programmierkomfort
        .3 Allgemeine Sprachelemente
        .4 Graphischer Sprachumfang
    4.1.3   Peripherieunterstützung
        .0 Eingabeunterstützung
        .1 Ausgabeunterstützung

---

**Bild 5.02**   Aufgliederung des Ziels „Mensch-Maschine-Kommunikation" (Quelle ist [5.5])

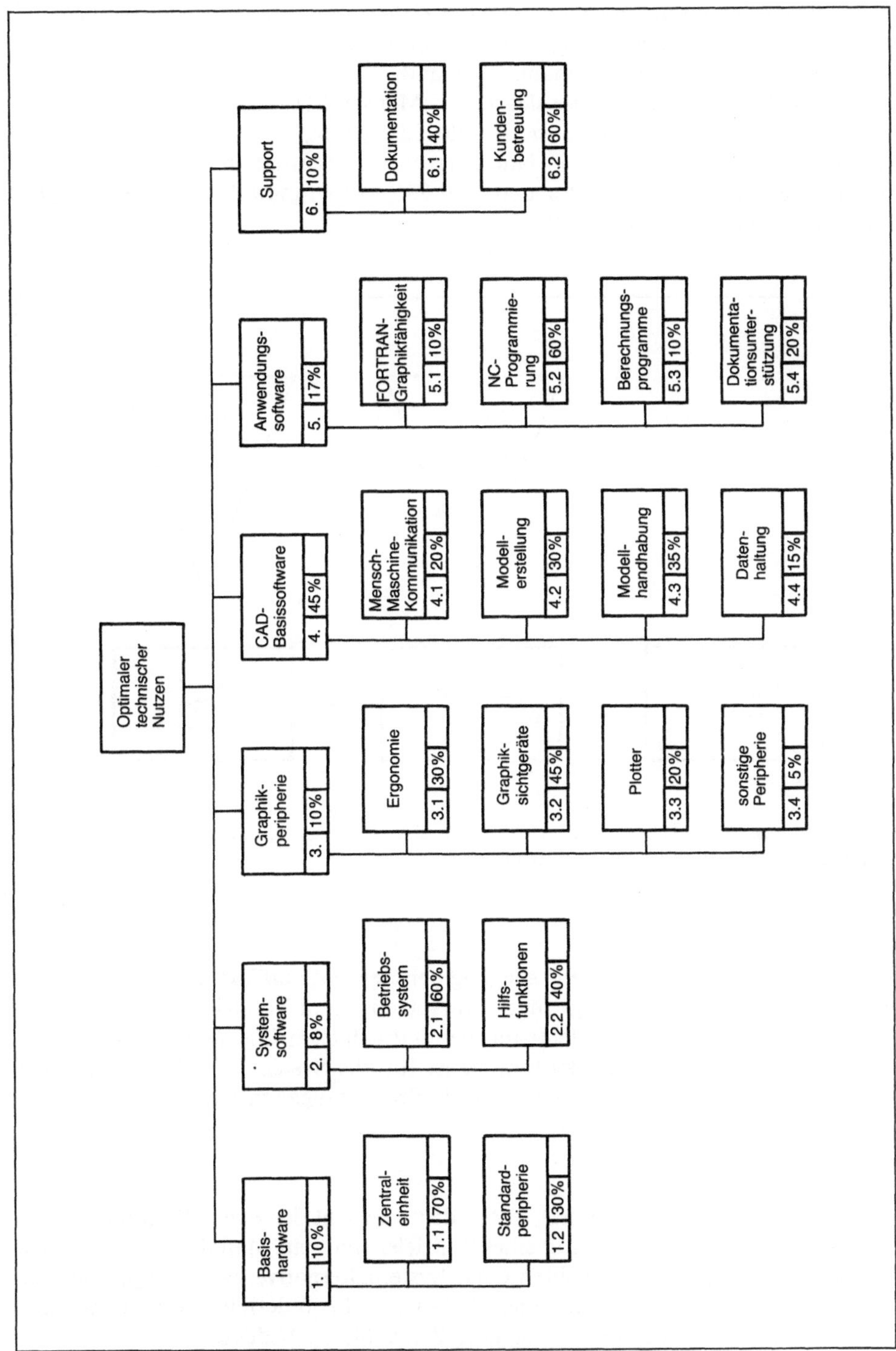


**Bild 5.01**   Zielsystem zur Bewertung von CAD-Systemen (Quelle ist [5.5])

werden. Dabei ist darauf zu achten, daß die Ziele einerseits alle fachlichen Nutzenaspekte eines CAD-Systems möglichst erschöpfend abdecken und daß sie andererseits voneinander weitgehend unabhängig sind.

Die Aufgliederung beispielsweise des Ziels ,,Mensch-Maschine-Kommunikation"
in Unterziele kann so erfolgen, wie in Bild 5.02 gezeigt:

Für jedes dieser Unterziele ist ein Nutzwertbeitrag zu ermitteln, der sich als Produkt aus dem Gewichtungsfaktor und dem Zielerfüllungsgrad, auch Zielwert genannt, errechnet, wie in Bild 5.03 dargestellt.

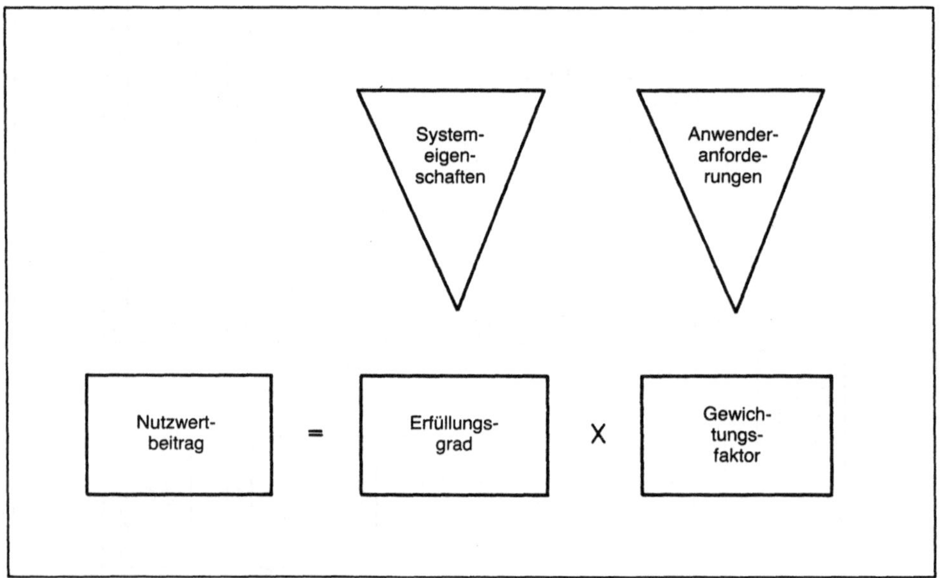


**Bild 5.03**    Nutzwertbeitrag eines Nutzenziels

*3. Schritt*

Als nächster Schritt erfolgt die Festlegung der Gewichtungsfaktoren. Sie geben an,
wie wichtig dem Entscheidungsträger ein Nutzenziel im Vergleich zu anderen Zie-
len ist. Die Gewichtung hat nichts mit den individuellen Eigenschaften der untersuchten CAD-Systeme selbst zu tun; sie ist für alle Systeme gleich. Beispielhafte
Gewichtungsfaktoren sind in Bild 5.01 als Prozentangaben aufgeführt.

*4. Schritt*

Der Zielerfüllungsgrad (Zielwert), neben dem Gewicht der zweite Bestimmungspa-
rameter für den Nutzwertbeitrag eines Teilziels, stellt ein Maß dafür dar, wie gut
die Eigenschaften der untersuchten CAD-Systemalternative das vorgegebene Teil-
ziel erfüllen. Er kann z. B. auf einer Skala von 0 bis 6 definiert werden, wobei 0
keine Zielerfüllung und 6 eine sehr gute Zielerfüllung bedeutet.

Um die Ermittlung des Zielerfüllungsgrades nachvollziehbar zu dokumentieren ,
wird im vierten Arbeitsschritt für jedes Unterziel eine Zielerfüllungstabelle oder

-funktion aufgestellt. Sie erlaubt die Umrechnung der verschiedenartig dimensionierten Systemeigenschaften und technischen Kenngrößen auf die oben erwähnte einheitliche und dimensionslose Erfüllungsgrad-Skala. Als typisches Beispiel aus [5.5] zeigt Bild 5.04 die Zielerfüllungstabelle für das Ziel „Fehlerbehandlung". Der Erfüllungsgrad wird in diesem Fall durch Abfrage der angegebenen Beurteilungsmerkmale und Addition der resultierenden Punkte ermittelt.

Die Aufstellung der Zielerfüllungstabellen wird vorgenommen, bevor die Kenngrößen der einzelnen CAD-Systemvarianten detailliert ermittelt werden. Dadurch wird vermieden, daß durch die genaue Kenntnis bestimmter Systeme die Erfüllungstabellen auf diese Systeme „zugeschnitten" werden.

---

**CAD-Basissoftware / Mensch-Maschine-Kommunikation**

---

Fehlerbehandlung

Vorkehrungen und Hilfsmittel zur Gewährleistung von sinnvollen und fehlerfreien Dialogabläufen:

| | |
|---|---|
| — bei fehlerhafter oder unvollständiger Eingabe sofortige Fehlermeldung vor Ausführung des Kommandos | 2 |
| — Korrektur innerhalb des fehlerhaften Kommandos möglich (keine vollständige Neueingabe nötig) | 2 |
| — Abbruch einer laufenden Operation möglich | 1 |
| — Möglichkeit, das letzte ausgeführte Kommando wieder rückgängig zu machen | 2 |
| — Möglichkeit zur Protokollierung des gesamten Dialogs | 1 |

Besonderheiten:

| | |
|---|---|
| Punktsumme | 8 |
| Skalierungsfaktor | .75 |
| Erfüllungsgrad | |

---

| Version | Datum | Blatt-Nr. |
|---|---|---|
| 1 | Mai 83 | 63 |

---

**Bild 5.04**   Zielerfüllungstabelle für das Ziel Fehlerbehandlung (Quelle ist [5.5])

*5.Schritt*

Für jede der zu untersuchenden CAD-Systemalternativen sind die Detailinformationen und technischen Kenngrößen, auch Zielgrößen genannt, zu recherchieren, die in den Zielerfüllungstabellen bzw. -funktionen abgefragt werden. Mit Hilfe der Tabellen wird dann aus diesen Kenngrößen für jedes Unterziel ein einheitlich skalierter Erfüllungsgrad (Zielwert) berechnet. Die Multiplikation des Erfüllungsgrades mit dem entsprechenden Gewichtsfaktor ergibt den Nutzwertbeitrag jedes Unterziels. Durch geeignete schrittweise Summation der Nutzwertbeiträge werden zunächst die Teilnutzwerte der in der Hierarchie übergeordneten Ziele und schließlich der Gesamtnutzwert der entsprechenden CAD-Systemalternative gebildet.

*6. Schritt*

Die auf diese Weise gebildeten Teilnutzwerte und Gesamtnutzwerte der verschiedenen untersuchten CAD-Systeme können sowohl tabellarisch als auch graphisch, z. B. durch Balkendiagramme, dargestellt werden und dienen als Grundlage für die vergleichende Beurteilung der Varianten. Die Analyse der Teilnutzwerte erlaubt insbesondere das schnelle Aufdecken von typischen Schwächen einzelner CAD-Systeme.

Wenn auch die Nutzwertanalyse als praktisches Hilfsmittel bei der Systembeurteilung häufig angewandt wird, so sollten ihre Ergebnisse nicht kritiklos angenommen werden, sondern durch andere Beurteilungsverfahren, wie z. B. Benchmarktests, erhärtet werden. Die Erkenntnisse aus Benchmarks und Referenzkundenbesuchen legen eine Aktualisierung der Nutzwertanalyse nahe.

Wie jedes Verfahren, das schwer quantifizierbare und von individuellen Anforderungen geprägte Größen zu bewerten hat, ist auch die Nutzwertanalyse nicht frei von subjektiven Einflußmöglichkeiten. Dies zeigt sich in der Gewichtung der Ziele, die die Präferenzen des Entscheidungsträgers wiedergeben soll und somit nicht objektivierbar ist. Aber auch den Zielerfüllungstabellen liegt eine beeinflußbare Transformation objektiver CAD-Systemeigenschaften in nutzwertorientierte Erfüllungsgrade zugrunde. Schließlich kann schon durch die Auswahl der Zielkriterien das Ergebnis manipuliert werden. Allerdings werden alle Bewertungsgrundlagen vollständig offengelegt, so daß sie jederzeit nachgeprüft und gegebenenfalls korrigiert werden können.

Trotz dieser Einschränkungen hat sich die Nutzwertanalyse besonders bei der Bewertung komplexer Systeme, bei denen systematisch eine große Anzahl von Nutzenkriterien berücksichtigt werden muß, als pragmatische Methode durchgesetzt. Das Verfahren zeichnet sich dadurch aus, daß das Beurteilungsergebnis auf einen einzigen Wert verdichtet werden kann, gleichzeitig aber die Bewertungsgrundlagen in überschaubarer Form dokumentiert werden, so daß das Urteil transparent und nachvollziehbar bleibt.

### 5.2.3 Zeitpunkte für Wirtschaftlichkeitsbetrachtungen und -rechnungen

Wirtschaftlichkeitsnachweise sind Mittel der Entscheidungsfindung und der Erfolgskontrolle. Aus diesem Grund sollten sie keine einmalige Angelegenheit sein. Es ist vielmehr zweckmäßig, ja erforderlich, die Frage der Wirtschaftlichkeit zu verschiedenen Zeitpunkten als wesentlichstes Entscheidungskriterium und Mittel der Erfolgskontrolle ins Zentrum der Betrachtung zu stellen, und zwar vor der Einführung eines CAD-Systems als Entscheidungshilfe und nach einer gewissen Nutzungszeit zur Erfolgskontrolle.

*5.2.3.1 Wirtschaftlichkeitsbetrachtungen und -rechnungen vor Einführung eines CAD-Systems*

Für Wirtschaftlichkeitsüberlegungen und gegebenenfalls -rechnungen bieten sich zwei bis vier charakteristische Zeitpunkte an, nämlich

— im Anschluß an eine Vorstudie,
— im Anschluß an eine Detailstudie (vor dem Systementscheid),
— nach der Konzeptentwicklung und
— vor der Implementierung. (Vgl. Abschnitt 2.3)

Es wird empfohlen, zunächst in einer groben Vorstudie die Anwendungsfelder zu ermitteln, in denen Aufgaben vorkommen, die für die Abwicklung mit CAD-Systemen geeignet sind. Im Zusammenhang damit sollte eine grobe Abschätzung der zu erwartenden Wirtschaftlichkeit vorgenommen werden. Das Ergebnis dieser Wirtschaftlichkeitsbetrachtung ist entscheidend für die weitere Vorgehensweise. Sind noch keine wirtschaftlichen Vorteile zu erwarten, so werden in der Regel alle weiteren Überlegungen zum CAD-Einsatz eingestellt bzw. auf einen späteren Zeitraum vertagt. (Natürlich kann trotzdem der Einsatz auf Grund anderer Überlegungen, z. B. aus Wettbewerbsgründen, vorangetrieben werden.)
Bei positivem Ergebnis ist eine Detailanalyse durchzuführen, die wiederum mit Wirtschaftlichkeitsüberlegungen und -rechnungen abzuschließen ist.
Bei zu erwartender Wirtschaftlichkeit ist ein Langfristkonzept für den CAD-Einsatz zu entwickeln. Am Ende dieser Entwicklung sollte die Wirtschaftlichkeitsbetrachtung und -rechnung stehen, die

— auf einzelne Realisierungsstufen sowie
— auf die Endstufe der Konzeptrealisierung

abhebt.
Bei positivem Ergebnis, z. B. einer zufriedenstellenden Amortisationsdauer, folgt die Ableitung des Anforderungsprofils aus dem zu realisierenden Konzept, in der Regel strukturiert in Anlehnung an die obengenannten Realisierungsstufen. Dieses Anforderungsprofil (Lasten-/Pflichtenheft) bildet die Grundlage für die Einholung von Angeboten.
Gleichzeitig sind die sich aus dem Konzept ergebenden Einsatzvorbereitungsarbeiten vorzunehmen.
Nach Beendigung dieser Vorbereitungsarbeiten und abgeschlossener Systemauswahl liegt eine Fülle von Kosten/Nutzeninformationen vor. Diesen Informationen sollten — noch vor Installation des Systems — Basis einer weiteren Wirtschaftlichkeitsrechnung sein. Das Ergebnis sollte genutzt werden, um erforderlichenfalls noch Konzept- oder Systemvariationen vorzunehmen.


*5.2.3.2 Wirtschaftlichkeitsbetrachtungen und -rechnungen nach Einführung eines CAD-Systems*

Folgende Zeitpunkte bieten sich an:

— nach der Anlernphase,
— nach einem Jahr,
— bei Systemänderungen und
— in regelmäßigen zeitlichen Abständen.

Es ist zweckmäßig, eine Überprüfung der Wirtschaftlichkeit vorzunehmen, wenn die Mitarbeiter die Anfangsschwierigkeiten überwunden und CAD als reguläres Hilfsmittel zu nutzen gelernt haben. Eine weitere Überprüfung bietet sich dann nach einem größeren Zeitraum — etwa einem Jahr — an. Ferner sollte die Frage der Wirtschaftlichkeit in regelmäßigen zeitlichen Abständen erörtet werden.
Besondere Bedeutung haben Zeitpunkte, zu denen Systemänderungen wirksam werden. Auch die Nutzung der Makrotechnik ist als Systemänderung zu bewerten; insbesondere dann, wenn sie von einem bestimmten Zeitpunkt an in größerem Umfang eingesetzt werden kann, sollte der wirtschaftliche Effekt dieser Verbesserung gemessen werden.

## 5.3 Nutzenermittlung

Der Ermittlung des Nutzens eines CAD-Systems kommt große Bedeutung zu. Infolge der relativ hohen Kosten fällt eine Entscheidung für CAD um so eher, je höher der quantifizierbare Gesamtnutzen ist, der diesen Kosten gegenübergestellt werden kann. Im folgenden soll versucht werden, möglichst viele Nutzenkomponenten zu quantifizieren.

### 5.3.1 Abgrenzung der Nutzenkomponenten

Durch die Einführung der CAD-Technologie in ein Unternehmen werden unterschiedliche Ziele angestrebt. Die mit der Erreichung der Ziele verbundenen Vorteile sollen nachfolgend als Nutzenkomponenten bezeichnet werden.
Je nach Umfang der Möglichkeiten zur quantitativen Beschreibung der Nutzenkomponenten einerseits und ihrer Wirkung auf den innerbetrieblichen Prozeß der Informationsverarbeitung andererseits, lassen sich vier Nutzenklassen unterscheiden:

*Direkter, quantifizierbarer Nutzen*
Es handelt sich um diejenigen Nutzenkomponenten, die im betroffenen organisatorischen Einsatzbereich zu einer direkten und quantifizierbaren Verbesserung des Ablaufs führen. Ein Beispiel dafür ist die Verkürzung der Zeichnungserstellungszeiten bei einer rechnerunterstützten Variantenkonstruktion.

*Direkter, schwer quantifizierbarer Nutzen*
Darunter werden solche Komponenten zusammengefaßt, die eine direkte positive Wirkung innerhalb des organisatorischen Einsatzbereiches haben, jedoch nur schwer oder gar nicht quantifiziert werden können. Der Nutzen kann sich hier in der Qualität und/oder der Flexibilität auswirken. Ein Beispiel ist die höhere Qualität der mit einem CAD-System erzeugten Unterlagen (Zeichnungen, Berechnungen usw.), oder aber die höhere Flexibilität in bezug auf konstruktive, kundenwunschabhängige Problemlösung im Bereich der Angebotsbearbeitung bei Einzelfertigung.

*Indirekter, quantifizierbarer Nutzen*
Durch den Einsatz der CAD-Technologie ergeben sich quantifizierbare Nutzenkomponenten (Produktivitätssteigerungen), die jedoch erst in der Konstruktion
nachgelagerten betrieblichen Funktionsbereichen wie der Arbeitsvorbereitung, der
Fertigung, der Montage, dem Qualitätswesen und/oder der Lagerhaltung einen
quantifizierbaren Sekundärnutzen bringen. Ein Beispiel ist die Reduzierung des
zeitlichen Aufwands für die NC-Programmierung durch die digitale Weitergabe
der in der Konstruktion erzeugten Geometriedaten in die Arbeitsvorbereitung.

*Indirekter, schwer quantifizierbarer Nutzen*
Zu dieser Nutzenklasse zählen sämtliche Nutzenkomponenten, die in den der Konstruktion nachgelagerten betrieblichen Funktionsbereichen einen Sekundärnutzen
zur Folge haben. Diese Nutzenkomponenten lassen sich, wenn überhaupt, nur
schwer quantifizieren. Ein Beispiel ist die Reduzierung der Lagerkosten auf Grund
eines erhöhten Standardisierungsgrades.

Auf der Grundlage dieser Unterscheidung läßt sich, wie in Bild 5.05 gezeigt, ein
globales Nutzenmodell auf den Einsatz der CAD-Technologie anwenden.

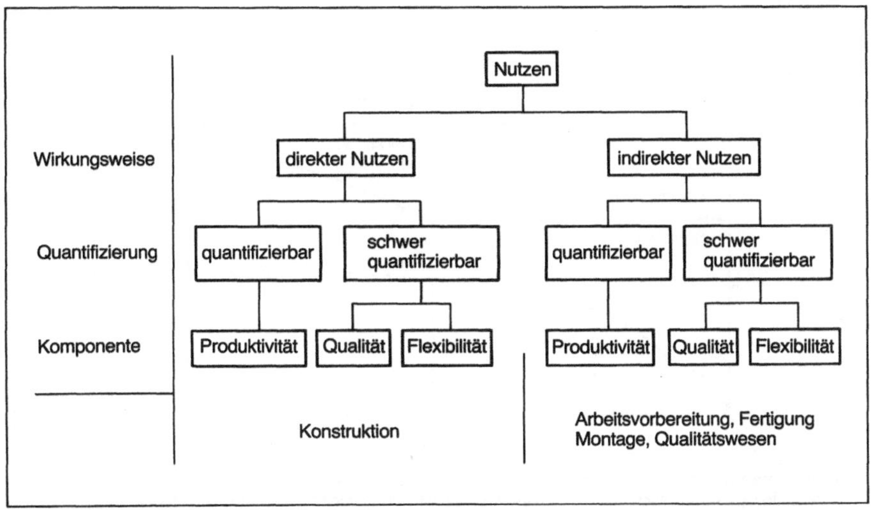


**Bild 5.05**   Nutzenkomponenten beim Einsatz eines CAD-Systems (Quelle ist [5.43])

In aller Regel beschränken sich heutige Nutzenberechnungen auf den direkt quantifizierbaren Nutzen und nur in stark eingeschränktem Maße auf den indirekt
quantifizierbaren Nutzen. Für den sich ergebenden indirekten, nur schwer oder
nicht quantifizierbaren Nutzen sind keine allgemeingültigen Aussagen bekannt.
Die wesentlichste Ursache dafür ist sicherlich der Umstand, daß durch diese Nutzenklasse ein Nutzeneffekt repräsentiert wird, der, von der CAD-System-
Einführung aus gesehen, erst mittel- bis längerfristig wirksam wird und zu dem aus
heutiger Sicht erst ansatzweise, sporadische Erfahrungen aus Großunternehmen
vorliegen.

## 5.3.2 Zeitliche Entwicklung der Nutzenkomponenten

Besondere Beachtung bei Nutzenbetrachtungen für den Einsatz eines CAD-Systems erfordert der Umstand, daß die sich ergebenden Nutzenkomponenten einem sogenannten Anlaufverhalten unterliegen. Das heißt, der maximale, durch das CAD-System bedingte Nutzen setzt sich aus zeitvariablen Größen zusammen und kann somit erst nach einem bestimmten Zeitraum T erreicht werden. Dieser Zeitraum T ist kein Fixwert, sondern abhängig von der Eignung des CAD-Systems für die spezielle Anwendung und weiterhin von der Güte und der Koordination der innerbetrieblich durchgeführten Einführungsmaßnahmen.

Hierzu ist in Bild 5.06 der qualitative zeitliche Verlauf der Nutzenkomponente Produktivität als Teil des direkten Nutzens dargestellt. Die dabei wirksamen Haupteinflußgrößen (Steuerungsvariablen) sind:

— die Schulungsmaßnahmen und
— die Einsatzvorbereitungsmaßnahmen.

Unter Einsatzvorbereitung werden sämtliche Maßnahmen verstanden, die der Anpassung des CAD-Systems dienen, wie beispielsweise Menüaufbereitung, Makroerstellung, Variantenaufbereitung usw.

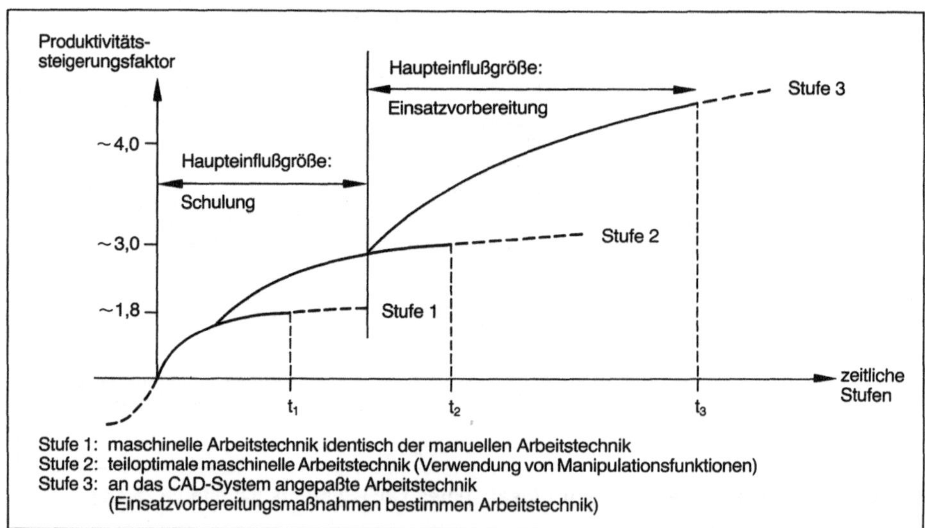


**Bild 5.06**   Zeitliche Entwicklungsstufen der Produktionssteigerung in Abhängigkeit von der benutzten Arbeitstechnik (Quelle ist [5.43])

## 5.3.3 Bewertung der Nutzenkomponenten

Nachfolgend wird auf die Möglichkeit der Bewertung der Nutzenkomponente Produktivität näher eingegangen und anschließend eine Möglichkeit zur Bewertung der schwer oder nicht quantifizierbaren Nutzenkomponenten Qualität und Flexibilität gezeigt.

### 5.3.3.1 Produktivitätssteigerung

Bisherige Verfahren zur Ermittlung von Produktivitätssteigerungen berücksichtigen ausschließlich den konstruktiven Tätigkeitskomplex der Zeichnungserstellung und ansatzweise die NC-Programmierung. Dies rührt daher, daß in Tätigkeitsanalysen für den Konstruktionsbereich festgestellt wurde, daß branchenabhängig 40 % und mehr des zeitlichen Aufwands in der Konstruktion auf diesen Tätigkeitskomplex entfallen, der somit in einer Vielzahl von Fällen das größte zunächst erschließbare Nutzenpotential für den Einsatz der CAD-Technologie darstellt. Zur Ermittlung von Produktivitätsfaktoren für die Zeichnungserstellung haben sich im wesentlich zwei Verfahren herauskristallisiert:

— Zeitaufnahmen [5.16, 5.19] und
— Vergleich von Zeichnungselementen oder ganzen Zeichnungen auf Basis von Zeichnungsstichproben (Kleinstzeitmethode, Work-Factor-Verfahren [5.16]).

Bei der *Zeitaufnahme* werden gleiche Arbeitspakete in der Konstruktion in konventioneller Weise und mit Hilfe eines CAD-Systems abgewickelt. Die Produktivitätssteigerung ergibt sich dann als Quotient aus manueller zu maschineller Zeit. Zu berücksichtigen ist dabei der Übungsstand der Testpersonen.

Bei der *Kleinstzeitmethode* wird ein repräsentatives Zeichnungsspektrum in seine „atomaren" Zeichnungselemente zerlegt, für deren Erzeugung Näherungszeiten aus durchgeführten Versuchsreihen bekannt sind (Bild 5.07). Die verschiedenen Zeichnungselemente werden zahlenmäßig erfaßt und mit den in Bild 5.07 dargestellten Produktivitätsfaktoren gewichtet. Der durchschnittliche Produktivitätsfaktor für das Zeichnungsspektrum wird dann über Mittelwertbildung bestimmt.

| Tätigkeiten | RPK Uni Karlsruhe | VAJNA /5.28/ | EIGNER/MAIER /5.27/ |
|---|---|---|---|
| Konturelemente | 1,8 | 1,8 | 1,8 |
| Normalmaße | 6,2 | 6,2 | 6,2 |
| Toleranzmaße | 10,4 | 10,4 | 10,4 |
| NC-Bezugsmaße | 14,4 | — | — |
| Form- und Lagetoleranz | 5,6 | 5,6 | 5,6 |
| Schraffur | 3,4 | 3,4 | 3,4 |
| Text | — | 2,4-9,3 | 1,7 |
| Makros | — | — | 3-5 |
| Varianten | — | — | >5 |
| Symbole (z. B. Oberflächenzeichen) | — | 3,5-2,5 | — |
| Abwicklungen | 5-10 | — | — |
| Schnittgenerierung | — | 1,5-2 | — |
| Erstellen von Einzelheiten | — | 4-5 | — |
| Verschieben, Spiegeln | — | 2,8-22,2 | — |
| Drehen | — | 2,9-25,4 | — |
| Löschen | — | 0,3-6,2 | — |
| NC-Steuerinformation erstellen | — | — | — |

**Bild 5.07**   Beschleunigungsfaktoren

Um eine erste Abschätzung der Nutzenkomponente Produktivität durchführen zu
können, sind in den Bildern 5.08 bis 5.10 Produktivitätsfaktoren aus unterschiedlichen Branchen zusammengestellt.

| Autor/Einsatzgebiet | Tätigkeit | Beschleunigungsfaktor |
|---|---|---|
| Rapp [5.29] Werkzeugbau | reine Administration | 4 |
| | Überlegen | 4 |
| | Suchen | 4 |
| | Berechnen | 1,5 |
| | Zeichnen | 3 |
| Bakey [5.30] Architektur | Project Definition | 1 |
| | Project Engineering | 2 |
| | Project Design | 3 |
| | Project Drafting | 10 |
| | Project Estimating | 13 |
| | Project Documentation | 10 |
| | Preplanning for Erection or Construction | 7 |
| | „As-Built" Drawings | 5 |
| Scott [5.31] Werkzeugbau | Design Engineering | 3 |
| | Design Drafting | 4 |
| | NC-Programming | 10 |
| | Production Engineering | 2 |
| | Quality Engineering | 3 |
| | Tool Design | 6 |

**Bild 5.08**    Beschleunigungsfaktoren in Architektur und Werkzeugbau

| Autor/Einsatzgebiet | Tätigkeit | Beschleunigungsfaktor |
|---|---|---|
| Chasen [5.32] Maschinenbau | Simple Logic Drawings | 4,5-5,0 |
| | Single-line Drawings | 3,5-4,0 |
| | Wiring Diagrams | 3,0-3,5 |
| | Piping and Instrumentation Diagrams | 3,0-3,5 |
| | Stock Drawings | 4,3 |
| | Assembly/Detail | 3,7 |
| | Sheet Metal Drawings | 3,7 |
| | Extrusion Drawings | 3,2 |
| | Numerical Control | 2,7 |
| | Detail Aircraft Drawings | 2,4 |
| | Layout Drawings | 1,7-2,2 |
| | Structural Steel | 1,5-2,0 |
| | Piping Layout | 1,25-1,75 |
| Müller [5.33] Automobilbau | Neukonstruktion | 2,0 |
| | Variantenkonstruktion | 3,0 |
| | Mittelwert (inkl. andere Anwendungen) | 3-4 |

**Bild 5.09**    Beschleunigungsfaktoren im Maschinen- und Automobilbau

| Branche | Einsatzgebiet | Konfiguration | Beschleunigungsfaktoren |
| --- | --- | --- | --- |
| Anlagenbau | Schaltanlagen, Industrieanlagen, Automatisierung | CAD-System mit 6 Arbeitsplätzen, Anschluß an Rechner der MDT | 2 |
| Maschinenbau, Elektrotechnik | Schaltanlagen, Trafobau, Schaltpläne | 8 CAD-Systeme, 14 Arbeitsplätze, Off-line-Kopplung für Großrechner | Zeichnungserstellung: 2-3 |
| Maschinenbau | NC-Programmierung, Schneidwerkzeugkonstruktion, Abwicklung, Detaillierung | CAD-Software auf Großrechner | Konstruktions- und Programmieraufgaben: 2 |
| Maschinenbau | Anpassungskonstruktion, Variantenkonstruktion | CAD-Software auf Rechner der MDT | Zeichnungserstellung: 2 Variantenkonstruktion: 20 |
| Verschiedene | verschiedene | schlüsselfertige CAD-Systeme | CAD: 3-5 CAM: bis 10 |
| Maschinenbau | Kolbenfertigung | CAD-Software auf Großrechner | Entwurf- und Zeichnungserstellung: 5 |
| Elektrotechnik | gedruckte Schaltungen | schlüsselfertiges CAD-System | Erstellung: 2-5 Änderung: 20 Zeichnungserstellung: 4-5 NC-Vorbereitung: 20 |
| Maschinenbau | Schiffsbau, Anlagenbau | Verbund Großrechner mit schlüsselfertigem CAD-System, 8 Arbeitsplätze | Erstellen der Fertigungsunterlagen: 5 |
| Maschinenbau | Schiffsbau | Computer-Graphik-System auf Großrechner, eigene CAD-Software | 5-8 |
| Maschinenbau | NC-Erstellung von Gußformen, Brennschneiden | schlüsselfertiges CAD-System | Änderungen: 10 |
| Maschinenbau | allgemeine Konstruktion | CAD-System auf Großrechner | Konstruieren und Zeichnen: 3,5-8,5 Entwurf: 5,5-10,5 Änderungen: 3,5-17 |
| Maschinenbau | allgemeine Konstruktion | allgemeine CAD-Systeme | Zeichnungserstellung: 5 Änderungen: bis 25 |

**Bild 5.10** Beschleunigungsfaktoren in Anlagenbau, Elektrotechnik, Maschinenbau (Quelle ist [5.27])

Bild 5.11 enthält Einflußgrößen, die die Höhe der Beschleunigungsfaktoren bestimmen.

Bild 5.12 enthält Beschleunigungsfaktoren der Zeichnungen 5.12/1 bis 5.12/5, wie sie von verschiedenen Anwendern ermittelt wurden (Zeitermittlung auf der Basis ganzer Zeichnungen).

---

Zeichnungsnummer
Zeichnungsgröße
Zeichnungsart            } organisatorische Aufgaben
Produkttyp
Erstellungsdatum
Abteilung der Erstellung

1 Anzahl der Änderungsindizes (Anzahl der Folgezeichen)
2 Prüf-, Abnahme und Liefervorschriften
3 Fertigungsvorschrift
4 Werkstoffangaben
5 Rohteilangaben
6 Angaben der Oberflächengüte (Bearbeitungszeichen)
7 Anzahl der weiteren Bearbeitungsangaben
8 Anzahl der Konturelemente
9 Anzahl der Normalmaße
10 Anzahl der Toleranzmaße
11 Anzahl der Form- und Lagetoleranz
12 Art und Größe der Schraffurflächen
13 Anzahl der Maßstabsangaben
14 Anzahl der Maßpfeile
15 Anzahl der Maßhilfslinien
16 Anzahl der Angaben der Werkstückkanten
17 Anzahl der sonstigen Zeichen
18 Anzahl der allgemeinen Makros
19 Anzahl der speziellen Makros
20 Anzahl der Abwicklungen
21 Anzahl der Ansichten
22 Anzahl der geraden Schnitte
23 Anzahl der Durchdringungen
24 Anzahl der herausgezogenen Einzelheiten
25 Anzahl der herausgezogenen Vergrößerungen
26 Anzahl der spiegelbildlichen Elemente
27 Anzahl der gedrehten Elemente
28 Anzahl der duplizierten Elemente
29 Grad der Vereinheitlichung (Normung)
30 Datenübergabe zu
   — Berechnungsprogrammen
   — Betriebsmitteln
      Konstruktion
      Produktion
   — NC-Maschinen
   — unterschiedlichen Zeichnungsarten
31 Suchsystem für das Auffinden ähnlicher Teile/Baugruppen

---

**Bild 5.11**  Beschleunigungsfaktoren bestimmende Einflußgrößen bei der Erstellung technischer Zeichnungen

| Zeichnung | CAD/CAM-Partner Firnig + Hellwig | | | Fichtel & Sachs F & S | | | VW | | | MAN | | | Siemens | | | Dietz Technovision | | |
| --- | --- | --- | --- | --- | --- | --- | --- | --- | --- | --- | --- | --- | --- | --- | --- | --- | --- | --- |
| | man. | masch. | Rel. | man. | masch. | Rel. | man. | masch. | Rel. | man. | masch. | Rel. | man. | masch. | Rel. | man. | masch. | Rel. |
| 5.12/1 | 174 | 44 | 1:3,9 | | | 1:1,1 | | | 1:2 | | | 1:1,5 | | | 1:2,3 | 100 | | 1:1,7 |
| 5.12/2 | 104 | 48 | 1:2,2 | | | 1:1,4 | | | 1:10[1] <br> 1: 2[2] | | | 1,5:2 | | | 1:2,9 | 100 | | 1:1 |
| 5.12/3 | 249 | 110 | 1:2,3 | | | 1:1,5 | | | 1: 1[13] <br> 1: 2[4] <br> 1:10[5] | | | 4:5 | | | 1:2,5 | 135 | | 1:1,8 |
| 5.12/4 | 147 | 26 | 1:5,6 | DETAIL2 <br> PROREN1 | | 1:6 <br> 1:2 | | | 1:1,5[6] | | | 6:8 | | | 1:2,3 | 15 | | 1:9,8 |
| 5.12/5 | 151 | 30 | 1:5,1 | DETAIL2 <br> PROREN1 | | 1:6 <br> 1:2 | | | 1:1,5 | | | 1:2 | | | 1:2,5 | 75 | | 1:2 |

Die Schätzungen bei VW basieren auf folgenden Prämissen:
1) Eine Zeichnung ist vorhanden, Maße sind zu ändern (= Variante) = 1:10
2) ZSB = Zeichnung aus geometrisch vorhandenen Einzelteilen — vermaßt = 1:2
3) Entwerfen = 1:1
4) Detaillieren = bis 1:2
5) Ändern = bis 1:10
6) Stand Frühjahr 1983; durch inzwischen verbesserte Software sind günstigere Werte zu erwarten.

**Bild 5.12**   Reduzierungsfaktoren bei konkreten Zeichnungen

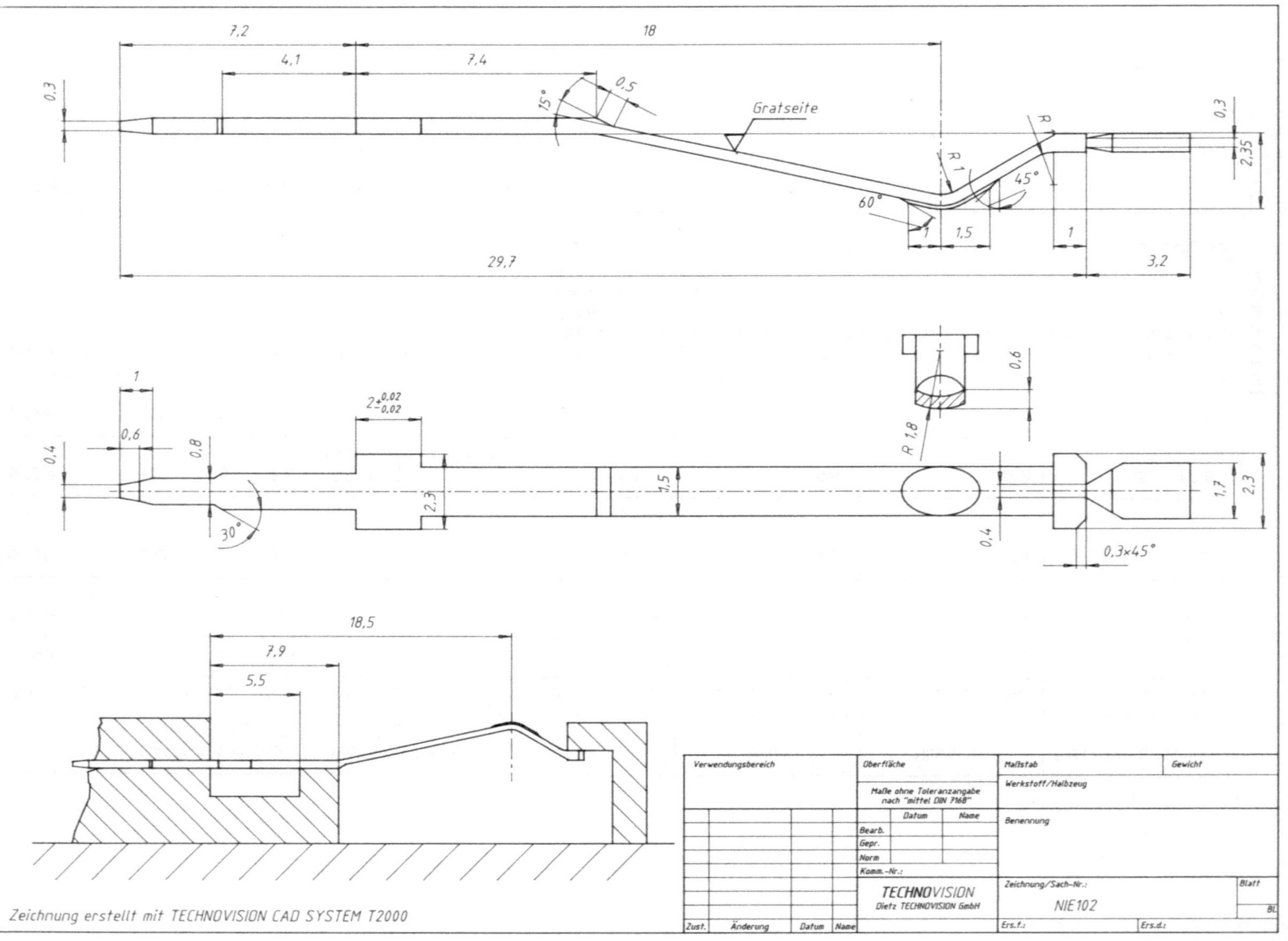

Bild 5.12/1
7,2
18
4,1
7,4
0,5
15°
Gratseite
R 1
R 1
45°
60°
1
1,5
1
3,2
0,3
0,3
2,35
29,7
1
0,6
0,8
0,4
2,3
30°
2 +0,02 -0,02
1,5
R 1,8
0,6
0,4
0,3x45°
1,7
2,3
18,5
7,9
5,5
Verwendungsbereich
Oberfläche
Maßstab
Gewicht
Werkstoff/Halbzeug
Maße ohne Toleranzangabe
nach "mittel DIN 7168"
Datum
Name
Benennung
Bearb.
Gepr.
Norm
Komm.-Nr.:
TECHNOVISION
Dietz TECHNOVISION GmbH
Zeichnung/Sach-Nr.:
NIE102
Blatt
Bl.
Zust.  Änderung  Datum  Name
Ers.f.:
Ers.d.:
Zeichnung erstellt mit TECHNOVISION CAD SYSTEM T2000

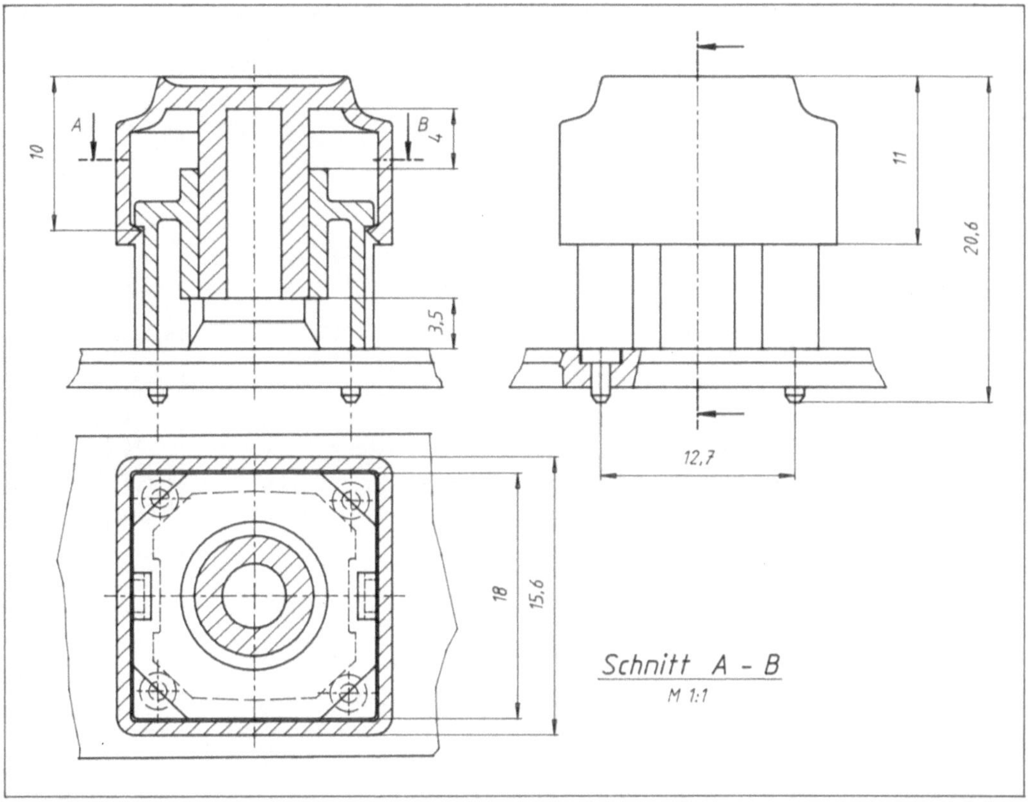

**Bild 5.12/2**

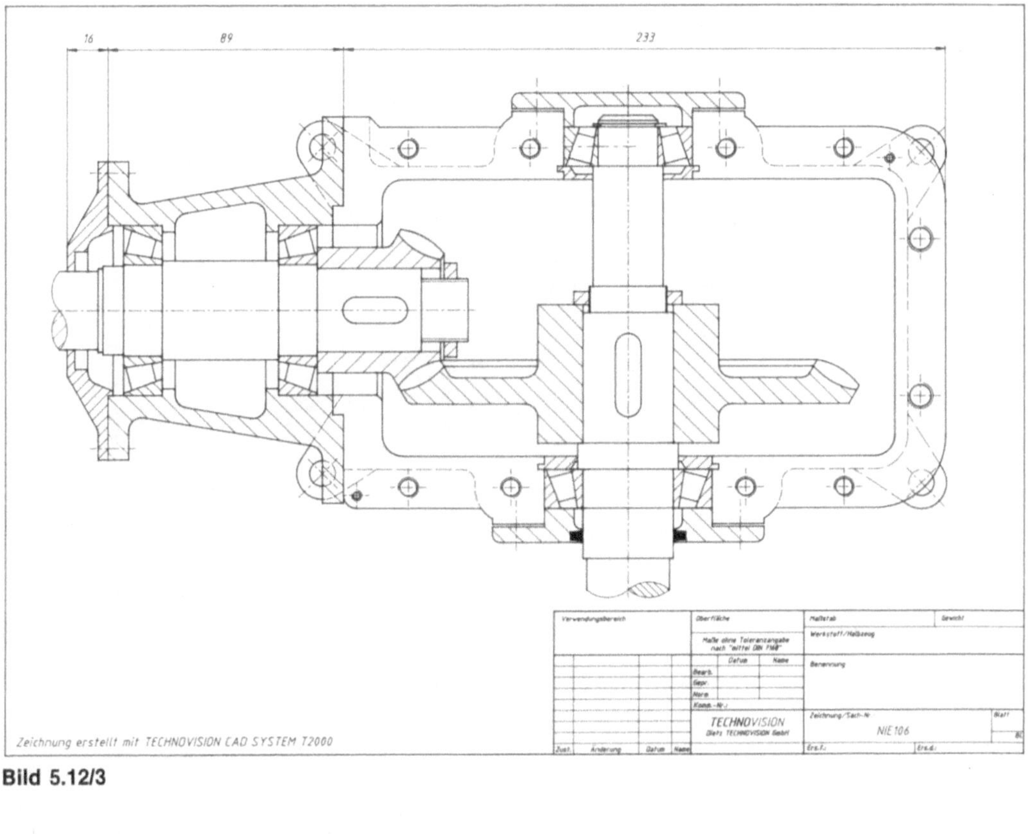

**Bild 5.12/3**

Bild 5.12/4
131 -0,5
Zahnwellenprofil
B 50x45 DIN 5482 H9
X
Z
20
Ø 49,5
42
Ø 50 k6
19,5
R 30
2
30°
Ø 62
Ø 50 k6
Ø 72 -0,1
Ø 78
Ø 88 -0,1
40 -0,3
50 -0,3
60 -0,2
85 -0,5
R 1,6
0,3 +0,1
30°
3 +0,5
Einzelheit Z
M 5:1
R 1,6
0,3 +0,1
30°
3 +0,5
Einzelheit X
M 5:1
Zeichnung erstellt mit TECHNOVISION CAD SYSTEM T2000
Verwendungsbereich
Oberfläche
Maßstab
Gewicht
Maße ohne Toleranzangabe nach "mittel DIN 7168"
Werkstoff/Halbzeug
Datum
Name
Benennung
Bearb.
Gepr.
Norm
Komm.-Nr.:
TECHNOVISION
Dietz TECHNOVISION GmbH
Zeichnung/Sach-Nr.:
NIE104
Blatt
Zust.
Änderung
Datum
Name
Ers.f.:
Ers.d.:

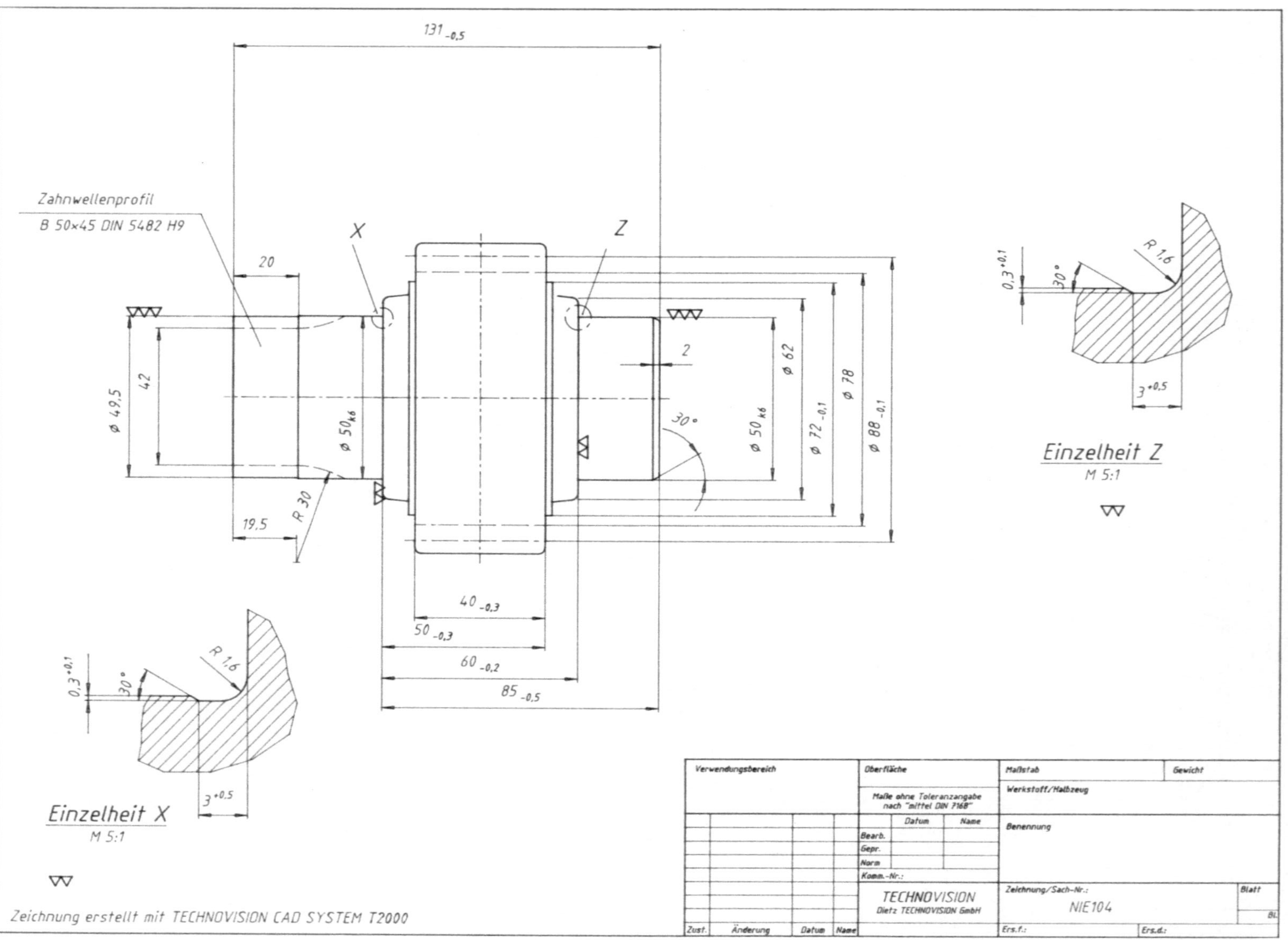

**Bild 5.12/4**

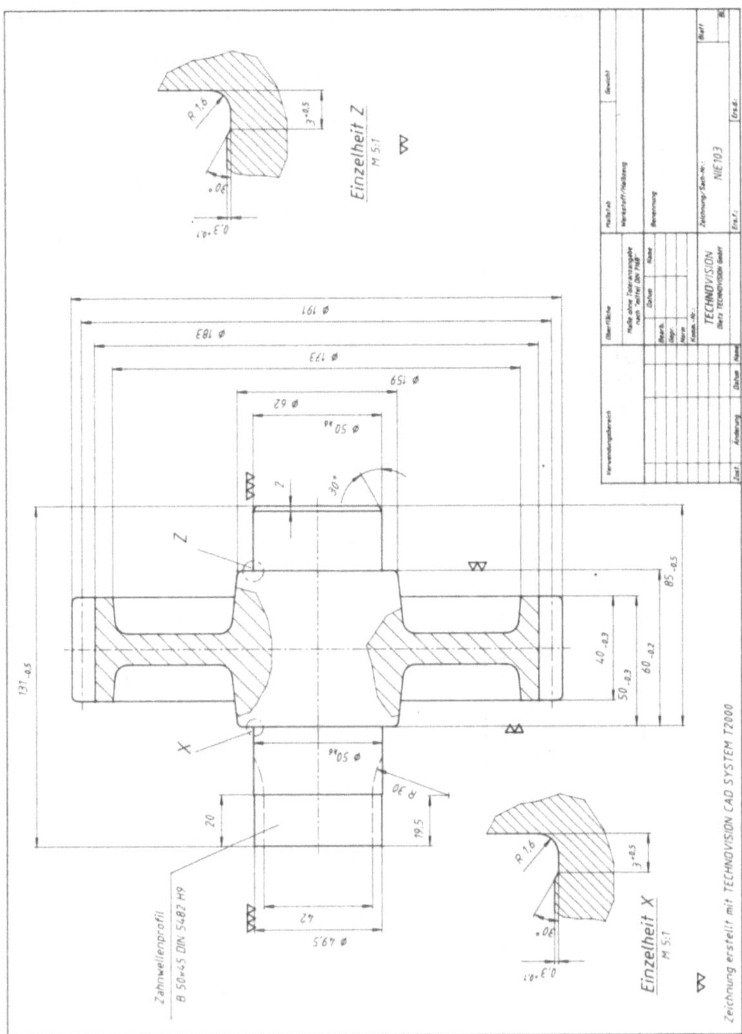

**Bild 5.12/5**

### 5.3.3.2 Qualitäts- und Flexibilitätssteigerung

In Bild 5.13 ist eine Möglichkeit aufgezeigt, wie aus den schwer quantifizierbaren Nutzenkomponenten diejenigen zusammengestellt werden können, für die zu erwarten ist, daß der Nutzen abgeschätzt werden kann. Des weiteren sind hierzu in Spalte 8 von Bild 5.13 die möglichen Bezugsgrößen aufgezeigt. Der Nutzen ist in Prozent der Bezugsgröße für die einzelnen Arbeitsgebiete und Nutzenkomponenten zu schätzen.
Bild 5.14 enthält Schätzwerte einiger Anwender (Durchschnittswerte). Die Einzelwerte streuen stark in Abhängigkeit von Firmenspezifika, Anwendungsbereich, CAD-System usw.

Quantifizierung der "schlecht quantifizierbaren Vorteile"

BEARBEITER:  
FIRMA:  
BRANCHE:

ANWENDUNGSGEBIET:  
EINGESETZTE HILFSMITTEL

Betriebsgröße (Mitarbeiterzahl)  
☐ bis 500   ☐ 501 – 1000   ☐ 1001-5000   ☐ über 5000

Anzahl Konstruktionsarbeitsplätze  
☐ bis 50   ☐ 50-100   ☐ 101-500   ☐ über 500

SCHLECHT QUANTIFIZIERBARE VORTEILE

| Lfd. Nr. | BEZEICHNUNG | FÜHREN ZU KOSTENVORTEILEN BZW. ERLÖSVERBESSERUNGEN (QUANT. WETTBEWERBSVORTEILEN) - Angaben in % - | | | | | | | | | | | | | 100 % sind nachstehende Bezugsgrößen |
|---|---|---|---|---|---|---|---|---|---|---|---|---|---|---|---|---|
| | | PRODUKTGESTALTUNG | | BESCHAFFUNG | | | PRODUKTION | | | | ABSATZ | | | | | |
| | | Konstruktion/ Entwicklung | Wert-analyse | Bedarfs-ermittlg. u.Dispo-sition | Bestell-wesen | Lager-wirt-schaft | Arbeits-vorbe-reitung | Ferti-gung | Montage | Quali-tätssi-cherung | Angebots-bearbei-tung | Auftrags-abwick-lung | Kunden-dienst | Finanz- und Rechnungs-wesen | |
| 1 | 2 | 3.1 | 3.2 | 4.1 | 4.2 | 4.2 | 5.1 | 5.2 | 5.3 | 5.4 | 6.1 | 6.2 | 6.3 | 7 | 8 |
| 1 | ANGEBOTSBEARBEITUNG | | | | | | | | | | | | | | Personalaufwand |
| a | schneller | | | | | | | | | | | | | | für |
| b | höhere Qualität / Kundenspezifikationen | | | | | | | | | | | | | | Angebotswesen |
| 2 | ARBEIT AM PRODUKT | | | | | | | | | | | | | | |
| a | Verkürzung der Auftrags-durchlaufzeit | | | | | | | | | | | | | | im Umlaufvermögen geb. Kapital |
| b | Optimierung hinsichtlich Funktionen | | | | | | | | | | | | | | Weiterentwicklungskosten d. Vergangenheit |
| c | Optimierung hinsichtlich Personaleinsatz i.d.Fertig. | | | | | | | | | | | | | | Personalkosten in der Fertigung |
| d | Optimierung hinsichtlich Maschineneinsatz | | | | | | | | | | | | | | Maschinenkosten |
| e | Optimierung hinsichtlich Materialeinsatz | | | | | | | | | | | | | | Materialkosten |
| f | Reduzierung der Fehler-möglichkeiten | | | | | | | | | | | | | | Ausschuß, Mehrverbrauch (Personal, Material, Masch) |
| g | Änderungen (einfacher, schneller, zuverlässiger) | | | | | | | | | | | | | | bisherige Änderungskosten |
| h | niedrigere Versuchskosten | | | | | | | | | | | | | | Versuchskosten |
| j | bessere Dokumentations-möglichkeiten | | | | | | | | | | | | | | Dokumentationskosten |
| k | höhere Termintreue | | | | | | | | | | | | | | $\Sigma$ Pönalen |
| | | | | | | | | | | | | | | | |
| 3 | STANDARDISIERUNG / PRODUKTSTRUKTURIERUNG | | | | | | | | | | | | | | |
| a | Reduzierung d. Teile-/ Baugruppen-Vielfalt | | | | | | | | | | | | | | $\Sigma$ Teile u.Baugruppen*) |
| b | größere Fertigungslose | | | | | | | | | | | | | | $\Sigma$ Rüstkosten |
| c | leistungsfähigere Fertigungs- d. Montageverfahren | | | | | | | | | | | | | | Personalkosten |
| d | Optimierung (Automatisie-rung) d.Qualitätskontrolle | | | | | | | | | | | | | | Kontrollkosten |
| 4 | REDUZIERUNG VERWALTUNGSAUF-WEND.f.FERTIGUNGSUNTERLAGEN | | | | | | | | | | | | | | Verwaltungskosten f. Fertigungsunterlagen |

*)Kostenansatz pro eingespartem Teil DM 1.000,-- bis DM 4.000,-- (Erfahrungs-/Schätzwert)

**Bild 5.13**   Quantifizierung der schlecht quantifizierbaren Vorteile

Quantifizierung der "schlecht quantifizierbaren Vorteile"

BEARBEITER:  
FIRMA:  
BRANCHE:

ANWENDUNGSGEBIET:  
EINGESETZTE HILFSMITTEL

Betriebsgröße (Mitarbeiterzahl)  
☐ bis 500  ☐ 501 - 1000  ☐ 1001-5000  ☐ über 5000

Anzahl Konstruktionsarbeitsplätze  
☐ bis 50  ☐ 50-100  ☐ 101-500  ☐ über 500

SCHLECHT QUANTIFIZIERBARE VORTEILE

| | | FÜHREN ZU KOSTENVORTEILEN BZW. ERLÖSVERBESSERUNGEN (QUANT. WETTBEWERBSVORTEILEN) - Angaben in % - | | | | | | | | | | | | | 100 % sind nachstehende Bezugsgrößen |
| | | PRODUKTGESTALTUNG | | BESCHAFFUNG | | | PRODUKTION | | | | ABSATZ | | | | |
| Lfd. Nr. | BEZEICHNUNG | Konstruktion/ Entwicklung | Wert- analyse | Bedarfs- ermittlg. u.Dispo- sition | Bestell- wesen | Lager- wirt- schaft | Arbeits- vorbe- reitung | Ferti- gung | Montage | Quali- tätssi- cherung | Angebots- bearbei- tung | Auftrags- abwick- lung | Kunden- dienst | Finanz- und Rechnungs- wesen | |
| 1 | 2 | 3.1 | 3.2 | 4.1 | 4.2 | 4.2 | 5.1 | 5.2 | 5.3 | 5.4 | 6.1 | 6.2 | 6.3 | 7 | 8 |
|---|---|---|---|---|---|---|---|---|---|---|---|---|---|---|---|
| 1 | ANGEBOTSBEARBEITUNG | | | | | | | | | | | | | | Personalaufwand |
| a | schneller | 25 | | | | | | | | | 10 | | | | für |
| b | höhere Qualität / Kundenspezifikationen | 10 | | | | | | | | | | | | | Angebotswesen |
| 2 | ARBEIT AM PRODUKT | | | | | | | | | | | | | | |
| a | Verkürzung der Auftrags- durchlaufzeit | | | | | | 10 | 10 | 5 | 5 | | | | | im Umlaufvermögen geb. Kapital |
| b | Optimierung hinsichtlich Funktionen | 15 | 15 | | 2 | 2 | 2 | | | | | | | | Weiterentwicklungskosten d. Vergangenheit |
| c | Optimierung hinsichtlich Personaleinsatz i.d.Fertig. | | | | | | 20 | 10 | 10 | 10 | | | | | Personalkosten in der Fertigung |
| d | Optimierung hinsichtlich Maschineneinsatz | | | | | | | 10 | 10 | 10 | | | | | Maschinenkosten |
| e | Optimierung hinsichtlich Materialeinsatz | | | 5 | 5 | 5 | 5 | 5 | | 5 | | | | | Materialkosten |
| f | Reduzierung der Fehler- möglichkeiten | 10 | 10 | 5 | 5 | 5 | 5 | 5 | 5 | 10 | | | 5 | | Ausschuß, Mehrverbrauch (Personal, Material, Masch.) |
| g | Änderungen (einfacher, schneller, zuverlässiger) | 50 | | | | | 20 | | | | | | 10 | | bisherige Änderungskosten |
| h | niedrigere Versuchskosten | | | | | | | | | 20 | | | | | Versuchskosten |
| j | bessere Dokumentations- möglichkeiten | 25 | | 5 | 5 | | 15 | | | 10 | | | 20 | | Dokumentationskosten |
| k | höhere Termintreue | | | | | | | | | | | | | 30 | Σ Pönalen |
| 3 | STANDARDISIERUNG / PRODUKTSTRUKTURIERUNG | | | | | | | | | | | | | | |
| a | Reduzierung d. Teile-/ Baugruppen-Vielfalt | | | | | | | | | | | | | 10% | Σ Teile u.Baugruppen*) |
| b | größere Fertigungslose | | | | | | | 15 | | | | | | | Σ Rüstkosten |
| c | leistungsfähigere Ferti- gungs- d. Montageverfahren | | | | | | | 15 | 10 | | | | | | Personalkosten |
| d | Optimierung (Automatisie- rung) d.Qualitätskontrolle | | | | | | | | | 20 | | | | | Kontrollkosten |
| 4 | REDUZIERUNG VERWALTUNGSAUF- WEND.f.FERTIGUNGSUNTERLAGEN | 20 | | | | | 20 | | | | | | | | Verwaltungskosten f. Fertigungsunterlagen |

*)Kostenansatz pro eingespartem Teil DM 1.000,-- bis DM 4.000,-- (Erfahrungs-/Schätzwert)

**Bild 5.14** Quantifizierung der schlecht quantifizierbaren Vorteile (Schätzwerte)

## 5.4 Kostenermittlung

Aus der Struktur des CAD-Systems (möglich sind:

— Arbeitsplatzsysteme vom gleichen Typ,
— Arbeitsplatzsysteme von verschiedenen Typen,
— CAD-Systeme mit mehreren Bildschirmen,
— CAD-Systeme mit zusätzlicher DV-Unterstützung in Aufgabenbereichen, die nicht durch das CAD-System selbst abgedeckt sind (vgl. Bild 3.08, Kapitel 3),
— CAD-Systeme mit Datenbankanschluß,
— CAD-Systeme mit Anschluß an eine Methodenbank,
— CAD-Systeme mit der Möglichkeit zur eigenen Softwareentwicklung

sowie sinnvolle Kombinationen hieraus) ergeben sich die Kostenarten, die für eine Kostenermittlung relevant sind.

Die Struktur oder Konfiguration des CAD-Systems ist im Einzelfall abhängig von

— dem Aufgabenprofil,
— dem Anwenderkreis,
— dem Unternehmenskonzept und
— der vorhandenen DV-Umgebung.

Aus diesen Einflußfaktoren ist das Anforderungsprofil für das CAD-System abzuleiten.

Um allgemeingültig zu bleiben, werden bei der Kostenermittlung keine speziellen Konfigurationen berücksichtigt.

Im konkreten Fall werden sich einige der nachstehend aufgeführten Kostenarten überlappen, andere wegfallen. Ziel dieses Abschnitts soll es sein, auf die möglichen Kostenarten hinzuweisen, um so einen allgemeinen Rahmen zu geben, der sich im Einzelfall durch spezifische Abwandlung konkretisieren läßt.

Zur Ermittlung der Kosten werden Zusammenstellungen angeboten. Dabei hat es sich in der Praxis bewährt, die Kosten pro Arbeitsplatz zu normieren. Selbst bei der Normierung der Kosten treten in Abhängigkeit von der Anzahl der Arbeitsplätze Schwierigkeiten auf, so daß empfohlen wird, die Normierung gestaffelt vorzunehmen, z. B.:

— Kosten für den 1. Arbeitsplatz
— Kosten für den 2. Arbeitsplatz
— Kosten für den 3. Arbeitsplatz
— Kosten für den 4. und 5. Arbeitsplatz
— Kosten für den 6. bis 9. Arbeitsplatz
— Kosten für den 10. und weitere Arbeitsplätze

Bei den Kostenvergleichen muß der Leistungsumfang der CAD-Systeme in geeigneter Weise berücksichtigt werden.

Im folgenden werden die Kostenarten angegeben, wobei unterschieden wird zwischen

— einmalige Kosten und
— laufende Kosten.

### 5.4.1 Einmalige Ausgaben (A) bzw. Kosten (K)

Einmalige Kosten sind Ausgaben, die bei der Einführung und gegebenenfalls bei späteren Ausbaustufen, nicht aber permanent anfallen.
Bei den folgenden Ausführungen wird nur noch der Begriff Kosten verwendet, da die für mehrere Abrechnungsperioden zu tätigenden Ausgaben, z. B. für eine Maschine, über die kalkulatorischen Abschreibungen zu periodenbezogenen Kosten werden. Wird z. B. eine CAD-Anlage gekauft, so müssen zum Anschaffungszeitpunkt die Aufwendungen für diese Investition bezahlt werden. Es handelt sich um Ausgaben für die CAD-Anlage. Wird die kalkulatorische Nutzungsdauer auf 5 Jahre festgelegt, so stellen die auf die einzelnen Jahre bezogenen Abschreibungen — unabhängig von der Abschreibungsart — für die einzelnen Jahre Kosten dar. Die Trennung in zeitpunktbezogene Betrachtung (Ausgaben) und zeitraumbezogene Betrachtung (Kosten) soll auf möglicherweise auftretende Liquiditätsprobleme hinweisen; vor allem in kleineren Unternehmen können z. B. trotz rechnerischer Wirtschaftlichkeit durch die CAD-Einführung Liquiditätsprobleme auftreten.

Die einmaligen Kosten sind in Bild 5.15 aufgelistet.

---

— Investition (Kauf oder Leasing) (A, K)
  — Hardware
  — Software
— Arbeitsräume: Abtrennung, Einrichtung, Beleuchtung, Klimatisierung (A, K)
— Leitungen (A, K)
— Ist-Aufnahme, Anforderungsprofil, Einsatzplanung (A, K)
— Auswahl des Systems/Nutzwertanalyse (A, K)
— Einsatzvorbereitung (A, K)
— Schulung (Grundschulung) inkl. Ausfallzeiten (A, K)
— Installation und Integration des CAD-Systems (A, K)
— Minderleistung bis zur Erreichung der erwarteten Beschleunigungsfaktoren (K)
— Dateneingabe (K)

---

**Bild 5.15**   Einmalige Kosten für ein CAD-System

Ein Teil der Kosten kann als Dienstleistungskosten (Beratung) anfallen.
Die Summe der Einmalkosten dividiert durch die Anzahl der Arbeitsplätze ergibt die *normierten Einmalkosten pro Arbeitsplatz.*

### *5.4.1.1 Systemkosten*

CAD-Systeme werden in der Regel gekauft oder geleast, seltener gemietet. Der Kaufpreis stellt eine Ausgabe dar, die über die Abschreibungen zu periodenbezogenen Kosten wird. Leasingraten und Mieten können direkt in die Kostenbetrachtung einbezogen werden.
Bei den Systemkosten ist zu unterscheiden zwischen Kosten für die Hardware und Kosten für die Software.

*Hardwarekosten*
Zu den Hardwarekosten zählen die Kosten aller Hardwarekomponenten der CAD-Konfiguration wie Zentrale Recheneinheit (CPU), graphischer Bildschirm, alphanumerischer Bildschirm, Hardcopy-Einheit, Plotter, Digitalisierer, Steuereinheit sowie ggf. weitere Komponenten (Bild 5.16).

---

— Zentrale Rechnereinheit (CPU)
— Arbeitsspeicher
— Plattenspeicher
— Magnetbandgeräte
— Drucker
— Konsolen
— Übertragungseinrichtungen
— Netzwerkhardware
— Datenbankmaschine
— graphische Arbeitsplätze
   — graphische Bildschirme
   — alphanumerische Bildschirme
   — Tablett
   — Maus
   — Rollkugel
   — Digitizer
   — Plotter
— Dokumentation

---

**Bild 5.16**  Hardwarekomponenten

Zur Ermittlung der Anzahl der CAD-Arbeitsplätze kann folgende Formel herangezogen werden [5.25]:

$$n = \frac{N \cdot t}{h \cdot L}$$

Dabei ist:

n  = Anzahl der benötigten Arbeitsplätze
N  = Gesamtzahl der Mitarbeiter, die ständig an den Arbeitsplätzen arbeiten sollen
t  = mittlere tägliche Arbeitszeit am Arbeitsplatz je Mitarbeiter
h  = tägliche Arbeitszeit für die Arbeitsplätze
L  = Auslastung der Arbeitsplätze

*Softwarekosten*
Unter Software ist die Gesamtheit der Programme zu verstehen, die zu einer Rechenanlage gehören und mit deren Hilfe diese Anlage bestimmte Aufgaben lösen kann. Dabei wird überlicherweise unterschieden zwischen

— Systemsoftware mit Graphiksoftware,
— Anwendungsssoftware (CAD-System-Module) und
— kundenspezifischer Software.

Die *Systemsoftware* setzt sich zusammen aus dem Betriebssystem des zum Einsatz kommenden Rechners und der Graphiksoftware des zum Einsatz kommenden CAD-Systems, die in der Regel auf dem Standardbetriebssystem des Rechners aufsetzt. Diese Softwarekomponenten sind anwendungsunabhängig; sie stellen Bindeglieder zwischen den Anwendungsprogrammen und der Hardware dar. Erst das Zusammenwirken von Hardware und den erforderlichen Betriebssystemkomponenten ergibt eine funktionsfähige CAD-Anlage, auf der Anwendungsprogramme zum Ablauf gebracht werden können.

Das *Betriebssystem* kann gegliedert werden in ein Organisationsprogramm, dem im wesentlichen die Aufgabe zukommt, die Komponenten des Hardwaresystems optimal zu steuern, und Dienstprogramme, die dem Anwender die Nutzung der Anlage erleichtern sollen. Zu diesen Dienstprogrammen gehören:

— Übersetzer (Compiler) und Binder (Linker) zur Erzeugung ablauffähiger Programme
— Editoren zur Beschreibung von Dateien und Quellprogrammen
— Umsetzer zur Übertragung von Dateien zwischen verschiedenen peripheren Datenspeichern
— Netzwerksoftware
— Fehlersuchprogramme (Debugger) zur Unterstützung der Fehlerauffindung
— Datenbanksoftware
— Datenarchivierungssystem

Die Komponenten des Betriebssystems sind fester Bestandteil des Hardwaresystems und können kostenmäßig wie dieses behandelt werden.

Die *Anwendungssoftware* ist entsprechend den zu bearbeitenden Aufgaben auszuwählen. Sie bildet die zweite Funktionsebene innerhalb der Softwarehierarchie. Dabei ist zu unterscheiden zwischen Software, die für ein spezielles Produkt oder ein eng begrenztes Produktspektrum (z. B. Detail für rotationssymmetrische Teile) oder für die Lösung von Aufgabenstellungen gesamter Branchen (z. B. KIT/P für die computerunterstützte Küchenplanung) entwickelt wurde. Bezüglich weiterer Einzelheiten wird auf die Ausführungen in Kapitel 4 verwiesen.

Aus den Möglichkeiten, die die Anwendungssoftware dem Benutzer bietet, stellt sich dieser die für ihn sinnvolle Konfiguration zusammen: die *kundenspezifische Software*. Systemorganisation, Anlegen von Bibliotheken und Makrokatalogen, spezielle Zugriffsroutinen usw. muß der Anwender selbst erstellen bzw. erstellen lassen. Dies gilt auch für Systemerweiterungen (Variantenprogramme für ausgewählte Variantenfamilien und Softwarepakete für die Unterstützung von Aufgaben in der Arbeitsvorbereitung).

Bei Integration in eine vorhandene DV-Umgebung muß im Einzelfall entschieden werden, welche Kosten durch die CAD-Konfiguration verursacht wurden.

### 5.4.1.2 Raumkosten

Zu den Raumkosten zählen alle in Verbindung mit der Unterbringung eines CAD-Systems verbundenen Kosten zur Herstellung bzw. Herrichtung der erforderlichen Räumlichkeiten.

Im einzelnen sind hier zu nennen:

— anteilige Investitionskosten des Gebäudes
— erforderliche Abtrennungen und Einziehung von Wänden
— erforderliche Inneneinrichtung wie Schränke, Regale usw.
— elektrische Infrastruktur inkl. Beleuchtung
— Installation der Klimatisierung

Der Raumbedarf wird bestimmt durch:

— den zentralen Rechner
— dezentrale Rechner
— Speicher
— graphische Arbeitsplätze
— Plotter
— Klimaanlage
— Notstromversorgung
— Lager

Ist ein Zentralrechner für die kommerzielle DV im Hause vorhanden, der auch für CAD eingesetzt werden kann, reduzieren sich die Kosten wesentlich. In diesem Fall sind nur die Raumkosten für die CAD-Arbeitsplätze und ggf. notwendige Erweiterungen in Rechnung zu stellen.

### 5.4.1.3 Leitungskosten

Neben der elektrischen Infrastruktur für die Beleuchtung sind CAD-spezifische Leitungen zu verlegen. Die damit verbundenen Kosten zählen zu den Leitungskosten (z. B. in Verbindung mit Netzwerken erforderlichen Leitungskosten).

### 5.4.1.4 Kosten für die organisatorische Vorbereitung

*Kosten für die IST-Aufnahme und Einsatzplanung*
Die Umstellung auf CAD/CAM als eine für die Bereiche Konstruktion, Arbeitsvorbereitung und Fertigung neue Technologie bedingt eine sorgfältige Einsatzplanung. Grundlage ist eine IST-Aufnahme in diesen Fachbereichen. Im einzelnen sind zu untersuchen (vgl. 2.3.2):

— Produktspektrum
— Teilevielfalt
— Anteile der einzelnen Konstruktionsarten (Neu-, Varianten-, Anpassungskonstruktion)
— zeitliche Verteilung von Tätigkeiten, die innerhalb der einzelnen Phasen bei der konstruktiven Erarbeitung der Produkte anfallen
— momentane Organisation bei der Erstellung der Fertigungsunterlagen wie
  — Zeichnungen
  — Stücklisten
  — Arbeitspläne
  — NC-Lochstreifen bzw. NC-Steuerinformationen
— vorhandene Hilfsmittel in Konstruktion (Schablonen, Pausgeräte usw.) und Arbeitsvorbereitung (NC-Programmierplätze)

Bei der Einsatzplanung werden die Vorgehensweise mit Zeitplan, Projektteam, Projektverantwortung und das Soll-Konzept festgelegt.

Das Soll-Konzept bildet die Grundlage für die Ableitung des Anforderungsprofils für das zum Einsatz kommende CAD-System.

Einzelheiten zu diesem Komplex der IST-Aufnahme, der Erarbeitung des Anforderungsprofils, der Konzeptfindung und Einsatzplanung sind Kapitel 2 zu entnehmen.

*Kosten für die Systemauswahl (einschl. Nutzwertanalyse)*
Der Auswahlprozeß beinhaltet die Gegenüberstellung von Anforderungsprofil und Leistungsprofilen der Produkte geeigneter Anbieter. Wichtig für diesen Auswahlprozeß ist, daß sich die Leistungsprofile der Anbieterprodukte auf das Anforderungsprofil abbilden lassen, damit die Produkte verschiedener Anbieter vergleichbar nebeneinander gestellt werden können. Die nach Kosten bzw. Nutzwerten gewichteten Leistungskomponenten führen in der Regel zur Differenzierung der Angebote und ermöglichen so die Auswahl des für den jeweiligen Einsatzzweck wirtschaftlichsten CAD-Systems.

Die Kosten für die Systemauswahl setzen sich im wesentlichen zusammen aus dem hierfür erforderlichen Zeitaufwand sowie anderen hierdurch verursachten Kosten (z. B. Büromaterial).

Einen wesentlichen Anteil können Dienstleistungskosten eines mit der Auswahl beauftragten Beraters ausmachen.

*Kosten für die Einsatzvorbereitung*
Zu den Kosten für die Einsazvorbereitung zählen alle Kosten, die mit der Realisierung des CAD-Konzepts verbunden sind (Bild 5.17).

---

— Systemvorbereitung (vgl. Kapitel 2)
  — Übertragung des Zeichnungsarchivierungssystems, des Stücklistenwesens, der Arbeitsplatzdateien usw.
  — Festlegung der Benutzerkennungen, Prioritäten und Kontrollfunktionen
  — Festlegung des Dokumentationssystems und der Randbedingungen für die Systemnutzung (Datensicherung)
— Erstellung anwenderspezifischer Kommandos, Prozeduren und Programme für die Variantenkonstruktion
— Aufbau von Norm- und Standardteildateien
— Verknüpfung mit vorhandenen DV-Anlagen bzw. Transfer von bisherigen DC-Anwendungen (NC-Arbeitsplatz) auf die Anlage
— sonstige Kosten

---

**Bild 5.17**   Kosten für die Einsatzvorbereitung

### 5.4.1.5 Kosten für die Schulung

Alle Kosten, die in Verbindung mit der Vorbereitung der Mitarbeiter auf die Nutzung des CAD-Systems (Grundschulung) anfallen, sind als Einmalkosten (Lehrgangsgebühren, Lehrgangsmaterial, Personalausfallkosten, Reisekosten und Spesen, Betriebskosten des Systems) zu erfassen und in die Wirtschaftlichkeitsberechnung einzubeziehen. Dazu kommen Kosten für die Ausbildung des Systemmanagers wie auch des NC-Programmierers.

### 5.4.1.6 Kosten für die Installation und Integration

Alle mit der Installation und Integration verbundenen Einmalkosten sind ebenfalls in der Wirtschaftlichkeitsberechnung zu berücksichtigen. Hierzu zählen die Kosten für:

— Hardwareinstallation
— Netzwerkinstallation
— Softwareimplementation
— Datenbankanschluß
— Treiber der E/A Geräte
— Verknüpfung mit vorhandenen DV-Anwendungen
— Implementierung spezifischer Schnittstellen

### 5.4.1.7 Kosten, die sich aus der Minderleistung bis zur Erreichung der erwarteten Beschleunigung ergeben

In der Anfangsphase der Nutzung eines CAD-Systems liegen die Konstruktionsleistungen der Konstrukteure in der Regel unterhalb der Leistung, die sie im Normalfall ohne ein CAD-System erbringen. Die sich aus dieser Minderleistung ergebenden Kosten sind bei der Wirtschaftlichkeitsbetrachtung ebenfalls zu berücksichtigen.

### 5.4.1.8 Kosten für die Dateneingabe und Umstellung

Hier sind die Kosten gemeint, die für die Speicherung „alter Zeichnungen" entstehen. Grundsätzlich gibt es drei Möglichkeiten, vorhandene Zeichnungen datenmäßig für CAD-Systeme zu erfassen: Scanner, Digitalisierer und Bildschirm [5.25].
Ein *Scanner* rastert die Zeichnung und speichert nur die Hell-Dunkel-Informationen. Ein *Digitalisierer* tastet halbautomatisch die Zeichnung ab; die Koordinatenwerte in X und Y werden zusammen mit weiteren Informationen („Gerade", „Kreis") abgespeichert. Der *Bildschirm* dient dazu, die Zeichnung „abzuzeichnen", wobei aber von allen Möglichkeiten des CAD-Systems, z. B. der Symmetrieunterstützung usw., Gebrauch gemacht werden kann, um die Eingabe zu beschleunigen.
In Bild 5.18 werden die drei Verfahren verglichen. Man kann daraus ableiten, daß der Scanner nur in Ausnahmefällen in Frage kommt. Diskutabler erscheinen dagegen Digitalisierer und Bildschirm. In vielen Fällen wird man auf einen Digitalisierer verzichten können und die Eingabe über Bildschirm vornehmen, was bei symmetrischen Teilen, Wiederholgruppen usw. sogar schneller gehen dürfte. Alte Zeichnungen, die nur noch für Ersatzteile benötigt werden, sollten gar nicht mehr abgespeichert werden.

| Kriterien | Möglichkeiten der Übernahme | | |
| --- | --- | --- | --- |
| | Scanner | Digitalisierer | Bildschirm |
| — schnelle Übernahme der Zeichnungen | + | — | — [1] |
| — geringer Manpoweraufwand | + | — | — [1] |
| — Logik der Zeichnung bleibt erhalten | — | + | + |
| — rationelle Speicherung | — [2] | + | + |
| — genaue Speicherung auch bei ver- zogenen Zeichnungen | — | — | + |
| — Übernahme auf EDV auch im Off-line-Betrieb möglich | + | + | — |
| — kein zusätzliches Gerät nötig | — | — [3] | + |

[1] Durch Ausnutzung von Symmetrien und Wiederholungen starke Beschleunigung der Eingabe möglich.
[2] Durch nachträgliche EDV-Überarbeitung begrenzte Datenreduzierung möglich.
[3] Es gibt auch kombinierte Geräte für Plotten und Digitalisieren.

**Bild 5.18**   Möglichkeiten zur Übernahme alter Zeichnungen

Günstig ist die CAD-System-Einführung in Verbindung mit einem neuen Projekt, da hier das Problem der alten Zeichnungen am kleinsten ist. In anderen Fällen werden nur neue Varianten konstruiert; hier sollten die alten Zeichnungen spätestens bei Auftreten der nächsten technischen Änderung abgespeichert werden. Grundsätzlich gibt es zwei Arten von alten Zeichnungen, die für die graphische Speicherung in Frage kommen:

— Zeichnungen, an denen viel geändert wird (Änderungsdienst, Variantenerweiterung), und
— Zeichnungen von Standardteilen, die häufig in neu zu konstruierenden Baugruppen verwendet werden.

*5.4.1.9 Sonstige Einmalkosten*

Hierunter fallen z. B. Nebenkosten wie Zoll, Steuern usw.

## 5.4.2 Laufende Ausgaben (A) bzw. Kosten (K)

Laufende Ausgaben sind, von Ausnahmen abgesehen, als Kosten dem jeweiligen Abrechnungszeitraum zuzurechnen, in dem sie anfallen. Sie werden erfaßt und anschließend je Arbeitsplatz normiert.
Die im einzelnen anfallenden Kosten sind in Bild 5.19 zusammengestellt:

Nach Division durch die Anzahl der Arbeitsplätze erhält man die *laufenden Kosten pro Arbeitsplatz und Jahr normiert.*

— Schulung (Weiterschulung) inkl. Ausfallzeiten (A, K)
— Personal
    — Anwender (Konstrukteur, Zeichner) (K)
    — Hardwarebetreuung (K)
    — Softwarebetreuung (K)
— Datensicherung (A, K)
— Verbrauch an
    — Material (K)
    — Energie (K)
— Wartung und Instandhaltung (Hardware) (K)
— Softwarepflege (K)
— Versicherung (K)
— Verzinsung des gebundenen Kapitals (K)
— Mieten (Räume, Leitungen, Hardware, Software) (K)
— Abschreibungen (K)

**Bild 5.19**   Laufende Kosten für ein CAD-System


## 5.4.2.1 Personalkosten

Hierzu zählen

— die Kosten für die Konstrukteure, die das CAD-System nutzen,
— die Kosten für das Personal zur Hardwarebetreuung und
— die Kosten für das Personal zur Softwarebetreuung.


## 5.4.2.2 Kosten für die Schulung

Die hier angesprochene Schulung stellt eine Weiterschulung dar. Die Schulungskosten werden in der Regel dem Zeitraum zugeordnet, in dem sie anfallen. Ist eine Weiterschulung größeren Umfangs erforderlich, so kann eine Verteilung auf mehrere Zeiträume zweckmäßig sein.

## 5.4.2.3 Kosten für die Datensicherung

Hierzu zählen die Kosten für alle Maßnahmen, die dazu dienen, Konstruktionsdaten vor Verlust oder Zerstörung zu sichern (Bild 5.20).


— Duplizierung (Verfielfachung) von Konstruktionsdaten zur Verhinderung von Verlust
   und Zerstörung
— anteilige Material- und Datenträgerkosten
— ggf. Versicherungskosten
— Einrichten und Verwalten eines Datenträgerarchivs zur Ablösung des Zeichenarchivs
— Einrichten eines Zugriffssystems auf das Datenträgerarchiv

**Bild 5.20**   Kosten für die Datensicherung

### 5.4.2.4 Kosten für Verbrauchsmaterial und Energie

Beim Verbrauchsmaterial geht es im wesentlichen um Datenträgerkosten (z. B. für Magnetplatten, Magnetbänder, Papier für den Plotter, Plotterstifte usw.).
Bei den Energiekosten dürften neben den Stromkosten für das Betreiben der Anlage die Energiekosten für die Klimaanlage ins Gewicht fallen.

### 5.4.2.5 Kosten für die Hardwarewartung und -instandhaltung sowie für die Softwarepflege

Hier sind die sich aus den Wartungs-/und Softwarepflege-Verträgen ergebenden Kosten zu erfassen.

### 5.4.2.6 Kosten für die Versicherung

Zur Abdeckung potentieller Risiken sollten folgende Versicherungen abgeschlossen werden:

— Schwachstromanlagenversicherung
— Datenträgerversicherung
— Mehrkostenversicherung
— Schwachstrom-Betriebsunterbrechungsversicherung
— Computermißbrauchsversicherung

### 5.4.2.7 Verzinsung des gebundenen Kapitals

Hier sind die Kosten für die entgangenen Zinsen anzusetzen, die bei alternativer Anlage des gebundenen Kapitals erzielbar wären. Dabei ist der betriebsübliche Zinssatz (z. B. 10 % p. a.) zugrunde zu legen.

### 5.4.2.8 Mieten

Unter dieser Position sind regelmäßig anfallende Aufwendungen für Mieten zusammenzustellen, z. B. für

— Standleitungen,
— Hardware (Zentraleinheiten, Plotter),
— Softwarenutzungsentgelt usw.

### 5.4.2.9 Abschreibungen

Abschreibungen sind die auf das Jahr bezogenen Kosten, die sich aus dem Investitionsbetrag und der Nutzungsdauer ergeben. Die Beträge sind weiterhin abhängig von der gewählten kalkulatorischen Abschreibungsmethode.

## 5.5 Zusammenfassung

In diesem Kapitel wurden die Methoden zur Berechnung der Wirtschaftlichkeit von CAD-Systemen vorgestellt. Dazu wurden die verwendeten Begriffe erläutert und abgegrenzt.

Die Komponenten, die für die Ermittlung des Nutzens eines CAD-Systems relevant sind, wurden ausführlich dargestellt. In diesem Zusammenhang wurde auf die Möglichkeiten der Quantifizierung der Nutzenkomponenten eingegangen, wie z. B. auf die Verkürzung der Bearbeitungszeit, ausgedrückt durch den Beschleunigungsfaktor, sowie auf die schwer quantifizierbaren Nutzenkomponenten.

In einem weiteren Kapitelabschnitt wurden die einzelnen Kostenkomponenten eines CAD-Systems, wie sie sowohl bei der Einführung und bei der Investition als auch beim Betrieb auftreten, besprochen. Aber auch hier erfolgte eine quantitative Bewertung der Komponenten, wobei auf Aussagen der vorausgegangenen Kapitel zurückgegriffen wurde.

Nach der Bewertung der Nutzenkomponenten und der Kostenkomponenten können mit Hilfe der beschriebenen Methoden Wirtschaftlichkeitsberechnungen durchgeführt werden. Dabei kann die Wirtschaftlichkeit in Form der Berechnung der Amortisationsdauer (Kapitalrückflußzeit) oder anderer betriebswirtschaftlicher Größen erfolgen.

Kapitel 6 enthält neben einem erweiterten Verfahren zur Nutzenermittlung Beispiele für die numerische Berechnung der einzelnen Nutzen- und Kostenkomponenten sowie für die numerisch durchgeführte Nutzwertanalyse.

## 5.6 Literatur

[5.1] Ausschuß Informatik (Hrsg.):
EDV in Klein- und Mittelbetrieben des Maschinenbaus. (DV-Leitfaden)

[5.2] Autorenkollektiv:
Elektronische Datenverarbeitung bei der Produktionsplanung und -steuerung, VII. Wirtschaftlichkeit von Fertigungssteuerungssystemen. VDI-Taschenbuch 78, Düsseldorf 1977

[5.3] Bachmann, B. R.:
Systementscheidung und wirtschaftlicher Computereinsatz — eine aktuelle Managementaufgabe. In: Datascope 26 (1978), S. 3 ff.

[5.4] Bender, W.:
Auswahl eines Computersystems nach der Nutzwertanalyse. FB/IE 27 Heft 6 (1978)

[5.5] Brand, H.; Rubensdörffer, H.; Felzmann, R.; Glatz, R.:
Qualitätsbeurteilung von CAD/CAM-Systemen, Technische Nutzwertanalyse. SCS GmbH, Hamburg 1983

[5.6] Hackstein, R.; Willmann, K.:
Wirtschaftlichkeit der Organisation in der Fertigungssteuerung. In: FIR-Mitteilungen Nr. 31/78

[5.7] Hackstein, R.; Nadzeyka, H.:
Bewertung von Organisationsstrukturen. In: Fortschrittliche Betriebsführung und Industrial Engineering 5 (1977), S. 297-302

[5.8] Hichert, R.:
Wirtschaftlichkeitsbetrachtungen zur Einführung eines EDV-unterstützten Planungssystems im Entwicklungsbereich. Unveröffentlichtes Manuskript

[5.9] Hichert, R.:
Aufgabenplanung in der Konstruktion bei Unternehmen mit auftragsgebundener Fertigung. FHG-Berichte 1 (1977), Heft 1, S. 16-22

[5.10]  Kargl, H.:
Die Wirtschaftlichkeit der EDV im Unternehmen. In: Interne Revision 4/1977, S. 245 ff.

[5.11]  Loos, U.:
Maßnahmen zur Verkürzung der Durchlaufzeit in Betrieben mit Einzel- und Kleinserienfertigung. In: VDI-Z 119 (1977) 19, S. 913-956

[5.12]  Michel, R. M.:
Die Aussagefähigkeit der üblichen Entscheidungskriterien der Investitionsrechnung im Vergleich. In: Neue Betriebswirtschaft Nr. 4/1972, S. 1-11

[5.13]  Nadzeyka, H; Schnabel, B.:
Untersuchungen über die Fertigungsdurchlaufzeiten in der Maschinenbau-Industrie. In: REFA-Nachrichten Nr. 28 (1975) 5, S. 267-271

[5.14]  Die Wirtschaftlichkeit der Datenverarbeitung. In: Maschinenbau-Nachrichten Nr. 9/1969, Abschnitt Informatik (o. V.)

[5.15]  Poths, W.; Bernhardt, R. u. a.:
CAD im Maschinenbau. BWE 119, VDMA (Hrsg), Frankfurt 1982

[5.16]  Refa-Methodenlehre — Arbeitsstudium, Band 2: Datenermittlung. 6. Auflage 1978, Hanser Verlag, München

[5.17]  Rinza, P.; Schmitz, H.:
Nutzwert-Kosten-Analyse. VDI-Verlag, Düsseldorf 1977

[5.18]  Scheer, A.-W.; Brandenburg, V.; Kremar, H.:
Fünf Thesen zur Wirtschaftlichkeitsrechnung von EDV-Systemen — Ausweg durch Simulation. In: online-adl-nachrichten 10/78, S. 792-796

[5.19]  Schmidt, G.:
Organisation, Methoden und Technik. Verlag Dr. Götz Schmidt, Gießen 1974

[5.20]  Stommel, H.-J.; Kurz, D.:
Untersuchungen über Durchlaufzeiten in Betrieben der metallverarbeitenden Industrie mit Einzel- und Kleinserienfertigung. Opladen 1973 (Forschungsbericht des Landes Nordrhein-Westfalen Nr. 2355)

[5.21]  Thomas, W.:
Analyse und Bestimmung der Wirtschaftlichkeit organisatorischer Maßnahmen im Bereich der Fertigungssteuerung. Ergebnisse einer Untersuchung in 13 Maschinenbauunternehmen.

[5.22]  VDI-Richtlinien 2212:
Datenverarbeitung in der Konstruktion, Beuth-Verlag, Berlin Okt. 1981

[5.23]  Warnecke, H. J.; Bullinger, H. J.; Hichert, R.:
Kosten- und Wirtschaftlichkeitsrechnung für Ingenieure. München 1980/81

[5.24]  Weber, G.:
Untersuchungen zur Ablaufplanung bei Einzel- und Kleinserienfertigung. Dissertation TH Aachen 1965

[5.25]  Westermann, A.:
Nutzen/Kostenbetrachtungen bei der Einführung graphischer Datenverarbeitung. IBM-Seminar „Graphische Datenverarbeitung am Arbeitsplatz des Ingenieurs", IBM Deutschland GmbH (1979)

[5.26]  Zangemeister, C.:
Nutzwertanalyse in der Systemtechnik. Wittemannsche Buchhandlung, München 1970

[5.27]  Eigner, M.; Maier, H.:
Einführung und Anwendung von CAD-Systemen, Leitfaden für die Praxis. Hanser Verlag, München 1982

[5.28]  Vajna, S.:
Rechnerunterstützte Anpassungskonstruktion. Fortschr.-Bericht VDI-Z, Reihe 10 Nr. 16, VDI-Verlag, Düsseldorf 1982

[5.29]  Rapp, H.:
Durchlaufzeitenverkürzung mit CAD/CAM. In: Konstruktionsforum 81, GfMT (1981)

[5.30]  Bakey, Th.:
Economic Benefits and Economic Impact of Iterative Computer Design.
Calma, Sunnyvale USA, 1981

[5.31]  Scott, D. J.:
Computer Aided Graphics: Determining System Size, Estimating Costs and Savings. In: Computers in Industry 2 (1981), S. 23-30

[5.32]  Chasen, S. H.:
Formulation of System Cost-Effizienceness. In: Chasen, S.H.; Dow, J. W.: The Guide for the Evaluation and Implementation of CAD/CAM Systems. CAD/CAM Decisions, Atlanta 1979

[5.33]  Müller, G.; Schuster, R.:
Aspekte der rechnerunterstützten Konstruktion (CAD/CAM) im Automobilbau. In: ZwF 76 (1981) 7, S. 327-333

[5.34]  Clüsserath, E,; Reichle, W.:
Investitionsrechnung im Maschinenbau. Betriebswirtschaftsblatt (BwB) 9, VDMA (Hrsg.), Frankfurt 1973

[5.35]  Grabowski, H,; Eigner, M.; Hahn, D.:
Auswahl und Einführung von schlüsselfertigen CAD-Systemen. In: FB/IE 29/1980, Heft 3, S. 149-162

[5.36]  Grabowski, H.:
Verfahren zur Beurteilung der Wirtschaftlichkeit von CAD-Anwendungen. In: VDI-Berichte Nr. 413 (1981), S. 119-125

[5.37]  Grabowski, H.; Hettesheimer, E.:
Organisatorische Aspekte bei der Einführung des rechnerunterstützten Konstruierens. In: VDI-Z 125 (1983) 19, S. 761-770

[5.38]  Klos, W. F.:
Software-Werkzeuge für graphisch-interaktive Anwendungen im technischen Bereich. Darmstädter Dissertation, D17, 1982

[5.39]  Neipp, G.:
Methodisches Vorgehen zur Auswahl und zum Einsatz von CAD-Systemen. In: VDI-Berichte Nr. 413 (1981), S. 19-31

[5.40]  Stauck, J.:
CAD-Wirtschaftlichkeitsstudie — Kosten-/Nutzen-Analyse des CAD-Einsatzes. Studie der B + S Engineering CAD Consulting AG, Juli 1982

[5.41]  Warman, E. A.:
CAD/CAM Management and Economics. Tutorials at SIGGRAPH '78, Atlanta, Georgia

[5.42]  Westermann, A.:
Graphische Datenverarbeitung im Konstruktionsbüro. In: IBM-Nachrichten 30 (1980) 248, S. 61-67

[5.43]  Hettesheimer, E.:
Methoden zur Entwicklung von CAD-Einführungsstrategien. Dissertationsmanuskript, Universität Karlsruhe, 1984

[5.44]  Baan, W.:
Substanz- und Ertragsteuern in der Kapitalwertmethode. Der Betrieb 1980, S. 700-703 u. S. 746-750

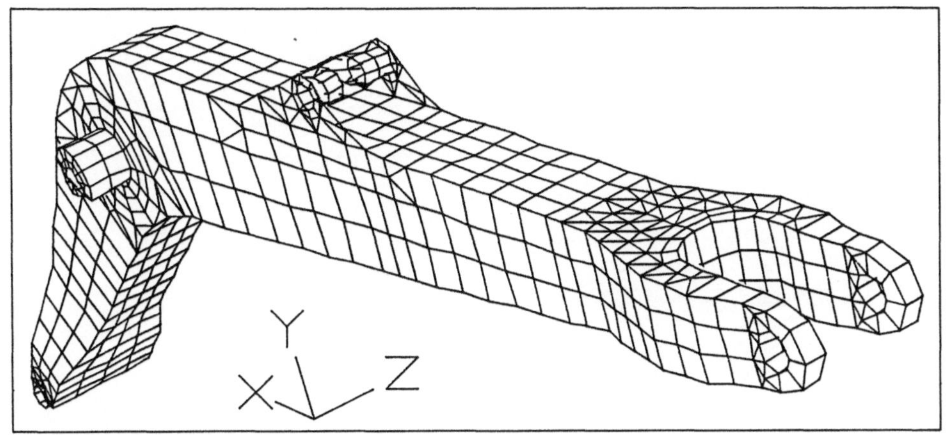

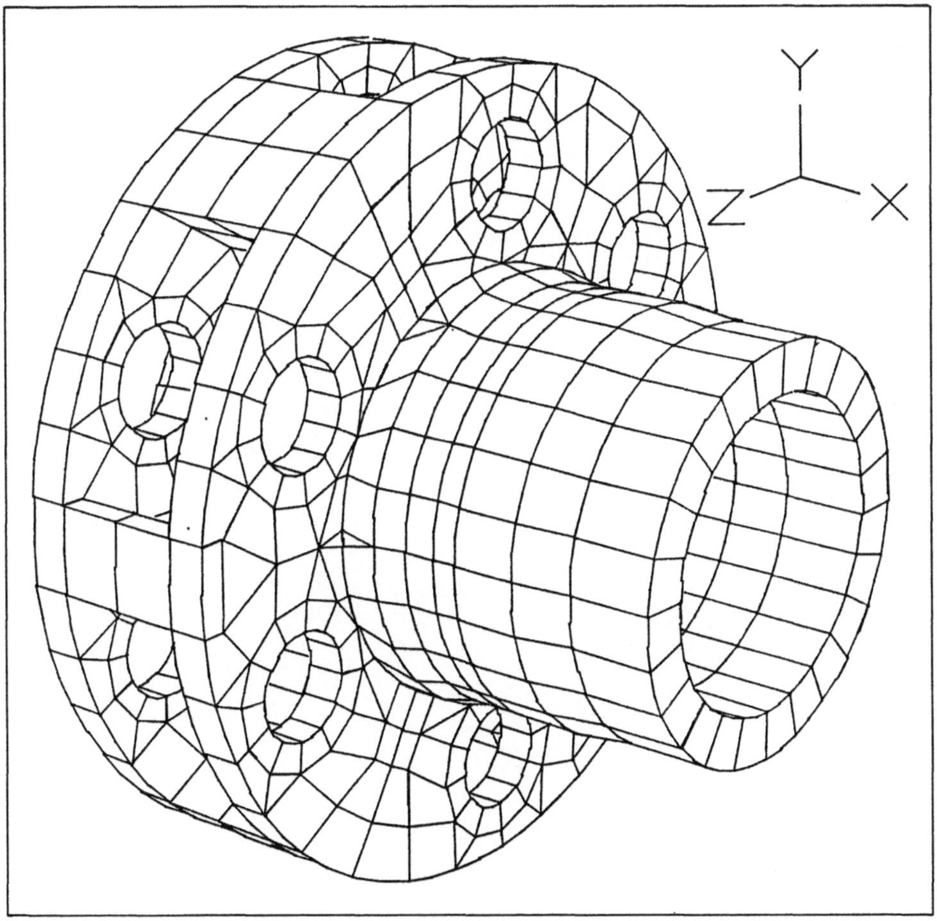

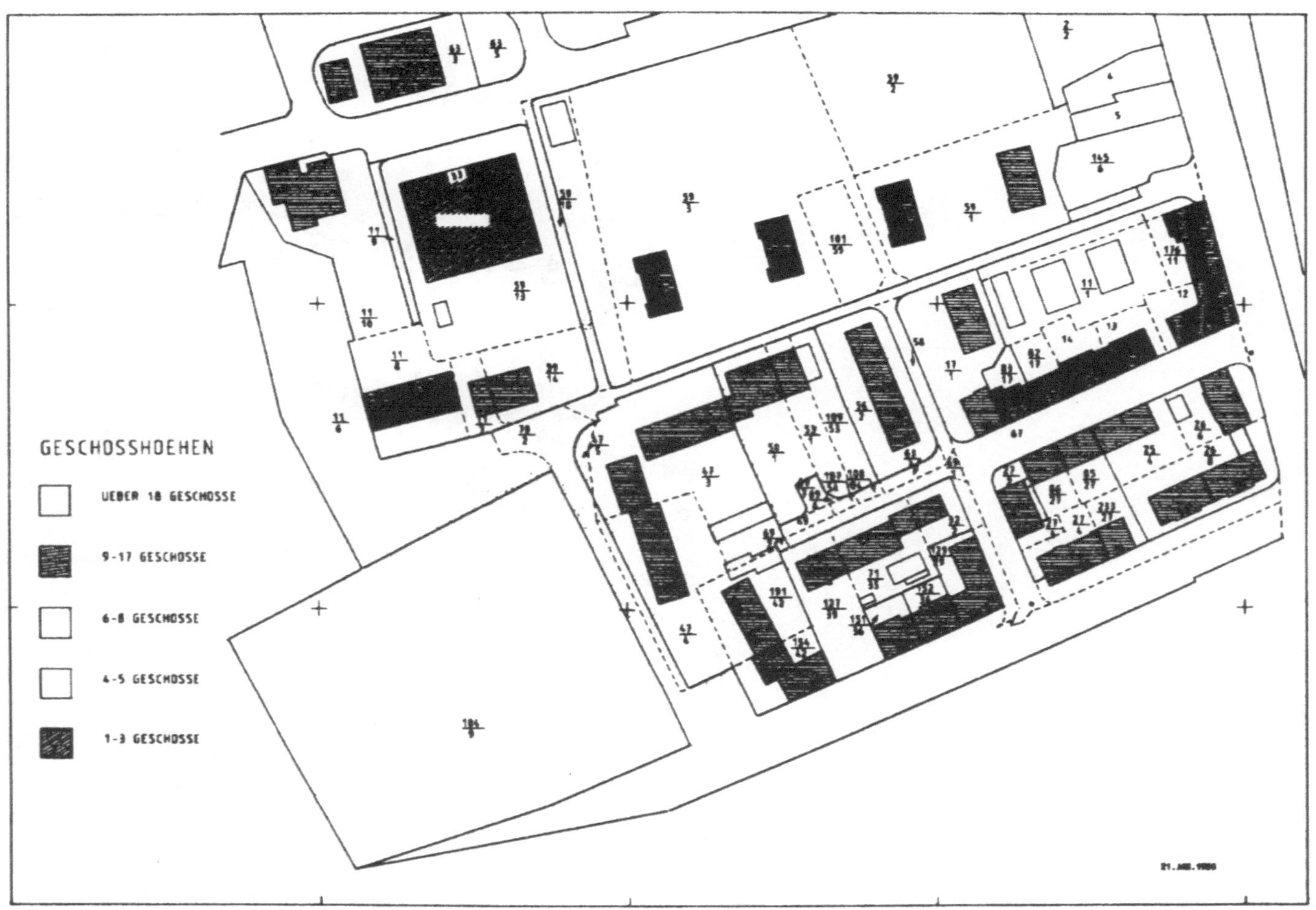

GESCHOSSHOEHEN
UEBER 18 GESCHOSSE
9-17 GESCHOSSE
6-8 GESCHOSSE
4-5 GESCHOSSE
1-3 GESCHOSSE

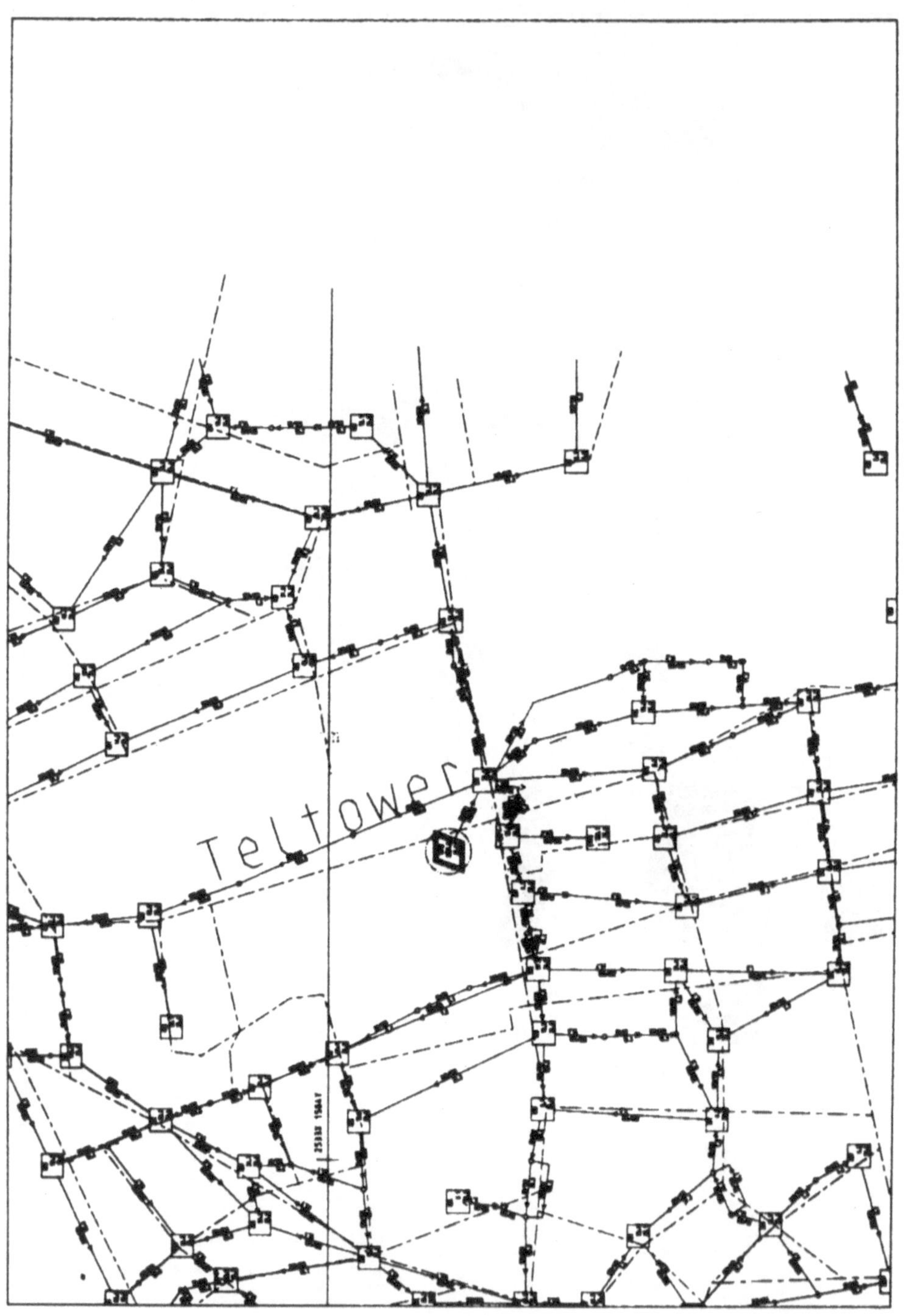

Teltower

# Kapitel 6

## *Beispiele für die Nutzen- und Kostenermittlung*

| | | |
|---|---|---|
| 6.1 | Erweitertes Verfahren der Nutzenermittlung | 165 |
| 6.1.1 | Beschreibung des Verfahrens | 166 |
| 6.1.2 | Erweiterung des Verfahrens | 166 |
| 6.1.2.1 | Verwendete Größen und deren Ermittlung | 167 |
| 6.1.2.2 | Ermittlung der jährlichen Einsparungen | 173 |
| 6.1.2.3 | Kostenvergleich Kauf/Leasing | 175 |
| 6.1.2.4 | Beispiel | 176 |
| 6.1.2.5 | Zusammenfassung und Ergebnisbewertung | 182 |
| 6.1.2.6 | Nutzendarstellung | 184 |
| 6.2 | Verfahren zur Ermittlung der Amortisationszeit | 187 |
| 6.3 | Beispiele | 188 |
| 6.3.1 | Beispiele für die Nutzenermittlung | 188 |
| 6.3.1.1 | Quantifizierbarer Nutzen | 188 |
| 6.3.1.2 | Schwer quantifizierbarer Nutzen | 189 |
| 6.3.2 | Beispiele für die Kostenermittlung | 189 |
| 6.3.3 | Beispiele für die Wirtschaftlichkeitsrechnung | 189 |
| 6.3.4 | Beispiele für die Kosten/Nutzen-Berechnung | 193 |
| 6.3.4.1 | Kennzahlen und Investitionsstufen | 193 |
| 6.3.4.2 | Produktivitätssteigerung | 195 |
| 6.3.4.3 | Auslastung der Bildschirmarbeitsplätze | 195 |
| 6.3.4.4 | Bruttonutzen | 196 |
| 6.3.4.5 | Kosten | 196 |
| 6.3.4.6 | Berechnungsansatz für Kosten und Nutzen | 200 |
| 6.3.4.7 | Verbesserung des Nutzens | 203 |
| 6.4 | Literatur | 207 |

# 6.1 Erweitertes Verfahren der Nutzenermittlung

Bei der Anschaffung eines CAD-Systems ist nicht diejenige Entscheidung die wirtschaftlichste, die dem billigsten System den Zuschlag gibt, sondern diejenige, die das optimale Verhältnis von Anschaffungspreis und Produktivitätssteigerung zur Grundlage hat.

In der Praxis verhindern aber in der Regel zwei Einflußfaktoren die wirtschaftlich beste Entscheidung:

— zum einen ist bei kleinen und mittleren Unternehmen oft der Preis des Systems das maßgebliche Entscheidungskriterium;
— zum anderen bleibt oft die komplexe Struktur des Preisleistungsverhältnisses unberücksichtigt.

Diese komplexe Struktur beruht auf der Vielzahl möglicher Preisleistungsrelationen. So sind z. B.

— Fehleranfälligkeit,
— Erlernbarkeit oder
— Effizienz

jeweils in Relation zum Anschaffungspreis zu sehen. So kann ein im Preis gleiches System wegen seiner guten und leichten Bedienbarkeit und anderer Leistungsmerkmale ein besseres Preisleistungsverhältnis haben. Ein teures System hat nicht notwendigerweise eine bessere Wirtschaftlichkeit, z. B. dann nicht, wenn sich die „Intelligenz" des Konstrukteurs in der Bedienung des Systems verbraucht (viel Dokumentation und Formelwald). Wirtschaftlicher ist vielmehr ein System, dessen leichte Handhabung die rasche Lösung von Konstruktionsaufgaben ermöglicht.

Auch die Leistungskomponenten Exaktheit und Schnelligkeit werden oft nur unzureichend beachtet. Es kommt nicht in erster Linie darauf an, ob ein System eine Konstruktionsaufgabe überhaupt lösen kann (dies wird vorausgesetzt), sondern darauf, wie schnell und exakt, mit welcher Rechnerleistung und mit welchem Speicherbedarf es diese Aufgabe löst.

Die „Softwaregeschwindigkeit" z. B. ist selbst wiederum zu analysieren nach Algorithmengeschwindigkeit und Geschwindigkeit zur Umsetzung der Konstruktionslogik. Die Fähigkeit zur geometrischen Aufbereitung einer Konstruktionsaufgabe ist primär eine Funktion der Konstruktionslogik.

Wird dem Thema „Zukunft" vor der Kaufentscheidung noch große Aufmerksamkeit gewidmet, so wird in der Regel bei der Kaufentscheidung selbst ganz vergessen oder unterbewertet, daß auch potentielle Leistung eine für die Wirtschaftlichkeit entscheidende Leistungs- und Überlebenskomponente sein kann: Systeme mit einer theoretisch durchdachten Kernstruktur (vgl. Fußnote 1, S. 88) haben leicht mobilisierbare Beschleunigungsreserven, verkraften auch schwierigste geometrische Anforderungen und wachsen ohne Erneuerungsnotwendigkeit des Kerns mit dem Unternehmen in die Zukunft.

Wirtschaftlichkeit ist also nicht in erster Linie eine Funktion der niedrigen Anschaffungskosten, sondern eine Funktion der Prozeßleistungsfähigkeit des

Mensch-Maschine-Systems. Hierbei müssen auch Systeme mit gleichen Beschaffungskosten verglichen werden.


### 6.1.1 Beschreibung des Verfahrens

Zunächst werden die möglichen Stunden pro Jahr für das CAD-System unter Verwendung folgender Größen ermittelt: Arbeitstage pro Jahr, Bildschirmanzahl, Stunden pro Tag am Bildschirm und Auslastungsgrad der Bildschirme. Danach wird auf der Basis eines Benchmarks mit vom Computer des jeweiligen Systems gemessenen Konstruktionszeiten die Anzahl der Aufgaben vom Typ dieses Benchmarks pro Jahr ermittelt. Die Ermittlung der Anzahl der Aufgaben ist von Beschleunigungsfaktoren für Konstruktionszeit und Wartezeit des jeweiligen Systems begleitet. Aus den Ergebnissen lassen sich die Wirkungsgrade der verwendeten CAD-Systeme ablesen. Über den Wirkungsgrad und die ermittelten Stunden des jeweiligen Systems erhält man dessen Konstruktionsstunden pro Jahr, unter Verwendung des Mann-Stundensatzes dessen Lohnkosten pro Jahr.
Anschließend werden die Investitionskosten der Anlage pro Jahr ermittelt.
Unter Verwendung der nun ermittelten Größen lassen sich die durch ein CAD-System zu erzielenden Einsparungen wie folgt errechnen: Von der Stundenkapazität des CAD-Systems werden die konventionell möglichen Stunden (bei gleicher Anzahl von Tagen pro Jahr und Mann sowie Stunden pro Tag) abgezogen. Als Ergebnis erhält man die Mehrleistungen bzw. möglichen Einsparungen in Stunden pro Jahr. Diese mit dem mittleren Lohnkostenstundensatz multipliziert, ergibt die jährlich einsparbaren Personalkosten. Werden die Investitionskosten der Anlage von den einsparbaren Personalkosten abgezogen (was u. U. über mehrere Jahre erfolgen muß), so erhält man als Nettoüberschuß die einsparbaren Gesamtkosten. Die Ergebnisse werden in einem Diagramm dargestellt, wobei der ,,break-even-point" ersichtlich wird. Je nach notwendiger und geforderter Kapazität des Unternehmens wird ein System der entsprechenden Systemklasse ausgewählt.
Bis hierher ist das Verfahren, abgesehen von der implizit maschinellen Ermittlung der Reduzierungs- bzw. Beschleunigungsfaktoren, identisch mit der Amortisationsrechnung. Im folgenden werden nun Erweiterungen im Hinblick auf die Nutzwerte einzelner Systeme vorgenommen.


### 6.1.2 Erweiterung des Verfahrens

Hier soll dargelegt werden, daß der Nutzen unterschiedlicher Systeme bei gleichem Investitionsniveau unterschiedlich sein kann, in der Regel sogar ist. Wegen der Komplexität der Systeme sind diese detaillierter zu untersuchen; nur so sind Nutzenunterschiede herauszufinden.
Im nachfolgenden Beispiel wird für die Systeme A und B ein Wirtschaftlichkeitsnachweis geführt und die leistungsfähigste Systemvariante mit gleichem Investitionsniveau ermittelt.

### 6.1.2.1 Verwendete Größen und deren Ermittlung

*CAD-Stunden pro Jahr*

$T$   = Anzahl Arbeitstage im Jahr ($\cong 250$)
$B$   = Anzahl der Bildschirme des CAD-Systems[1]
$K_d$  = Konstruktionsstunden pro Arbeitstag ($= 8h$)
$A$   = Auslastungsgrad der Bildschirme (70 % )

Aus den vorgenannten Größen errechnet sich die CAD-Stundenzahl pro Jahr und CAD-System:

$$CAD = T \cdot B \cdot K_d \cdot A$$

*Konstruktionssysteme*
Wir führen zum Vergleich der Wirtschaftlichkeit drei verschiedene Systeme ein:

$S_k$   = konventionelle Methode
$S_A$   = CAD-System A; $S_{A_i}$ = MIPS-abhängige Hardwarevariante i
$S_B$   = CAD-System B; $S_{B_i}$ = MIPS-abhängige Hardwarevariante i
$V_k$   = Verhältnis Arbeitsdauer konventionelle Methode zu CAD-
          unterstützter Methode (empirisch festgestellter Erfahrungswert)

*Hardwareleistungsverhältnis $V_a$*
Für $S_A$ und $S_B$ werden zwei verschiedene Hardwaresysteme eingesetzt, deren Leistungsverhältnis $V_a$ in erster Näherung durch das MIPS-Verhältnis (a) gegeben ist (MIPS = Millionen Instruktionen pro Sekunde). Bei Anwendung eines Benchmarks kann wegen der MFLOP-Leistung der Hardware das Leistungsverhältnis $V_a$ von der MFLOP-Leistung abhängen (MFLOP = Millionen Floating-Point-Operationen pro Sekunde).
Anm.: Im allgemeinen werden MIPS in Whetstone-Leistung gemessen, also MIPS-Whetstone.
Konkrete Laufzeitunterschiede können bei gleichen MIPS bzw. MFLOPs dadurch auftreten, daß die Verteilung von verschiedenen Rechenoperationen in den CAD-Systemen unterschiedlich sind.
Beispiel: Hat eine CAD-Software viele Wurzelberechnungen, so ist der Durchsatz auf der CPU mit der kürzesten Berechnungszeit für die Wurzel natürlich höher, obwohl die over-all MFLOP-Zahl gleich ist.

$$V_a = \frac{MIPS\ (S_i)}{MIPS\ (S_{i+n})}$$

Weitere einflußnehmende Parameter sind im Absatz „Leistungssteigerungen" dargestellt.

---

[1] Bei konventioneller Methode stehen für die Bildschirme Reißbretter

*Gesamtzeit für die Konstruktionsaufgabe*

Zur Ermittlung der Wirtschaftlichkeit der Bearbeitung einer Konstruktionsaufgabe vom Typ $K_a$ muß der gesamte Zeitbedarf $G[K_a]$ für die Durchführung der Konstruktionsaufgabe festgestellt werden. Dieser gesamte Zeitbedarf setzt sich zusammen aus der Netto-Konstruktionszeit $K_t$, der CPU-bedingten Wartezeit $W_{CPU}$ und der Ein/Ausgabe-bedingten Wartezeit inklusive Warteschlangenzeit im Rechner $W_{I/O}$:

$$G[K_a] = K_t + W \; ; \; W = W_{CPU} + W_{I/O}$$

Die Wartezeit W muß vernachlässigbar klein sein im Vergleich zur Konstruktionszeit $K_t$.

*Anzahl der Konstruktionsaufgaben pro Jahr*

Wenn wir nun für das konventionelle System $S_k$ die Anzahl der pro Jahr mit diesem System lösbaren Konstruktionsaufgaben vom Typ $K_a$ unter Berücksichtigung der Gesamtzeit $G[K_a]$ wissen wollen, so ergibt sich folgende Beziehung:

$$N \, [K_a] \, (S_k) = \frac{N \, [K_a] \, (S_i)}{V_k}$$

$N \, [K_a] \, (S_k)$ = Anzahl Konstruktionsaufgaben vom Typ $K_a$ mit einer Gesamtkonstruktionszeit $G \, [K_a]$ gelöst auf System $S_k$.
Für die Systeme $S_A$ oder $S_B$ gilt dann:

$$N \, [K_a] \, (S_i) = \frac{CAD}{G \, [K_a]} \cdot V_k$$

Die Ermittlung der Gesamtzeit G erfolgt im Absatz „Berechnung der Gesamtzeit G". Der Wirkungsgrad Wg zweier Systeme ist an der Anzahl der mit dem jeweiligen System pro Jahr erzielten Konstruktionsaufgaben ablesbar.
Beim konventionellen System ist $Wg_k = 1$.

Verhältnis CAD-System $S_{A_1}$ zu konventionell:

$$Wg_1 = \frac{N \, [K_a] \, (S_{A_1})}{N \, [K_a] \, (S_k)} > 1$$

Verhältnis CAD-System $S_{A_2}$ zu konventionell:

$$Wg_2 = \frac{N \, [K_a] \, (S_{A_2})}{N \, [K_a] \, (S_k)} > 1$$

Verhältnis CAD-System $S_{B_1}$ zu $S_{A_1}$:

$$Wg_3 = \frac{N \, [K_a] \, (S_{B_1})}{N \, [K_a] \, (S_{A_1})}$$

Verhältnis CAD-System $S_{B_2}$ zu $S_{A_2}$:

$$Wg_4 = \frac{N\,[K_a]\,(S_{B_2})}{N\,[K_a]\,(S_{A_2})}$$

Verhältnis CAD-System $S_{B_1}$ zu konventionell:

$$Wg_5 = \frac{N\,[K_a]\,(S_{B_1})}{N\,[K_a]\,(S_k)} > 1$$

Verhältnis CAD-System $S_{B_2}$ zu konventionell:

$$Wg_6 = \frac{N\,[K_a]\,(S_{B_2})}{N\,[K_a]\,(S_k)} > 1$$

*Leistungsteigerungen*
Die Leistungssteigerung der Systeme kann durch Hardware- oder Softwaremaß-
nahmen erreicht werden. Die folgenden Buchstaben kennzeichnen gleichzeitig die
Variablen in den Gleichungen.

1. Hardwaremaßnahmen

a) Prozessorleistungssteigerungen zwischen Systemen

$$V_a = a = \frac{MIPS\,(S_{A_i})}{MIPS\,(S_{B_i})} > 1 \text{ oder } V_a = a = \frac{MIPS\,(S_{B_i})}{MIPS\,(S_{A_i})} > 1$$

b) Vergrößerung des Hauptspeichers
Der Speicherbedarf ist bei approximativ arbeitenden Systemen grundsätzlich wesentlich größer als bei analytisch arbeitenden Systemen, weil jede Fläche durch eine
Menge anderer Flächen dargestellt wird. Erweitert man den Speicher für ein analytisch arbeitendes System auf die Größe eines Speichers für ein approximativ arbeitendes System, so kann für die Verarbeitungzeit das analytische System und damit
die Wartezeit W um einen Faktor b = 10 verkürzt werden. Das ohnehin schnellere
analytisch arbeitende Programm ist dann dem approximativ arbeitenden in der
Geschwindigkeit noch mehr überlegen. Bei gleicher Speichergröße ist das analytische Verfahren über die Geschwindigkeitssteigerung hinaus in der Lage, wesentlich
komplexere Strukturen als das approximative Verfahren zu verarbeiten.

c) Konstruktionsdynamik
Wird statt Bildspeicherröhren dynamische Bildmanipulationshardware eingesetzt,
so reduziert sich die Konstruktionszeit wegen der schnelleren Formulierbarkeit der
Aufgabe um den Faktor c.

Beispiele für den Beschleunigungsfaktor bei dynamischer Bildmanipulation c = 3 (ohne dynamische Bildmanipulation ist c = 1) sind:

— die dynamische Translationen von Baugruppen,
— die dynamischen Rotationen und
— die dynamische Verschiebung/Drehung der Arbeitskoordinatensysteme.

### d) I/O-Zeit

Werden im Rechner schnelle I/O-Prozessoren, ein schneller Bus und schnelle Parallel-Interfaces inklusive eines großen Buffer verwendet, so reduziert sich die I/O-Zeit drastisch:

$$d = 100$$

Außerdem muß in diesem Parameter der Segmentspeicher des Graphikprozessors berücksichtigt werden.

Beispiele: Bildspeicherröhren müssen das Bild immer neu aufbauen, auch wenn High-speed-Leitungen verwendet werden; hinzu kommt die Transferzeit der Bilddaten von der Platte zum Graphikprozessor.

### e) Warteschlangenzeit

Bei simultaner Konstruktionstätigkeit an mehreren Bildschirmen ergibt sich ein Warteschlangenproblem. Diese Wartezeit kann durch den Einsatz von Multiprozessorsystemen fast linear reduziert werden, vorausgesetzt die einzelnen Tasks haben längere Verarbeitungszeit als Übertragungszeit im Bus.

$$e = 0,8 \cdot \text{Anzahl paralleler Prozessoren}$$

## 2. Softwaremaßnahmen

### f) Algorithmenlaufzeit

Analytische Systeme haben wegen ihres mathematischen Ansatzes und ihrer Verarbeitungsstruktur eine grundsätzlich kürzere Laufzeit. Diese Laufzeitverkürzung f reduziert ebenfalls die Wartezeit W und damit die Gesamtzeit G $[K_a]$.

$$f = 100$$

Ohne Einbuße an Geschwindigkeit ist ein analytisch arbeitendes CAD-System mit weniger Speicher als ein approximativ arbeitendes CAD-System in Abbildung und Modell im Schnitt um mehrere Zehnerpotenzen exakter. Umgekehrt führt die Erhöhung der Genauigkeit im approximativen System schnell zu einer wirtschaftlich nicht mehr vertretbaren Erhöhung des Speicherbedarfs und der Rechenzeit.

### g) Konstruktionsmethodik

Der üblichen dreidimensionalen Grundkörpermethode bei der Konstruktion von Körpern ist das zweidimensionale Konstruieren in Rissen und Schnitten mit automatischer 3D-Wirkung überlegen. Die Änderungen am Körper werden beim Konstruieren in Rissen nur über Linien und nicht mittels Grundkörpern durchgeführt.

Der Leistungsunterschied zwischen den beiden Eingabemethoden wird um so größer, je mehr Ansichten, Schnitte und Details für die Konstruktion notwendig sind. Eleganz des Erzeugungsverfahrens und Anzahl der notwendigen Abbildungen bestimmen die Konstruktionszeit. Der Leistungsfaktor g wird mit 2 angenommen.

$$g = 2$$

Ein Nachweis des genaueren Verhältnisses erfordert größeren Rechenaufwand, der an dieser Stelle unangebracht ist. Entscheidend ist die Plausibilität, die dem Verhältnis zugrunde liegt.

## 3. Optionenverhältnis

Weitere Leistungssteigerungen können durch spezielle Komponenten mit geringen zusätzlichen Kosten bewirkt werden. Sie wirken sich in der Produktivität überproportional zu den Abschreibungskosten aus:

— Multiply-Box
— Cache-Memory
— schnelles Wurzelrechenwerk
— Programm im Mikrocode
— Vektor-Processing
— Real-Time Disk mit parallelen Köpfen
— optische Speicherplatte, z. B. DOR (Reduzierung Raumkosten, Bandarchiv)
— Parallel-Interface
— Verbesserung der methodischen Intelligenz und Interaktivität durch Software

*Gesamtzeit G*
Alle vorgenannten Variablen sind wie folgt bei der Berechnung der Gesamtzeit G für eine Konstruktionsaufgabe $K_a$ mit der Differenzierung nach Konstruktionszeit $K_t$ und der Wartezeit W einzusetzen.
Die Beschleunigung der CPU-bedingten Wartezeit $W_{CPU}$ im System $S_B$ wird durch den CPU- und Algorithmenfaktor $V_{a,b,f}$ mit den Parametern a, b, f erzielt. Die Beschleunigung der Wartezeit $W_{I/O}$ wird durch den Faktor $V_{d,e}$ mit den Parametern d, e erzielt. Die Beschleunigung der Konstruktionszeit $K_t$ in den Systemen $S_{B_j}$ wird durch den Konstruktionsmethodenfaktor $V_{c,g}$ mit den Parametern c, g erzielt.

$$W = W_{CPU} + W_{I/O}$$

$$K_t \text{ in den Systemen } S_{A2,B_1,B_2} = K_t\,(S_{A_1}) \cdot \frac{1}{V_{c,g}}$$

$$W \text{ in den Systemen } S_{A2,B_1,B_2} = W_{CPU}\,(S_{A_1}) \cdot \frac{1}{V_{a,b,f}} + W_{I/O}\,(S_{A_1}) \cdot \frac{1}{V_{d,e}}$$

Ist die Wartezeit $> 5\%$ der Konstruktionszeit, so ist dies ein schlechtes Verhältnis, da die Konzentration des Konstrukteurs unterbrochen wird. Eine Reduzierung auf Werte $< 5\%$ wirkt sich auf die Anzahl der Bildschirme aus und nicht auf die Leistungssteigerung des Einzelnen.

*Konstruktionsstunden pro Jahr*
Die Berechnung der Kapazität an Konstruktionsstunden pro Jahr in Abhängigkeit vom Konstruktionssystem ist wie folgt:

$$\text{konventionell: CAD } (S_k) = \text{CAD} \cdot Wg_k \ [h]$$

$$\text{im System } S_{A_1}: \text{CAD } (S_{A_1}) = \text{CAD} \cdot Wg_1 \ [h]$$

$$\text{im System } S_{A_2}: \text{CAD } (S_{A_2}) = \text{CAD} \cdot Wg_2 \ [h]$$

$$\text{im System } S_{B_1}: \text{CAD } (S_{B_1}) = \text{CAD} \cdot Wg_5 \ [h]$$

$$\text{im System } S_{B_2}: \text{CAD } (S_{B_2}) = \text{CAD} \cdot Wg_6 \ [h]$$

*Lohnkosten pro Jahr*
Die Lohnkosten L werden mit dem Stundensatz $H_M$ eines Mannes berechnet:

$$L_k = \text{CAD } (S_k) \cdot H_M \ [DM]$$

$$L_{S_{A_1}} = \text{CAD } (S_{A_1}) \cdot H_M \ [DM]$$

$$L_{S_{A_2}} = \text{CAD } (S_{A_2}) \cdot H_M \ [DM]$$

$$L_{S_{B_1}} = \text{CAD } (S_{B_1}) \cdot H_M \ [DM]$$

$$L_{S_{B_2}} = \text{CAD } (S_{B_2}) \cdot H_M \ [DM]$$

*Abschreibung pro Jahr*
Im folgenden wird nur eine grobe blockweise Kalkulation vorgenommen (!):

Abschreibungsdauer $J = n$ Jahre
Beschaffungskosten = Investitionssumme I
Die Investitionssumme besteht aus Kaufpreis P plus Servicekosten S plus Zinsverlust Z plus Kosten sonstiger Art U:

$$P_a = \text{Kaufsumme P pro Jahr} = \underline{\hspace{2cm}}$$
$$S = \text{Servicekosten pro Jahr} = \underline{\hspace{2cm}}$$
$$Z = \text{Zinsverlust pro Jahr} = \underline{\hspace{2cm}}$$
$$U = \text{sonstige Kostenpro Jahr} = \underline{\hspace{2cm}}$$
$$I_a = \text{Investitionssumme pro Jahr des CAD-Systems } S_i = \underline{\hspace{2cm}}$$

Damit ergibt sich ein Stundensatz des CAD-Hardware- und Softwaresystems $H_{CAD}$ wie folgt:

$$\frac{I_a}{CAD\ (S_i)} = H_{CAD}\ [DM/h]$$

Folglich ist der Gesamtstundensatz der Anlage inklusive Personal:

$$H_{ges.} = H_{CAD} + H_M\ [DM/h]$$

### 6.1.2.2 Ermittlung der jährlichen Einsparungen

Die Wirtschaftlichkeit entsteht durch Reduzierung der Konstruktionsstunden unter Berücksichtigung der Maschinenkosten. Dies bedeutet, daß die vom CAD-System abhängige Kapazität an Konstruktionsstunden pro Jahr $CAD(S_i)$ minus der CAD-Stundenzahl pro Jahr des konventionellen Systems die eingesparten Konstruktionsstunden $E_H$ ergibt:

$$E_H(CAD) = CAD(S_i) - CAD$$

Die eingesparten Stunden werden mit dem Mann-Stundensatz $H_M$ multipliziert und ergeben so die eingesparten Personalkosten pro Jahr:

$$E_{H_M}(CAD) = (CAD(S_i) - CAD) \cdot H_M$$
$$E_{H_M}(CAD) = E_H(CAD) \cdot H_M$$

Werden nun von diesen Personalkosten die CAD-Systemkosten pro Jahr $I_a$ abgezogen, so erhält man den Nettoüberschuß der eingesparten Gesamtkosten und damit den Rationalisierungserfolg in DM.

$$E_{CAD} = E_{H_M}(CAD) \cdot H_M$$

*Eingesparte Konstruktionsstunden:*

$E_H(CAD)$ pro Jahr:

$$CAD\ (S_k) - CAD = 0\ \text{mit konventionellem System}$$

$$CAD(S_{A_1}) - CAD = E_H\ (CAD)\ \text{mit System}\ A_1$$

$$CAD(S_{A_2}) - CAD = E_H\ (CAD)\ \text{mit System}\ A_2$$

$$CAD(S_{B_1}) - CAD = E_H\ (CAD)\ \text{mit System}\ B_1$$

$$CAD(S_{B_2}) - CAD = E_H\ (CAD)\ \text{mit System}\ B_2$$

*Eingesparte Personalkosten:*

$E_{H_M}$ (CAD) pro Jahr:

$(CAD (S_k) - CAD) \cdot H_M \qquad = 0$ mit konventionellem System

$E_H$ (CAD) mit System $A_1 \cdot H_M = E_{H_M}$ (CAD) mit System $A_1$

$E_H$ (CAD) mit System $A_2 \cdot H_M = E_{H_M}$ (CAD) mit System $A_2$

$E_H$ (CAD) mit System $B_1 \cdot H_M = E_{H_M}$ (CAD) mit System $B_1$

$E_H$ (CAD) mit System $B_2 \cdot H_M = E_{H_M}$ (CAD) mit System $B_2$


*Eingesparte Gesamtsumme:*

$E_{CAD}$ pro Jahr bei Verwendung von CAD-Systemen:

$E_{H_M}$ (CAD) mit System $A_1 - I_a(S_{A_1}) = E_{CAD}$ System $S_{A_1}$

$E_{H_M}$ (CAD) mit System $A_2 - I_a(S_{A_2}) = E_{CAD}$ System $S_{A_2}$

$E_{H_M}$ (CAD) mit System $B_1 - I_a(S_{B_1}) = E_{CAD}$ System $S_{B_1}$

$E_{H_M}$ (CAD) mit System $B_2 - I_a(S_{B_2}) = E_{CAD}$ System $S_{B_2}$


Der Nachweis der Wirtschaftlichkeit ist in drei Stufen zu erbringen:

1. Projektierung der Soll-Planerträge (Prognose)
2. Benchmarks auf dem CAD-System mit Korrektur der Annahmen durch Test eines Fallbeispiels und der Floating-Point-Hardware
3. Beweis durch praktischen Einsatz; Korrektur der Planerträge durch Ist-Erträge und Korrektur des Prognoseverlaufs der Refinanzierung durch Einsparung


Je höher die Leistungsklasse (vgl. Kapitel 4) des CAD-Systems $S_B$ bei gleichen Beschaffungskosten wie $S_A$, desto größer ist die Produktivität und um so drastischer die Einsparung im Vergleich zur Höhe der Investition; der Anschaffungspreis wird — entsprechenden Leistungsbedarf vorausgesetzt — eine zweitrangige Größe. Mit diesen Überlegungen sind auch Low-cost-Systeme zu analysieren. Es stellt sich die Frage, ob sie möglicherweise nur im Anschaffungspreis günstig liegen, jedoch wegen des geringeren Wirkungsgrades in der Anwendung teuer sind. Diese Frage gewinnt dann besonderes Gewicht, wenn es z. B. um die Anschaffung mehrerer Low-cost-Systeme geht.

Für die Zahlungsmodalität der Investition wird die Investitionsgütermiete mit dem Kauf eines Systems an nachfolgendem Beispiel verglichen.

### 6.1.2.3 Kostenvergleich Kauf/Leasing

Investitionsgütermiete ist nicht teurer als der Kauf; dies ergibt der nachstehende Kostenvergleich. Um einen Gesamtvergleich zu erhalten, müssen allerdings die jeweils anfallenden Folgelasten, wie u. a. Kapitalkosten, Einkommen- bzw. Körperschaftsteuer, Gewerbeertrag- und Gewerbekapitalsteuer, mit berücksichtigt werden.
Bei dem nachfolgenden Berechnungsbeispiel sind für die Vertragslaufzeit — also ohne evtl. Restwertansätze — die Aufwendungen für beide Investitionsarten gegenübergestellt.

| Grundlagen: | Anschaffungswert | DM 150.000,— |
|---|---|---|
| | Zinssatz für Kreditaufnahme | 12,5 % |
| | Einkommen- bzw. Körperschaftsteuersatz | 56 % |
| | Gewerbesteuerhebesatz | 400 % |
| | betriebsgewöhnliche Nutzungszeit | 60 Monate |
| | Vertragslaufzeit | 54 Monate |
| | Mietsatz pro Monat | 2,77% |

| *Kauf* | | *Leasing* | |
|---|---|---|---|
| Kreditaufnahme | DM 150.000,— | | |
| + Zinsen | DM 42.187,— | | |
| | DM 192.187,— | | |
| ./. 56% Steuerersparnis aus Zinsen | DM 23.624,— | | |
| ./. Steuerersparnis aus AfA | DM 62.748,— | | |
| | DM 105.815,— | Leasinggebühren | DM 224.370,— |
| + Gewerbekapitalsteuer auf Dauerschulden | DM 2.700,— | ./. 56% Steuerersparnis auf Leasinggebühren | DM 104.287,— |
| | | | DM 120.083,— |
| ./. Gewerbeertragsteuerersparnis aus AfA und Gewerbekapitalsteuer | DM 23.409,— | ./. Gewerbesteuerersparnis | DM 38.142,— |
| | DM 85.106,— | | DM 81.941,— |

### 6.1.2.4 Beispiel

Beispiel ist die Konstruktion eines Motorblocks mit Krümmer [6.1]: Es wird das approximative 3D-System xx mit dem analytischen 3D-System yy bei 8 Bildschirmen und einer Investition von 2,5 Mio. DM verglichen.

*CAD-Stunden pro Jahr:*

$$CAD = T \cdot B \cdot K \cdot A$$

$$11200 = 250 \cdot 8 \cdot 8 \cdot 0,7 \text{ Stunden}$$

*Konstruktionssysteme:*

$$
\begin{aligned}
S_k &= \text{konventionelle Methode} \\
S_{A_1} &= \text{xx auf VAX 750 mit 0,8 MIPS und 4 MB} \\
S_{A_2} &= \text{xx auf VAX 780 mit 1,1 MIPS und 4 MB} \\
S_{B_1} &= \text{yy auf Gould 32/77 mit 0,5 MIPS und 512 KB} \\
S_{B_2} &= \text{yy auf Gould 32/8780 mit 7,5 MIPS und 2 MB} \\
V_k &= \text{Verhältnis konventionell zu } S_{A_1} \text{ gemäß Test 3 : 1 (in einem Un-}
\end{aligned}
$$

ternehmen nachgewiesen)

*Hardware-Leistungsverhältnis MIPS:*

$$V_{a_1} = \frac{MIPS\ (S_{A_1})}{MIPS\ (S_{B_1})} = \frac{0,8}{0,5} = 1,6$$

$$V_{a_2} = \frac{MIPS\ (S_{B_2})}{MIPS\ (S_{A_2})} = \frac{7,5}{1,1} = 6,82$$

Weitere einflußnehmende Parameter werden noch berücksichtigt.

*Gesamtzeit für die Konstruktionsaufgabe:*
Die Gesamtzeit für die Konstruktion des Motorblocks mit Krümmer betrug auf $S_{A_1}$ 2,5 h, anteilig 1,5 h Konstruktionszeit $K_t$ und 1 h Wartezeit W.

$$G[K_a] = K_t + W$$

bei $S_{A_1}$: $G[K_a] = 1,5 \text{ h} + 1 \text{ h} = 2,5 \text{ h}$

Angabe gemäß Test auf System $S_{A_1}$.
Die Wartezeit W in $S_{A_1}$ besteht aus 0,9 h $W_{CPU}$ plus 0,1 h $W_{I/O}$.

*Anzahl der Konstruktionsaufgaben pro Jahr:*
Es wird die Anzahl N Konstruktionsaufgaben vom Typ $K_a$ (Motorblock) = 2,5 h für die Systeme $S_i$ ermittelt.

1. Anzahl Konstruktionsaufgaben mit System $S_{A_1}$:

$$N\,(S_{A_1}) = \frac{CAD}{G\,[K_a]} \cdot V_k = \frac{11.200}{2,5} \cdot 3 = 13.440$$

Anm.: $V_k$ entspricht dem Wirkungsgrad $Wg_1$.

2. Anzahl konventionelle Konstruktionsaufgaben:

$$N\,(S_k) = \frac{N\,(S_{A_1})}{V_k} = \frac{13.440}{3} = 4.480$$

3. Anzahl Konstruktionsaufgaben mit System $S_{A_2}$:

$$N\,(S_{A_2}) = \frac{CAD \cdot V_k}{K_t \cdot \dfrac{1}{V_{c,g}} + W_{CPU} \cdot \dfrac{1}{V_{a,b,f}} + W_{I/O} \cdot \dfrac{1}{V_{d,e}}}$$

Bei System xx ist $V_{c,g} = 1$, da die Methoden nicht vorhanden sind. Weiterhin ist der Speicher nicht verändert und die Konstruktionsdynamik durch den fehlenden Refresh-Bildschirm nicht vorhanden.

$$V_{a,b,f} = a \cdot b \cdot f = \frac{1,1}{0,8} \cdot 1 \cdot 1 = 1,38$$

Ebenso wird erwartungsgemäß wegen fehlender I/O-Prozessoren und kaum erhöhter Bus-Leistung die Wartezeit durch I/O konstant bleiben:

$$V_{d,e} = d \cdot e = 1 \cdot 1 = 1$$

In der Hardwarezeit 1 h ist 0,9 h zu $V_{a,b,f}$ und 0,1 h zu $V_{d,e}$ zugehörig enthalten.

$$N\,(S_{A_2}) = \frac{CAD \cdot V_k}{K_t \cdot \dfrac{1}{V_{c,g}} + W_{CPU} \cdot \dfrac{1}{V_{a,b,f}} + W_{I/O} \cdot \dfrac{1}{V_{d,e}}}$$

$$N\,(S_{A_2}) = \frac{11.200 \cdot 3}{1,5\ h \cdot \dfrac{1}{1} + 0,9\ h \cdot \dfrac{1}{1,38} + 0,1\ h \cdot \dfrac{1}{1}} = \frac{11.200 \cdot 3}{2,25}$$

$$N\,(S_{A_2}) = 14.919 \text{ Konstruktionsaufgaben vom Typ } K_a = 2,5\ h$$

**4. Anzahl Konstruktionsaufgaben mit System $S_{B_1}$:**

Als System $B_1$ kommt CAD-System yy auf Gould 32/77 zum Einsatz.
Nun folgt Beschleunigung durch Hardware + Algorithmen $V_{a,\,b,\,f}$.
Im System $B_1$ verwendete Faktoren sind:

$$a \;=\; \frac{0,5}{0,8} \quad \text{normiert auf System } A_1$$

$b \;=\; 1 \quad$ bei Verwendung von 0,5 MB[1]

$c \;=\; 1 \quad$ bei statischem Bildmanipulationssystem

$d \;=\; 2 \quad$ keine I/O-Prozessoren vorhanden, jedoch 27 MB/s im Bus, aber Bildschirm über V-24 mit 9.600 Baud angeschlossen

$e \;=\; 1 \quad$ keine Faktoren berücksichtigt in Warteschlange

$f \;=\; 10 \quad$ Algorithmen im analytischen System yy laufen gemäß empirischem Faktor f schneller

$g \;=\; 2 \quad$ Konstruktionsmethode

also: $\quad V_{a,b,f} \;=\; \dfrac{0,5}{0,8} \cdot 1 \cdot 10 \;=\; 6,25$

und: $\quad V_{d,e} \;=\; 2 \cdot 1 \;=\; 2$

sowie: $\quad V_{c,g} \;=\; 1 \cdot 2 \;=\; 2$

Es ergibt sich die Anzahl Konstruktionsaufgaben für $S_{B_1}$:

$$N\,(S_{B_1}) \;=\; \frac{CAD \cdot V_k}{K_t \cdot \dfrac{1}{V_{c,g}} + W_{CPU} \cdot \dfrac{1}{V_{a,b,f}} + W_{I/O} \cdot \dfrac{1}{V_{d,e}}}$$

$$N\,(S_{B_1}) \;=\; \frac{11.200 \cdot 3}{1,5\ h \cdot \dfrac{1}{2} + 0,9\ h \cdot \dfrac{1}{6,25} + 0,1\ h \cdot \dfrac{1}{2}} \;=\; \frac{33.600}{0,94}$$

$$N\,(S_{B_1}) \;=\; 35.593 \text{ Konstruktionsaufgaben vom Typ } K_a = 2,5\ h$$

**5. Anzahl Konstruktionsaufgaben mit System $S_{B_2}$:**

Wir vergleichen $S_{B_2}$ mit $S_{A_2}$, weil die Investitionskosten gleich sind. Nun ist das Hardwareverhältnis $S_{B_2}$ im Vergleich zu $S_{A_2}$, Hauptspeicher nun 2 MB in $S_{B_2}$:

$a \;=\; 7,5/1,1 \quad$ normiert auf System $S_{A_2}$

$b \;=\; 2 \qquad$ Es werden 2 MB verwendet[1].

$c \;=\; 3 \qquad$ Es wird ein dynamisches Bildmanipulationssystem verwendet.

$d \;=\; 10 \qquad$ I/O-Prozessoren vorhanden, 27 MB/s Bus

$e \;=\; 1 \qquad$ keine Warteschlange berücksichtigt

$f \;=\; 10 \qquad$ Algorithmen f mal schneller

$g \;=\; 2 \qquad$ Konstruktionsmethodenverhältnis

---

[1] Die Datenstrukturen können anders gespeichert, ihre Abarbeitung kann dadurch beschleunigt werden. Matrizen z. B. können dann günstiger gespeichert und verarbeitet werden; die Anzahl der notwendigen Plattenzugriffe kann wesentlich reduziert werden.

Zunächst der Konstruktionsfaktor:

$$V_{c,g} = c \cdot g = 3 \cdot 2 = 6$$

Im Beispiel Motorblock kommen keine Schnitte und nur 3 Ansichten vor. Das Hardware- und Algorithmenverhältnis ist:

$$V_{a,b,f} = \frac{7,5}{1,1} \cdot 2 \cdot 10 = 136$$

$$V_{d,e} = d \cdot e = 10 \cdot 1 = 10$$

Es ergibt sich die Anzahl Konstruktionsaufgaben für $S_{B_2}$:

$$N\,(S_{B_2}) = \frac{CAD \cdot V_k}{K_t \cdot \dfrac{1}{V_{c,g}} + W_{CPU} \cdot \dfrac{1}{V_{a,b,f}} + W_{I/O} \cdot \dfrac{1}{V_{d,e}}}$$

$$N\,(S_{B_2}) = \frac{11.200 \cdot 3}{1,5\ h \cdot \dfrac{1}{6} + 0,9\ h \cdot \dfrac{1}{136} + 0,1\ h \cdot \dfrac{1}{10}} = \frac{33.600}{0,27}$$

$$N(S_{B_2}) = 124.447$$

*Gegenüberstellung der Ergebnisse:*

Anzahl Konstruktionsaufgaben vom Typ $K_a$ im Jahr:

$$
\begin{aligned}
S_k &= 4.480 \\
S_{A_1} &= 13.440 \\
S_{A_2} &= 14.919 \\
S_{B_1} &= 35.593 \\
S_{B_2} &= 124.447
\end{aligned}
$$

*Wirkungsgrad der Systeme:*

System $S_{A_1}$ zu konventionell:

$$Wg_1 = \frac{N\,[K_a]\,(S_{A_1})}{N\,[K_a]\,(S_k)} = \frac{13.440}{4.480} = 3,0$$

System $S_{A_2}$ zu konventionell:

$$Wg_2 = \frac{N\,[K_a]\,(S_{A_2})}{N\,[K_a]\,(S_k)} = \frac{14.919}{4.480} = 3,33$$

D. h. trotz wesentlich höherer Investition wenig Produktivitätssteigerung.

Verhältnis System $S_{B_1}$ zu $S_{A_1}$:

$$Wg_3 = \frac{N\,[K_a]\,(S_{B_1})}{N\,[K_a]\,(S_{A_1})} = \frac{35.593}{13.440} = 2,65$$

System $B_1$ ist bei gleicher Investition wie System $A_1$ Faktor 2,65 im Wirkungsgrad besser als System $A_1$.

Verhältnis System $S_{B_2}$ zu $S_{A_2}$:

$$Wg_4 = \frac{N\,[K_a]\,(S_{B_2})}{N\,[K_a]\,(S_{A_2})} = \frac{124.447}{39.241} = 3,17$$

System $S_{B_2}$ ist Faktor 3,17 besser als System $S_{A_2}$ bei gleicher Investition.

Verhältnis System $S_{B_1}$ zu konventionell:

$$Wg_5 = \frac{N\,[K_a]\,(S_{B_1})}{N\,[K_a]\,(S_k)} = \frac{35.593}{4.480} = 7,94$$

Verhältnis System $S_{B_2}$ zu konventionell:

$$Wg_6 = \frac{N\,[K_a]\,(S_{B_2})}{N\,[K_a]\,(S_k)} = \frac{124.447}{4.480} = 27,78$$

Mit diesen Ergebnissen wurde gezeigt, daß es zwei Systemklassen $S_A$ und $S_B$ und innerhalb derer zwei Leistungsklassen $S_{A_{1,2}}$ und $S_{B_{1,2}}$ gibt, wobei die Investitionsklassen durch die Systeme $S_{A_1}$ und $S_{B_1}$, sowie $S_{A_2}$ und $S_{B_2}$ bestimmt sind. Die Optionen werden nicht ins Kalkül gezogen.

*Konstruktionsstunden pro Jahr:*
Konventionell:

CAD $(S_k)$    = CAD = 11.200 h

Im System $S_{A_1}$:

CAD $(S_{A_1})$ = CAD $\cdot$ $Wg_1$ = 11.200 $\cdot$ 3,0    = 33.600 h

Im System $S_{A_2}$:

CAD $(S_{A_2})$ = CAD $\cdot$ $Wg_2$ = 11.200 $\cdot$ 3,33   = 37.296 h

Im System $S_{B_1}$:

CAD $(S_{B_1})$ = CAD $\cdot$ $Wg_5$ = 11.200 $\cdot$ 7,94   = 88.928 h

Im System $S_{B_2}$:

$$CAD\ (S_{B_2})\ =\ CAD\ \cdot\ Wg_6\ =\ 11.200\ \cdot\ 27,78\ =\ 311.136\ h$$

*Lohnkosten L pro Jahr:*

Stundensatz $H_M\ =\ DM\ 30,\text{—}/h$

$$L_k\qquad\qquad =\ CAD\ (S_k)\ \cdot\ H_M$$

$$L_k\qquad\qquad =\ 11.200\ h\ \cdot\ 30,\text{—}\quad =\ 336.000,\text{—}\ DM$$

$$L_{S_{A_1}}\qquad\quad =\ CAD\ (S_{A_1})\ \cdot\ H_M$$

$$L_{S_{A_1}}\qquad\quad =\ 33.600\ h\ \cdot\ 30,\text{—}\quad =\ 1.008.000,\text{—}\ DM$$

$$L_{S_{A_2}}\qquad\quad =\ CAD\ (S_{A_2})\ \cdot\ H_M$$

$$L_{S_{A_2}}\qquad\quad =\ 37.296\ h\ \cdot\ 30,\text{—}\quad =\ 1.118.880,\text{—}\ DM$$

$$L_{S_{B_1}}\qquad\quad =\ CAD\ (S_{B_1})\ \cdot\ H_M$$

$$L_{S_{B_1}}\qquad\quad =\ 88.928\ h\ \cdot\ 30,\text{—}\quad =\ 2.667.840,\text{—}\ DM$$

$$L_{S_{B_2}}\qquad\quad =\ CAD\ (S_{B_2})\ \cdot\ H_M$$

$$L_{S_{B_2}}\qquad\quad =\ 311.136\ h\ \cdot\ 30,\text{—}\quad =\ 9.334.080,\text{—}\ DM$$

*Abschreibung pro Jahr:*
Im folgenden werden Kosten nur blockweise als erste Näherung zusammengefaßt.

| | |
|---|---|
| Abschreibungszeit J | = 5 Jahre |
| Investitionssumme I: | |
| Kaufpreis P für $S_{A_2}$ oder $S_{B_2}$ | = 2.500.000,— DM |
| Servicekosten | = z. B. 1% pro Monat |
| Betriebsmittelkosten | = z. B. 1% pro Monat |
| Zinsverlust | = z. B. 1% pro Monat |
| Kalkulatorische Abschreibungen $P_a$ pro Jahr = P : J | = 500.000,— DM pro Jahr |
| Servicekosten $S = (1\%\,\text{von}\ 2,5\ \cdot\ 1\ \text{Mio})\ \cdot\ 12$ | = 300.000,— DM pro Jahr |
| Zinsverlust $Z = (1\%\ \text{von}\ 0,5\ \cdot\ 2,5\ \text{Mio})\ \cdot\ 12$ | = 150.000,— DM pro Jahr |
| Betriebsmittelkosten $U = (1\%\ \text{von}\ 2,5\ \cdot\ 1\ \text{Mio})\ \cdot\ 12$ | = 300.000,— DM pro Jahr |
| Gesamtkosten pro Jahr $I_a$ des CAD-Systems $S_{B_2}$ | = 1.250.000,— DM pro Jahr |

Stundensatz der Anlage $S_{B_2}$:

$$H_{CAD} = \frac{I_a}{CAD} = \frac{1.250.000,-}{11.200 \text{ h}} = 111,60 \text{ DM/h}$$

Stundensatz inkl. Anlage und Personal:

$$H_{ges.} = H_{CAD} + H_M = 111,60 + 30,- = 141,60 \text{ DM/h}$$

*Einsparungen im Jahr bei System $S_{B_2}$:*

1. Einsparung an Konstruktionsstunden pro Jahr:

$$E_H \text{ (CAD)} = CAD \text{ } (S_{B_2}) - CAD$$

$$= 311.136 \text{ h} - 11.200 \text{ h}$$

$$E_H \text{ (CAD)} = 299.936 \text{ h}$$

2. Einsparung an Personalkosten pro Jahr:

$$E_{H_M} \text{ (CAD)} = E_H \text{ (CAD)} \cdot H_M$$

$$= 299.936 \cdot 30,-$$

$$E_{H_M} \text{ (CAD)} = 8.998.080,- \text{ DM}$$

3. Nettoüberschuß als eingesparte Gesamtkosten:

$$E_{CAD} = E_{H_M} \text{ (CAD)} - I_a$$

$$= 8.998.080 - 1.250.000,-$$

$$E_{CAD} = 7.748.080,- \text{ DM}$$

### 6.1.2.5 Zusammenfassung und Ergebnisbewertung

Die gesamte vorangegangene Wirtschaftlichkeitsberechnung basiert auf den Prozeßleistungseigenschaften des CAD-Systems im ungestörten Betrieb. Es wurde die *potentielle* Leistungsfähigkeit eines Systems ermittelt und mit einer linearen Prognose auf die Jahreswerte hochgerechnet. Die systeminternen negativen Einflußgrößen wurden diskutiert; insofern ist der ermittelte Rationalisierungserfolg des Systems ein Maximum. Die tatsächliche Leistung wird sich als Optimum im Zusammenhang mit der Systemumgebung ergeben. Der *Kurvenverlauf* in Bild 6.01 soll also nur die Grenzwerte angeben; die reale Einsparungskurve liegt im Feld zwischen Maximum und Minimum als Optimum.

Es wurde also in einem ersten Schritt die Leistung des Systems ohne Einflußnahme der Systemumgebung betrachtet. In einem zweiten Schritt wollen wir die Parameter der Systemumgebung aufzeigen, die dann in einem dritten Schritt mit dem CAD-System gekoppelt werden, so daß dann realistische Daten für den Einsatz in der Praxis ermittelt werden.

## 1. Einflußnahme der Systemumgebung

Bei der Auslastung der Bildschirme wurde von 70% ausgegangen. Die Anzahl der Arbeitstage beträgt 250 Tage im Jahr. Die Konstruktionsstunden pro Tag wurden mit 8 Stunden angesetzt. Die vorgenannten Werte der Parameter setzen voraus, daß keine weitere Störung eintritt; dies wäre nur in einem Rechenzentrumsbetrieb mit kontinuierlicher Auftragslage möglich.

Folgende Werte der Einflußparameter wurden geschätzt:

| | | |
|---|---|---:|
| $T$ = Totzeit = Anfang | | 5% |
| $K_v$ = Konstruktionsvorbereitung = Ausgangsbedingungen | | 10% |
| $I$ = Informationen sammeln = Randbedingungen | | 20% |
| $B_r$ = Berechnungen = Durchführung | | 20% |
| $K_e$ = Konstruieren = Durchführung | | 30% |
| $B_s$ = Besprechungen = Ergebnisvorstellung | | 5% |
| $A$ = Allgemeines = Verwaltung | | 10% |
| Summe | | 100% |

Die Werte der Parameter können von Betrieb zu Betrieb und bei verschiedenen Aufgaben unterschiedlich sein.

Wir konzentrieren uns auf den Parameter der effektiven Konstruktionszeit, den wir mit $K_e$ = 30% im weiteren Rechengang einsetzen. Durch gute und gezielte Arbeitsvorbereitung in der Konstruktion kann er sicher erhöht werden.

Eine Erhöhung der Nutzung des Arbeitsplatzes wird erreicht durch die Gesamtzahl der Mitarbeiter, die ständig an den Arbeitsplätzen arbeiten; im Maximum werden 70% von 8 täglichen Arbeitsstunden erreicht (Bildschirmauslastung). Es erscheint plausibel, wenn sich maximal 3 Mitarbeiter am Gerät innerhalb eines Tages abwechseln. Hieraus folgt, daß die Anzahl der Bildschirme ca. 3 mal kleiner sein kann als die Anzahl der Konstrukteure, aber nur dann, wenn die einzelnen Arbeiten der Konstrukteure zeitlich nacheinander ausgeführt werden können.

## 2. Kopplung der Parameter des Systems mit denen der Systemumgebung

Wir haben die Einsparung des CAD-Systems $E_{CAD}$ mit DM 7,748 Mio ermittelt. Die effektive Konstruktionstätigkeit am „Brett" wurde mit $K_e$ = 30% angesetzt. Somit beträgt die Einsparung in der Praxis $E_p$ (relatives Minimum) nur

$$E_p = E_{CAD} \cdot K_e$$
$$= 7.748 \cdot 10^6 \cdot 0,3$$
$$E_p = 2.324 \cdot 10^6 \text{ DM}$$

Der „break-even-point" in der Praxis wird demnach nach ca. 2 Jahren erreicht (Bild 6.01).

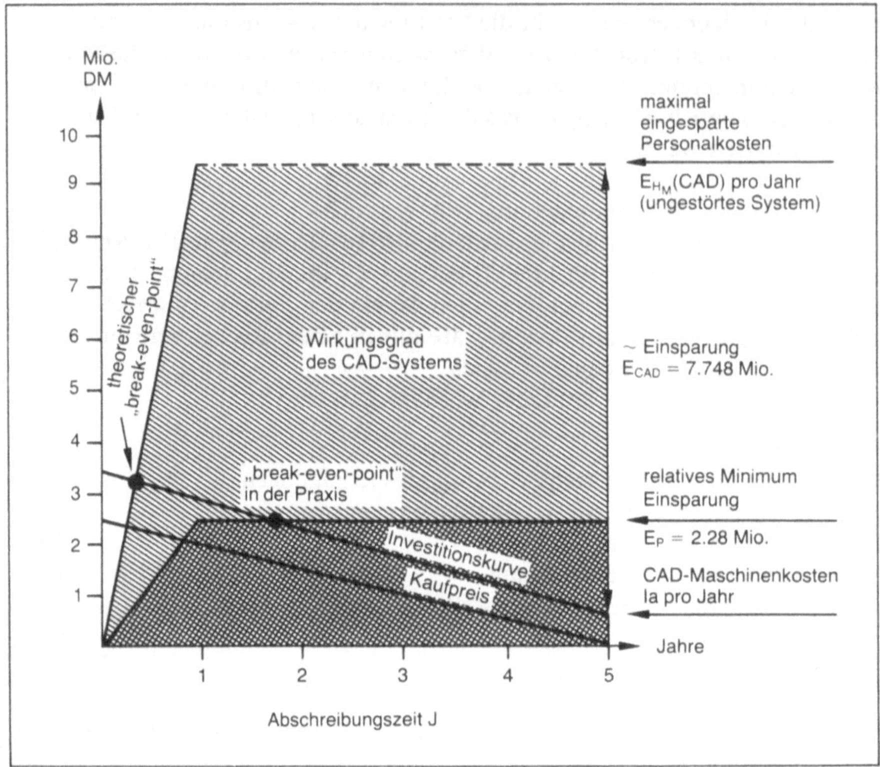


**Bild 6.01**   Graphische Darstellung der Einsparung duch das System $S_{B_2}$ auf Gould 32/8780

In jedem Falle könnte ein elektronisches Reißbrett für die kreative Entwurfstätigkeit eingesetzt werden, so daß „Durchkonstruieren" und „Detaillieren" mit den hochinteraktiven Bildschirmen vorgenommen werden kann. Dies ist durch gute Arbeitsteilung und Arbeitsvorbereitung zu erreichen. In solchen Fällen können die reinen Konstruktionstätigkeiten am Bildschirm erhöht werden, da ja Tätigkeiten mit langem Nachdenken auf dem elektronischen Reißbrett vorgenommen werden, dessen Daten dann dem Konstrukteur am Bildschirm zur zügigen Bearbeitung übertragen werden.
Die Rationalisierungserfolge im Unternehmen können schwerpunktmäßig in die Steigerung der Qualität und Kreativität sowie in die Anzahl der Bildschirme umgesetzt werden.


### 6.1.2.6 Nutzendarstellung

Es geht hier um die Bestandsaufnahme und Messung der Qualität und Quantität der Systeme.

## 1. Aufgabe der Nutzendarstellung

Die Nutzendarstellung erfüllt die Aufgabe der Feststellung der Systemqualität und -quantität durch Analyse nach Erfüllungsgraden, wobei die Werte durch Soll/Ist-Vergleich zwischen Ist-System und Zielsystem (= Konformität) festgelegt werden. Das Maß im System ist der Erfüllungsgrad; er ist die Differenz (= Abweichung) zwischen Ist und Soll und wird mit umgekehrt proportionalen Zahlenwerten versehen (d. h. kleinere Abweichung = höhere Punktezahl).

Skalierung der Erfüllungsgrade:

| Punkte | Bewertung | Erfüllungszeichen |
|---|---|---|
| 0 | nicht erfüllbar | |
| 1 | erfüllbar | — |
| 2 | erfüllt | x |
| 3 | gut erfüllt | 0 |
| 4 | sehr gut erfüllt | * |

Weiterhin werden der Integrationsgrad sowie das spezifische Leistungskriterium mit Wirkungsgrad benötigt.

## 2. Ergebnisdarstellung des Nutzens
### 1. Ziel:
Es wird eine 3D-Zielerfüllungsfunktion $Z = F (x,y,z)$ als *Profil* des Systems gesucht. Hierzu definieren wir einen Meßraum, in welchem die x,y,z-Koordinaten Qualitäten von Meßgrößen darstellen.

Die Meßeinheiten für Qualität:
x — Größe = Strukturintegration
  Einheit = Integrationsgrad
  Es wird die Reichweite des Systems im Produktionsprozeß (Anwendungskette) deutlich.
y — Größe = Prozeßleistungsfähigkeit
  Einheit = Wirkungsgrad, ,,break-even-point"
  Es werden die für ein System charakteristischen Stärken und Schwächen meßbar.
z — Größe = Konformität
  Einheit = Erfüllungsgrad
  Der Erfüllungsgrad wird *nicht* durch Gewichtung, sondern durch klassifikatorische Werte auf der Nominalskala festgelegt, da eine Gewichtung keine Sortierung zur Aussonderung zuläßt. Auf der Nominalskala kommt einem Objekt die Eigenschaft zu oder nicht.
  Wenn nach dem Auswahlverfahren eine Gewichtung im Sinne der Optimierung benutzt wird, so ist dieses Verfahren an dieser Stelle korrekt, da es einen Wert zur Verfügung hat; das Verfahren wird dann in der Ordinalskala angewendet.

*2. Ziel:*

Werden mehrere Zielerfüllungsfunktionen Z dargestellt (Bild 6.02), so wird in dieser Kombination die *Rangfolge* der Systeme ersichtlich, so daß danach eine Klassifizierung der Systeme erfolgen kann.

Der Vorteil dieser Nutzendarstellungsmethode ist der, daß die gesamten Fähigkeiten der Systeme *graphisch* überschaubar werden. Neben dem Zielsystem kann auch das Ist-System abgebildet werden.

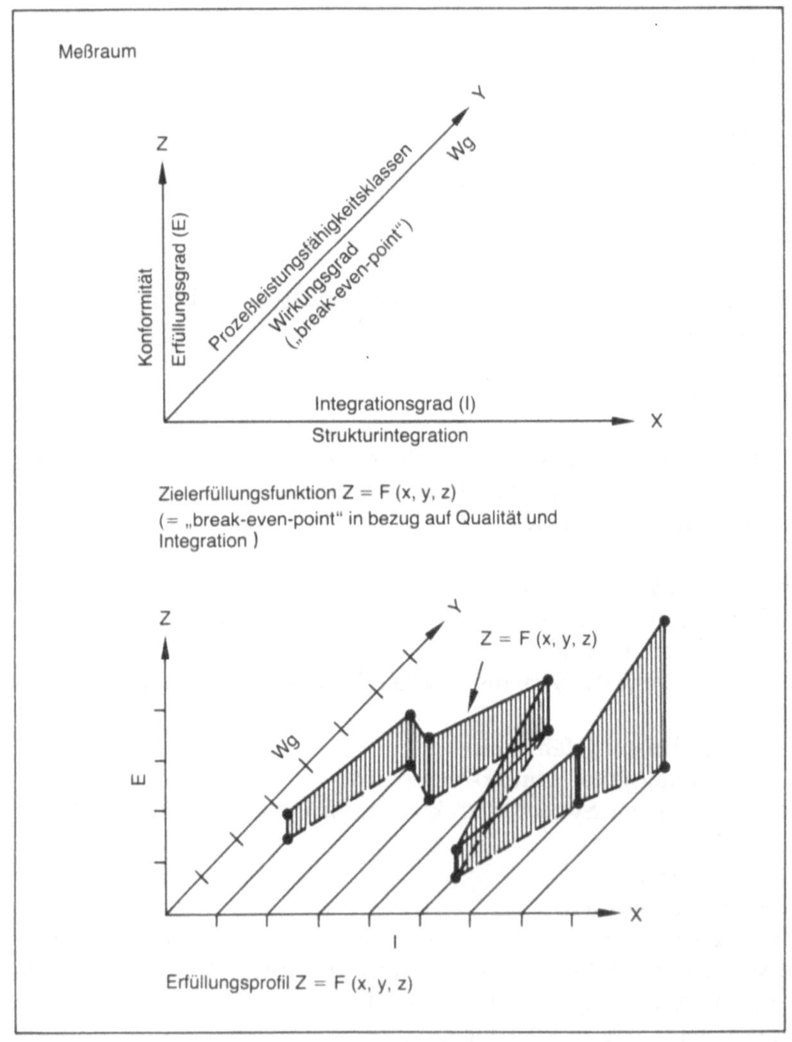


**Bild 6.02**    Darstellung der Zielerfüllungsfunktion

## 6.2 Verfahren zur Ermittlung der Amortisationszeit

Es handelt sich hier um ein sogenanntes eindimensionales Verfahren. Die Einführung eines CAD/CAM-Systems stellt in der Regel eine Rationalisierungsinvestition dar. Wirtschaftlichkeitsberechnungen basieren folglich auf dem Vergleich des bisherigen (manuellen) Verfahrens mit einem oder mehreren alternativen maschinellen Verfahren. Dabei muß zwischen quantifizierbaren und schwer quantifizierbaren Größen oder, anders ausgedrückt, zwischen quantifizierbarem und schwer quantifizierbarem Nutzen unterschieden werden. Schwer quantifizierbarer Nutzen ist in den Bildern 5.13 und 5.14 in Kapitel 5 qualitativ ausgeführt. Eine Bewertung in DM ist beim heutigen Stand der Kenntnisse nur durch unternehmensabhängige Schätzung möglich (sollte aber in jedem Fall zumindest versucht werden).

Die folgenden Aussagen beziehen sich deshalb auf die tatsächliche Beschleunigung des Bearbeitungsverfahrens durch den Einsatz des CAD-Systems.

Die Beschleunigungsfaktoren (Produktivitätssteigerung) gegenüber dem manuellen Verfahren werden aus der Tätigkeitsanalyse (Zeichnungsanalyse) mit Hilfe der Bilder 5.07 bis 5.10 aus Kapitel 5 ermittelt. Dazu erfolgt zweckmäßig eine Mittelwertbildung über mehrere analysierte Zeichnungen oder über die Definition einer „durchschnittlichen" Zeichnung und deren Analyse. Sollen mit Hilfe der CAD/CAM-Anlage auch andere Tätigkeiten rationalisiert werden (z. B. Entwurf von Leiterplatten, Stücklistenbearbeitung, NC-Programmierung), so sind auch für diese Arbeiten die jeweiligen Beschleunigungsfaktoren zu ermitteln. Gegebenenfalls sind Unterscheidungen der Fälle Neuerstellung und Änderung getrennt zu behandeln und dann mit den zugehörigen Arbeitszeiten zu gewichten. Die manuelle Arbeitszeit sollte zweckmäßig auf die Woche bezogen werden. Die manuelle Arbeitszeit pro Woche setzt sich aus verschiedenen Zeitsummanden zusammen:

$$\text{Arbeitszeit}_{\text{man.}} (h) = \text{Arbeitszeit}_{\text{man. Zeichnen}} (h) +$$
$$+ \text{Arbeitszeit}_{\text{man. Stücklisten}} (h) +$$
$$+ \text{Arbeitszeit}_{\text{man. NC-Programmierung}} (h) + \ldots$$

Die CAD/CAM-unterstützte Arbeitszeit pro Woche ist dann:

$$\text{Arbeitszeit}_{\text{CAD/CAM}}(h) = \frac{1}{\text{Beschleunigungsfaktor}_{\text{Zeichnen}}} \cdot \text{Arbeitszeit}_{\text{man. Zeichn.}} (h) +$$
$$+ \frac{1}{\text{Beschleunigungsf.}_{\text{Stückl.}}} \cdot \text{Arbeitsz.}_{\text{man. Stückl.}} (h) +$$
$$+ \frac{1}{\text{Beschleunigungsf.}_{\text{NC-Progr.}}} \cdot \text{Arbeitsz.}_{\text{NC-Progr.}} (h) + \ldots$$

Die CAD/CAM-Arbeitszeit kann für die einzelnen Jahre des Amortisationszeitraums durchaus unterschiedlich sein, wenn von Jahr zu Jahr neue Tätigkeiten von manueller auf CAD/CAM-Bearbeitung umgestellt werden.

Mit Hilfe der so berechneten CAD/CAM-Arbeitszeit kann die Anzahl der Bildschirmarbeitsplätze, gegebenenfalls unterschiedlich für die einzelnen Jahre des

Amortisationszeitraums, berechnet werden. Gegebenenfalls werden Bildschirmarbeitsplätze mit unterschiedlichen Leistungsspektren eingesetzt.

Dabei gehen die Verfügbarkeit des Systems (0,90 ... 0,95), die Anzahl der täglichen Arbeitsschichten und die Bildschirmauslastung in die Berechnung ein.

$$\text{Anzahl der Bildschirmarbeitsplätze} =$$

$$= \frac{\text{Arbeitszeit}_{\text{CAD/CAM}} \cdot \dfrac{1}{\text{Bildschirmauslastung}}}{\text{Verfügbarkeit} \cdot \text{Anzahl der Schichten} \cdot \text{Arbeitszeit pro Mitarbeiter und Woche (h)}}$$

Daraus berechnet man nach der Systemauswahl die Systemkosten im jeweiligen Jahr unter Zuhilfenahme der einmaligen und laufenden Kosten.

Die manuellen Bearbeitungskosten p. a. bestimmt man aus der wöchentlichen Arbeitszeit (h) und den Kosten pro Arbeitsstunde.

Der jährliche Nutzen läßt sich aus folgenden Schätzwerten ermitteln:

$$\text{Nutzen p. a.} = \text{laufende Kosten}_{\text{man.}} - \text{laufende Kosten}_{\text{CAD/CAM}} +$$
$$+ \text{Nutzen}_{\text{schwer quantifizierbar}}$$

Die Kapitalrückflußzeit ist dann zu berechnen nach:

$$\text{gebundenes Kapital}_{\text{Ende 1. Jahr}} = \text{einmalige Kosten}_{\text{1. Jahr}} - \text{Nutzen}_{\text{1. Jahr}}$$

$$\text{gebundenes Kapital}_{\text{Ende 2. Jahr}} = \text{gebundenes Kapital}_{\text{Ende 1. Jahr}} - \text{Nutzen}_{\text{2. Jahr}}$$

$$\text{gebundenes Kapital}_{\text{Ende 3. Jahr}} = \text{gebundenes Kapital}_{\text{Ende 2. Jahr}} - \text{Nutzen}_{\text{3. Jahr}}$$

und so weiter, bis das gebundene Kapital 0 ist (eventuell nur noch ein Teil eines Jahres).

Die Kapitalrückflußzeit ist die Anzahl der Jahre, in denen das gebundene Kapital größer als der Nutzen ist.


## 6.3 Beispiele

Beispiele können nur Anhaltspunkte geben. Sie haben keineswegs verbindlichen Charakter. Die hier genannten Ergebnisse sind abhängig vom jeweils benutzten CAD-System, vom Ausbildungsstand und Einarbeitungsgrad des Systemsbenutzers und von der Ermittlungsmethode.


### 6.3.1 Beispiele für die Nutzenermittlung

#### 6.3.1.1 Quantifizierbarer Nutzen

Zur Abschätzung der Rationalisierung der Detaillierung innerhalb des Konstruktionsprozesses wurden fünf Einzel- bzw. Baugruppenzeichnungen aus dem Maschinenbau willkürlich ausgewählt (Bild 5.12/1 — 5.12/5 in Kapitel 5). Die Beschleunigungsfaktoren sind teils mit der traditionellen Zeitaufnahme, teils aber auch nach der Kleinstzeitmethode (Bild 5.07 in Kapitel 5) ermittelt und in Bild 5.12 zusammengestellt worden.

### 6.3.1.2 Schwer quantifizierbarer Nutzen

In den folgenden Beispielen wurde der Versuch gemacht, den schwer quantifizierbaren Nutzen in konkrete Zahlen zu fassen. Schon an der Bezeichnung Nutzen läßt sich unschwer erkennen, daß es sich hier nur um relativ grobe Schätzungen handeln kann (Bild 5.14 in Kapitel 5).

### 6.3.2 Beispiele für die Kostenermittlung

An dieser Stelle wird auch auf die Fallbeispiele in Kapitel 2 verwiesen, wo für die einzelnen Projektphasen die Kosten realisierter Systeme und die in Anspruch genommenen Zeiträume genannt sind. Bild 6.03 enthält ein Rahmenschema zur Ermittlung der jährlichen CAD-Kosten.

### 6.3.3 Beispiele für die Wirtschaftlichkeitsrechnung

Die Einführung von CAD/CAM-Systemen wird u. a. aus Rationalisierungsgründen vorgenommen. Eine wirtschaftliche Beurteilung kann dabei nur für die in Geld quantifizierbaren Faktoren des Systems erfolgen.
Die Ermittlung der Wirtschaftlichkeit erfolgt durch den Vergleich von Einnahmen und Ausgaben.
Der einmaligen Ausgabe für die Beschaffung des Systems folgen laufende Ausgaben für Schulung, Wartung usw. Diesen Ausgaben stehen laufende Einnahmen gegenüber, bei CAD/CAM-Systemen in der Regel in Form von vermiedenen Ausgaben (z. B. erhöhtes Zeichnungsvolumen bei unverändertem Aufwand).
Anhand dieser Grundüberlegung ist nachstehend eine beispielhafte Wirtschaftlichkeitsrechnung dargestellt, die jedoch nicht auf Erfahrungswerten beruht (Bild 6.04).
Es wird angenommen, daß eine einmalige Investition in Höhe von 175 TDM zum Zeitpunkt 0 erfolgt; danach ergeben sich jährlich laufende Ausgaben für Personal und laufende Ausgaben für Schulung, Energie, Versicherung usw. Diesen Ausgaben stehen Einnahmen in Form von vermiedenen Ausgaben gegenüber. Diese Ausgaben wären entstanden, wären die Zeichnungen weiterhin manuell erstellt worden. Die Betrachtung erstreckt sich auf einen Zeitraum von 10 Jahren und hat mögliche Kostenverteuerungen bereits berücksichtigt.
Um die Erklärung des Rechenverfahrens nicht zu komplizieren, ist unterstellt, daß die Anlage im Betrachtungszeitraum nicht vergrößert wird.

| Kostenart | Gesamtkosten in DM | Kosten pro Jahr | Kosten Arbeitspl. u. J. |
|---|---|---|---|
| **Einmalkosten** | | | |
| — Investitionen | | | |
|    Hardware | 600.000 | 200.000 | 50.000 |
|    Software | 300.000 | 100.000 | 25.000 |
|    Summe Investitionen | 900.000 | 300.000 | 75.000 |
| — Raumkosten | | | |
|   — 20 m² für zentrale CAD-Komponenten + zusätzl. Raumbedarf für 4 Arbeitsplätze DM 10,— pro m² und Monat | 7.200 | 2.400 | |
|   — Trennwände | 12.000 | 4.000 | |
|   — Einrichtung | 6.000 | 2.000 | |
|   — Beleuchtung | 6.000 | 2.000 | |
|   — Klimatisierung | 18.000 | 6.000 | |
|    Summe Raumkosten | 49.200 | 16.400 | 4.100 |
| — Leitungen | 30.000 | 10.000 | 2.500 |
| — Ist-Aufnahme, Anforderungsprofil, Einsatzplanung | 60.000 | 20.000 | 5.000 |
| — Systemauswahl | 12.000 | 4.000 | 1.000 |
| — Einsatzvorbereitung | 240.000 | 80.000 | 20.000 |
| — Schulung | 6.000 | 2.000 | 500 |
| — Minderleistung (Minderleistung 25% pro Monat für 4 Monate) | 32.000 | 10.000 | 2.500 |
| **Gesamtinvestition** | 1.329.200 | 443.067 | 110.767 |
| **Laufende Kosten** | | | |
| — Schulung | | 4.000 | 1.000 |
| — Personal | | | |
|   — Anwender (Konstrukteur) | | | 104.000 |
|   — Hardwarebetreuung (1/2 Hardwarespezialist) | | 104.000 | 26.000 |
|   — Softwarebetreuung (1/2 Softwarespezialist) | | 104.000 | 26.000 |
| — Datensicherung (1% der jährl. Kosten) | | 12.000 | 3.000 |
| — Verbrauch an | | | |
|   — Material | | 12.000 | 3.000 |
|   — Energie | | 12.000 | 3.000 |
| — Wartung (10% der Jahreskosten) | | 12.000 | 3.000 |
| — Versicherung des geb. Kapitals (Zinssatz 10%) | | 132.920 | 33.320 |
| — Mieten (entfallen) | | — | — |
| | | | 205.230 |
| **Gesamtkosten** aus | | | |
| Einmalkosten | | | 110.767 |
| laufende Kosten | | | 205.230 |
| | | | 315.000 |
| Kosten pro Stunde bei 2.000 Betriebsstunden/J. | | | 157,50 |

**Bild 6.03**    Beispiel zur Ermittlung der jährlichen CAD-Kosten bei 4 Arbeitsplätzen — Nutzungsdauer 3 Jahre

|  | 1983 | 1984 | 1985 | 1986 | 1987 | 1988 | 1989 | 1990 | 1991 | 1992 |
|---|---|---|---|---|---|---|---|---|---|---|
| **Ausgaben des CAD-Systems:** | | | | | | | | | | |
| — Investitionen | 175 | | | | | | | | | |
| — lfd. Personalausgaben | | 148 | 312 | 495 | 678 | 876 | 905 | 930 | 960 | 980 | 1000 |
| — lfd. Betriebsausgaben | | 12 | 23 | 37 | 50 | 60 | 65 | 70 | 75 | 80 | 85 |
| ① lfd. Ausg. | | 160 | 335 | 532 | 728 | 936 | 970 | 1000 | 1035 | 1060 | 1085 |
| ① lfd. Einn. | | 193 | 393 | 600 | 808 | 1026 | 1062 | 1093 | 1130 | 1157 | 1185 |
| Saldo ②—① (= Cash-Flow) | —175 | 33 | 58 | 68 | 80 | 90 | 92 | 93 | 95 | 97 | 100 |

Kapitalrückflußzeit: 3,2 Jahre
Interner Zinssatz: 34,95%

**Bild 6.04** Rationalisierung der Zeichnungsdarstellung durch Einsatz eines CAD/CAM-Systems (Werte in TDM)

Der jährliche Kapitalrückfluß (= Cash-Flow) subtrahiert von der Anfangsausgabe (175 TDM) führt zu einer Amortisationszeit von 3,2 Jahren:

| | |
|---|---|
| Investitionsausgabe | 175 TDM |
| Einsparung des 1. Jahres | — 33 TDM |
| Gebund. Restkapital am Ende d. 1. J. | 142 TDM |
| Einsparung des 2. Jahres | — 58 TDM |
| Gebund. Restkapital am Ende d. 2. J. | 84 TDM |
| Einsparung des 3. Jahres | — 68 TDM |
| Restkapital am Ende d. 3. J. | 16 TDM |

Geht man davon aus, daß die Einnahmen von 80 TDM des 4. Jahres kontinuierlich im Laufe des Jahres erzielt werden, so ist das restliche Kapital von 16 TDM in 0,2 Jahren (16 : 80) zurückgeflossen. Nach diesen 3,2 Jahren hat der Investor sein eingesetztes Geld ohne Verlust, aber auch ohne Verzinsung, zurück.
Berücksichtigt man jedoch, daß der Investor für die Investition auch eine Verzinsung erzielen will, z. B. 10%, so verlängert sich die Kapitalrückflußzeit auf 3,8 Jahre (Bild 6.05).
Der Cash-Flow der jeweiligen Jahre wird dann nämlich zum Teil für die Zahlung von Zinsen verwendet (in unserem Beispiel im 1. Jahr 17 TDM) und nur der Rest (im Beispiel 16 TDM) zur Rückzahlung des gebundenen Kapitals. D. h. am Ende des 1. Jahres sind noch 159 TDM Kapital gebunden. Diese Überlegungen werden nun analog für die folgenden Jahre durchgeführt (Bild 6.05). Die Zinsen sind dabei jeweils auf das gebundene Restkapital gerechnet.

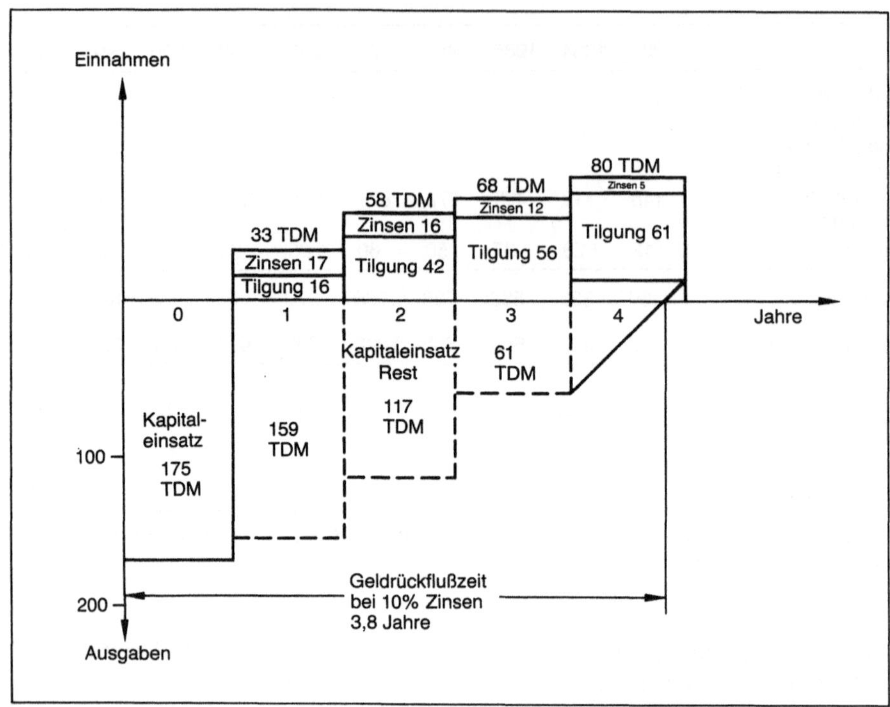


**Bild 6.05**   Kapitalrückflußzeit

Führt man diese Überlegungen für die unterschiedlichen Zinssätze durch, z. B.
20%, 25% (Automobilindustrie) usw., und überträgt die Kapitalrückflußzeit in ein
Diagramm, bei dem auf der Waagrechten die Jahre und auf der Senkrechten die
Zinssätze angezeigt sind, so erhält man durch Verbindung der jeweiligen Punkte
eine Kurve (Bild 6.06).

Diese Kurve gibt Antwort auf folgende Fragen:

1. Wann ist die Investition ohne Verzinsung zurück, bzw. wie lange dauert die Kapitalrückflußzeit bei der jeweils geforderten Verzinsung?
2. Wie hoch ist das jeweils gebundene Kapital verzinst, bzw. welche interne Verzinsung erreicht meine Investition im Betrachtungszeitraum?

Von der vereinfachenden Annahme, daß die Anfangsinvestition von 175 TDM
nicht mehr aufgestockt wird, kann natürlich jederzeit abgegangen werden.
Dies führt dann zu „Sprüngen" in der Kurve, die je nach Veränderung der Ein-
nahmen/Ausgabenreihe durch ihren Steigungswinkel eine erhöhte oder verminder-
te Rentabilität aufzeigen.
Das hier dargestellte Verfahren wird in der Literatur als DCF-Methode
(Discounted-Cash-Flow-Methode) bezeichnet, die Kurve dementsprechend als
DCF-Kurve bzw. -Diagramm. Es stellt nichts anderes als eine Abwandlung der in-

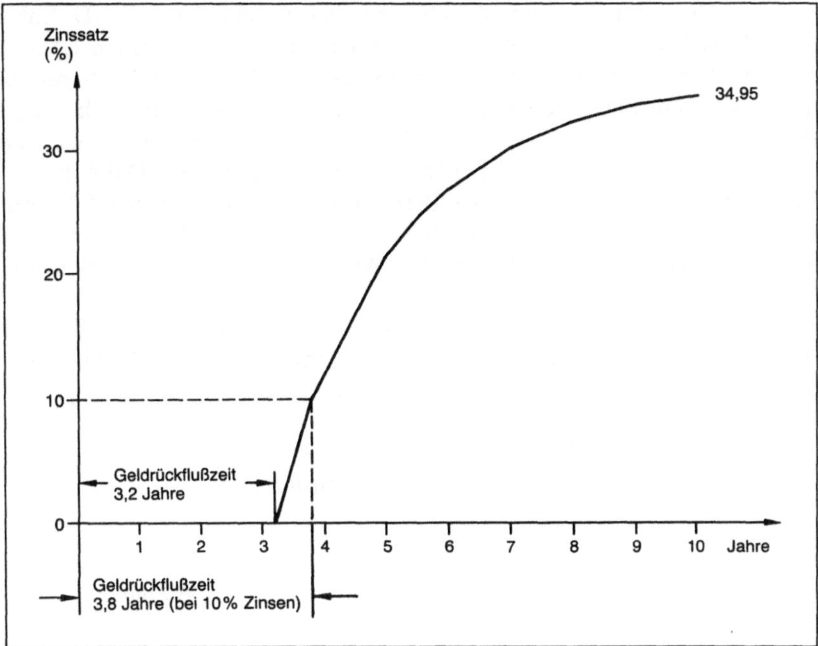


**Bild 6.06**    DCF-Kurve

ternen Zinsfuß- bzw. der Kapitalwertmethode dar, was jederzeit mathematisch bewiesen werden kann.

Der Vorteil des Verfahrens liegt in der graphischen Darstellung der DCF-Kurve, die einem fachkundigen Leser jederzeit Anwort auf die für einen Investor notwendigen Fragen gibt.

Die Ermittlung der Kurve kann entweder manuell in der geschilderten Weise erfolgen oder durch Taschenrechner, Kleincomputer usw., die die notwendigen Programme enthalten.

### 6.3.4 Beispiele für die Kosten/Nutzen-Berechnung

#### 6.3.4.1 Kennzahlen und Investitionsstufen

Gemäß [6.2] wurde in einem Unternehmen in den letzten Jahren erfolgreich ein Bereich ,,Elektronische Anlagen'' aufgebaut, in dem CAD eingeführt wurde.

Die Kennzahlen zur Wirtschaftlichkeitsrechnung sind der Untersuchung der Projektierungstätigkeiten entnommen, die die Firma CADing durchgeführt hat.

Gemessen wurde die Verteilung der direkten und indirekten Tätigkeiten von Konstrukteuren und Zeichnern. die aufgeführten Lohnkostenstundensätze sind vom Unternehmen genannt.

Nach der Durchführung von Benchmarks bei verschiedenen CAD-Anbietern hat die CAD-Arbeitsgruppe in Zusammenarbeit mit den technischen Leitern Annahmen getroffen, wieweit die einzelnen Tätigkeiten durch CAD-Systeme beeinflußt werden können. Diese Ansätze sind in den Bildern 6.07 und 6.08 dargestellt. Gleichzeitig wurden für die Jahre 1983 und 1984 Berechnungsannahmen aufgestellt, die in die Wirtschaftlichkeitsbetrachtungen eingehen. Dabei handelt es sich um vorsichtige Prognosen bei der Betrachtung der Reduzierungsfaktoren maschineller und manueller Tätigkeiten und um Investitionsstufen für die benötigte Anzahl von Bildschirmarbeitsplätzen. Die Annahmen sind in den Bildern 6.11/1 bis 6.11/3 dargestellt.

Im Bereich Elektronische Anlagen (PA) kann man vom Beginn der CAD-Anwendung an mit einem Reduzierungsfaktor 1 : 1 kalkulieren, weil man mit CAD mindestens gleich schnell ist, wenn man

— die DIN-Symbolbibliotheken einbringt und
— die Kopplung zur Materialdatenbank realisiert hat.

| | manuell % | CAD-fähig % | gesamt % |
|---|---|---|---|
| Berechnen, Projektieren | 40.00 | 70.00 | 28.00 |
| Zeichnungen suchen | 5.00 | 75.00 | 3.80 |
| Zeichnen | 15.00 | 100.00 | 15.00 |
| Schreiben von Listen | 10.00 | 80.00 | 8.00 |
| Kontrollieren | 20.00 | — | — |
| sonstiges | 10.00 | — | — |
| gesamt | | | 54.80 |

**Bild 6.07**  Verteilung der Tätigkeiten; Anteile der CAD-fähigen Tätigkeiten — Projekteure

| | manuell % | CAD-fähig % | gesamt % |
|---|---|---|---|
| Berechnen, Projektieren | 2.00 | — | — |
| Zeichnungen suchen | 15.00 | 75.00 | 11.25 |
| Zeichnen | 55.00 | 100.00 | 55.00 |
| Schreiben von Listen | 10.00 | 80.00 | 8.00 |
| Kontrollieren | 8.00 | — | — |
| sonstiges | 9.50 | — | — |
| gesamt | | | 74.25 |

| | |
|---|---|
| Anzahl der Projekteure: | 15 |
| Anzahl der Zeichner: | 10 |
| mittlerer Anteil der CAD-fähigen Tätigkeiten: | 62.58 |
| mittlerer Lohnkostenstundensatz: | 40.00 DM/h |

**Bild 6.08**  Verteilung der Tätigkeiten; Anteile der CAD-fähigen Tätigkeiten — Technische Zeichner

*Investitionsstufen*
Die vorgeschlagenen Investitionsstufen sehen zunächst einen Pool mit Bildschirmarbeitsplätzen in dem Bereich PA vor. Das CAD-System läßt den breiten Beginn
mit 4 Arbeitsplätzen zu.

Investitionsstufe 1 für das 1. Jahr:
Installation von 4 Bildschirmarbeitsplätzen. Die Implementierung der Software erfolgt auf einer DEC VAX 11/750. Zusätzliche Mittel sind für Plotter und Raumvorbereitung zur Verfügung zu stellen (vgl. Abschnitt 5.4).

Investitionsstufe 2 für das 2. Jahr:
Installation von 4 zusätzlichen Arbeitsplätzen. Bei einer VAX-Implementierung
benötigt man eine zweite VAX 11/750 ab etwa 6 Arbeitsplätzen.
Bei einem weiteren CAD-Ausbau des Bereichs PA benötigt man einen zusätzlichen
Rechner oder einen größeren Rechner. Die Unternehmensleitung möchte bei 7 bis
8 Arbeitsplätzen zunächst den Ausbau beenden und die Erfahrung aus den beiden
Startjahren bei einer eventuellen Erweiterung berücksichtigen. Durch den relativ
hohen Anteil von CAD-fähigen Tätigkeiten mit 55% bei den Projekteuren und
74% bei den technischen Zeichnern benötigt PA mehr Bildschirme, als in der Vorstufe grob errechnet wurde.


## 6.3.4.2 Produktivitätssteigerung

Die Vorgehensweise bei der Berechnung ist detailliert im folgenden Bild 6.09 beschrieben. Die Berechnung kann mit zwei grundsätzlichen Ansätzen durchgeführt
werden:

1. Mit der heute vorhandenen Kapazität an Mitarbeitern kann mehr Arbeit in kürzerer Zeit geleistet werden.
2. Es liegen nicht mehr Aufträge als bisher vor. Das Unternehmen muß Mitarbeiter freisetzen.

Die Wirtschaftlichkeitsbetrachtung geht von einem 8 h-Arbeitstag aus; Überstunden werden nicht berücksichtigt. Es ist allerdings auch möglich, für die Verbesserung der Rentabilität der Investition flexible Arbeitszeiten zuzulassen.


## 6.3.4.3 Auslastung der Bildschirmarbeitsplätze

Vorgegeben ist die Anzahl der Bildschirme, die das Unternehmen investiert. Daraus berechnet man die maximale Anzahl von Konstrukteuren und technischen
Zeichnern, die an diesen n Bildschirmen arbeiten können.
Gerechnet wird in der Projektabteilung mit der Wahrscheinlichkeit von A = 75%,
daß mindestens 1 Bildschirmarbeitsplatz im Pool zum Arbeiten frei ist.
Die Berechnung geht von der Pool-Theorie aus [6.3].

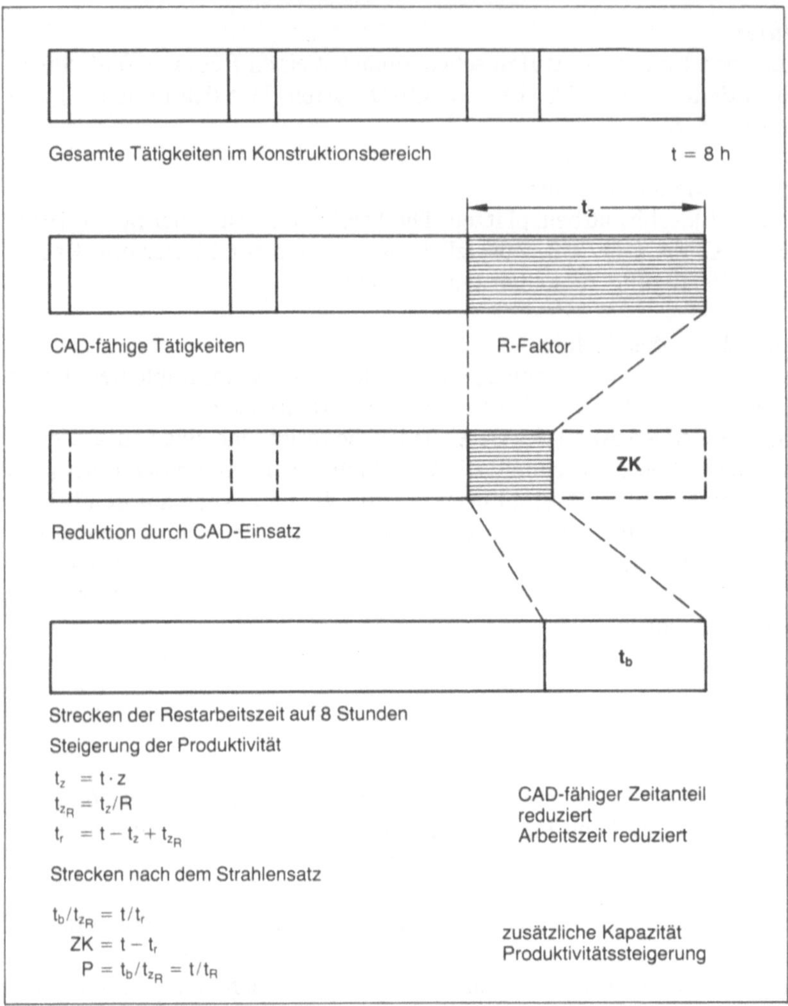


**Bild 6.09**   Produktivitätssteigerung [6.3]

### 6.3.4.4 Bruttonutzen

Der Bruttonutzen errechnet sich aus der Differenz der Lohnkosten, die sich für ein vergrößertes Arbeitsvolumen einmal ohne und einmal mit CAD-Einsatz ergibt. Die Berechnung des Bruttonutzens erfolgt mit einer Anlaufphase (Bild 6.10).

### 6.3.4.5 Kosten

*Anschaffungskosten*
Die Ermittlung der Anschaffungskosten erfolgt auf der Grundlage der Preiszusammenstellungen der CAD-Lieferanten vom November 1982.

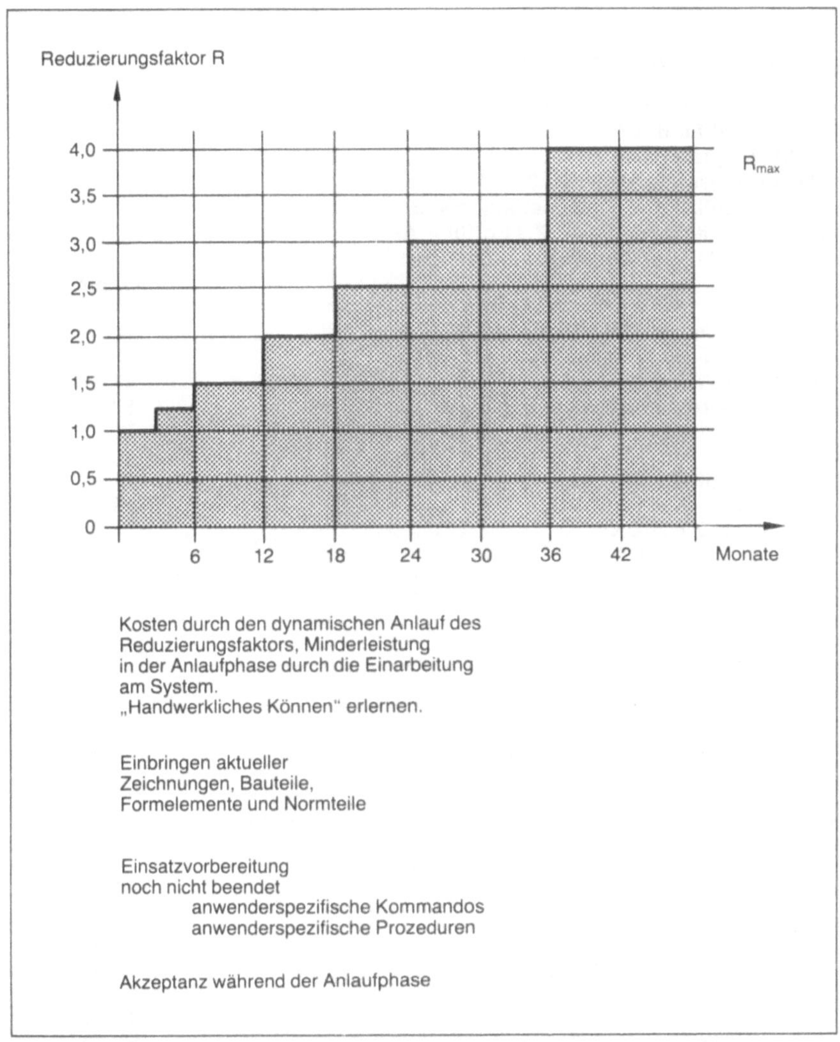


**Bild 6.10**   Änderung des Reduzierungsfaktors während der Anlaufphase.

Die Anschaffungskosten bei der DEC/VAX-Implementierung, gestaffelt nach Leistungs- und Investitionsstufen, zeigen die Bilder 6.11/1 bis 6.11/3:

*Kapitaldienstkosten*
Die wirtschaftliche Nutzungsdauer beträgt 60 Monate. Die kalkulatorischen Zinsen pro Jahr werden mit 8,5% auf 50% der Investitionssumme angesetzt.
Die kalkulatorische Abschreibung erfolgt linear.

*Betriebskosten*
Die Betriebskosten werden in Personal-, Wartungs-, Lizenz- und sonstige Kosten unterteilt.

| Implementierung auf einer VAX 11/750 | Preis | monatl. Wartung |
|---|---|---|
| 1.1 VAX 11/750 für 6 AP<br>3 MB Hauptspeicher<br>456 MB Massenspeicher RA81-AD<br>800/1600 BPI; 125 IPS Magnetbandstation<br>8 Kanal Multiplexer (V24) DZ 11 c für 8 AP<br>Konsole, VMS-Betriebssystem, FORTRAN,<br>Compiler | 467.500 | 2.483,00 |
| 1.2 Erweiterungen um 456 MB RA81-AD | 59.740 | 290,00 |
| 2 Datenpfade für Terminals und Massen-<br>speicher DW 750 | 21.890 | 73,00 |
| 2 MB Hauptspeichererweiterung | 50.140 | 146,00 |
| 1.3 Interfaces | | |
| Erweiterungsbox BA 11 KF | 11.040 | 58,00 |
| Gestellschrank H 96 42-DC | 4.619 | — |
| Backplane DD 11 DK | 2.914 | — |
| Interface DRE 11 CA | 5.698 | 98,00 |
| 1.4 Schnelldrucker 300 Zeilen/Min. LP 11 AA | 27.750 | 327,00 |
| Summe Rechner komplett | 651.291 | 3.475,00 |

**Bild 6.11/1**   Anschaffungskosten (Beispiel)

| VAX-Implementierung 1983<br>1 VAX mit 6 Arbeitsplätzen | Anzahl | Preis | monatl. Wartung |
|---|---|---|---|
| 1.1 VAX 11/750 mit 5 MByte für 6-8 AP | 1 | 651.291 | 3.475 |
| 1.2 Bildschirme Anlagenprojektierung | 4 | 300.000 | 2.500 |
| 1.3 Inbetriebnahme | 1 | 10.000 | — |
| 1.4 Versatec DIN A 3-Elektrostat | 1 | 33.000 | 275 |
| 1.5 Vektor-Raster-Konvertierung | 1 | 31.200 | 260 |
| 2.1 CAD-Softwarepaket | 1 | 90.000 | 750 |
| 3.1 Raumvorbereitung und Umbau | — | 70.000 | — |
| 3.2 Projektkosten, Einführung und Schulung | — | 100.000 | — |
| Gesamtsumme | | 1.285.491 | 7.260 |
| Erweiterungsinvestition zum Vorjahr | | — | — |

**Bild 6.11/2**   Anschaffungskosten (Beispiel)

1. Personalkosten:

Für die Rentabilität des einzuführenden CAD-Systems ist eine gute Einführungs-
vorbereitung und -planung unerläßlich. Es ist dringend zu empfehlen, einen geeigneten Mitarbeiter auszuwählen oder einzustellen, der von seinen sonstigen Aufgaben freigestellt ist und sich vollständig mit dem Einsatz des CAD-Systems beschäftigt. Es entstehen dem Unternehmen dadurch zusätzliche Personalkosten.

| VAX-Implementierung 1984<br>2 VAX 11/750 (8 Arbeitsplätze) | Anzahl | Preis | monatl.<br>Wartung |
|---|---|---|---|
| 1.1 VAX 11/750 mit 5 MByte für 6-8 AP | 2 | 1.302.528 | 6.950 |
| 1.2 Bildschirme Anlagenprojektierung | 8 | 600.000 | 5.000 |
| 1.3 Inbetriebnahme | 1 | 10.000 | — |
| 1.4 Versatec DIN A 3-Elektrostat | 1 | 33.000 | 275 |
| 1.5 Vektor-Raster-Konvertierung | 1 | 31.200 | 260 |
| 2.1 CAD-Softwarepaket | 1 | 90.000 | 750 |
| 3.1 Raumvorbereitung und Umbau | 1 | 70.000 | — |
| 3.2 Projektkosten, Einführung und Schulung | 1 | 100.000 | — |
| Gesamtsumme | | 2.236.782 | 13.235 |
| Erweiterungsinvestition zum Vorjahr | | 951.291 | 5.975 |

**Bild 6.11/3**   Anschaffungskosten (Beispiel)

2. Wartungskosten und Lizenzgebühren:
Die Hardwarekosten sind abhängig vom Umfang und Ausbau der Hardwarekonfiguration. Die Pflege- und Wartungskosten der Software betragen jährlich etwa 9% des Softwarelistenpreises. Die Kosten werden bei der Berechnung auf die einzelnen Monate umgelegt.

3. Sonstige Kosten:
Zu den sonstigen Kosten zählen vor allem Energiekosten, Datenleitungs- und Materialkosten. Es wird mit einer Pauschale von DM 1.000,00 pro Monat gerechnet.

| | |
|---|---|
| Energieverbrauch 8 KVA | DM 1,70/Betriebsstunde |
| Verbrauchsmaterial | DM 2,00/Betriebsstunde |
| Sonstiges | DM 1,10/Betriebsstunde |
| Voraussichtliche Betriebsstunden | 2.500 h pro Jahr |

*Kosten pro Monat*

| | | 1. Jahr | 2. Jahr |
|---|---|---|---|
| Kapitaldienstkosten (kalk.) | | | |
| — Abschreibung | DM | 21.425 | 37.280 |
| — Zinsen | DM | 4.553 | 7.922 |
| Betriebskosten | | | |
| — Personalkosten | DM | 5.880 | 5.880 |
| — Wartung | DM | 7.260 | 13.235 |
| — Energie | DM | 1.000 | 1.000 |
| Summe der monatlichen Kosten | DM | 40.118 | 65.317 |

Personalkosten = DM 3.500,— Brutto + 68% Lohnnebenkosten

*Nicht berücksichtigte Kosten:*

— Versicherungen
— Schulung der Mitarbeiter, die über die Grundschulungen hinausgehen
— Dokumentationskosten
— Informationsmaterial

### 6.3.4.6 Berechnungsansatz für Kosten und Nutzen

*Amortisation*
Die Berechnung erfolgt mit einem statischen Investitionsmodell. Für die Berechnung werden jeweils Durchschnittswerte angenommen:

— durchschnittliche Brettzeiten bei Konstrukteuren und technischen Zeichnern,
— durchschnittliche Lohnkostenstundensätze,
— durchschnittliche Kapitaldienstkosten usw.

Zusätzlich sind folgende Annahmen zu beachten:

— Die zeitlichen Unterschiede im Anfall der Kosten werden in 2 Stufen berücksichtigt:
  1. Stufe: 1. Jahr
  2. Stufe: 1. Jahr + 2. Jahr
  Um mit dem statischen Investitionsmodell arbeiten zu können, wird die Investitionssumme nach 12 Monaten Laufzeit erhöht.
— Die unterschiedliche Zusammensetzung der Kosten (z. B. fixe und variable Kosten) wird nicht berücksichtigt.
— Die Restwerte der vorhandenen Zeichenanlagen werden nicht berücksichtigt.

Der Berechnungsansatz erfolgt mit einem Pool. Kosten und Nutzen werden monatlich ermittel und summiert.

Abkürzungen:

| | | |
|---|---|---|
| MON | = | Laufzeit in Monaten |
| R | = | Reduzierungsfaktor bezüglich der CAD-fähigen Tätigkeiten |
| N | = | Anzahl der Bildschirmarbeitsplätze |
| P | = | Produktivität bezogen auf die manuellen Tätigkeiten |
| KMAX | = | maximale Anzahl von Mitarbeitern, die an den vorgegebenen Bildschirmen arbeiten können |
| KAE | = | äquivalente Anzahl von Mitarbeitern |
| NBM | = | Bruttonutzen pro Monat (Kostenersparnis) |
| KOST | = | Kosten pro Monat |
| NNM | = | Nettonutzen pro Monat |
| SUM | = | Summen |
| $K_{AD}$ | = | durchschnittlich gebundenes Kapital |
| RE | = | relative Rentabilität |

| MON | R | N | P | KMAX | KAE | K | NBM |
|---|---|---|---|---|---|---|---|
| 0- 3 | 1.0 | 2 | 1.00 | 2 | 2 | — | — |
| 4- 6 | 1.25 | 2 | 1.14 | 2 | 2 | — | — |
| 6-12 | 1.5 | 4 | 1.26 | 4 | 5 | 1 | 6.880 |
| 12-18 | 2.0 | 8 | 1.46 | 13 | 19 | 6 | 41.280 |
| 18-24 | 2.5 | 8 | 1.60 | 14 | 23 | 9 | 61.920 |
| 24-36 | 3.0 | 8 | 1.72 | 16 | 28 | 12 | 82.560 |
| 36-60 | 4.0 | 8 | 1.88 | 20 | 38 | 18 | 123.840 |
| Alternativ: | | 10 | | 25 | 47.11 | 22 | 151.360 |

Durchschnittliche Arbeitszeit pro Monat: 170 h

Gegenüberstellung von Kosten und Nutzen:

| Monate | Bruttonutzen | Kosten | Nettonutzen | Nettonutzen für Summe Monate |
|---|---|---|---|---|
| 0 — 3 | — | 40.118 | —40.118 | — 120.354 |
| 4 — 6 | — | 40.118 | —40.118 | — 240.708 |
| 7 — 12 | 6.880 | 40.118 | —33.238 | — 440.136 |
| 13 — 18 | 41.280 | 65.317 | —24.037 | — 584.358 |
| 19 — 24 | 61.920 | 65.317 | — 3.397 | — 604.740 |
| 25 — 36 | 82.560 | 65.317 | + 20.243 | — 361.824 |
| 37 — 60 | 123.840 | 65.317 | + 58.523 | + 1.0422.728 |

Über 60 Monate:

| | |
|---|---|
| Summe des Bruttonutzens = | DM 4.263.360,00 |
| Durchschnittlicher monatlicher Bruttonutzen = | DM 77.056,00 |
| Summe der Betriebskosten = | DM 1.206.900,00 |
| Durchschnittliche monatliche Betriebskosten = | DM 20.115,00 |

$$\text{Amortisationszeit} = \frac{\text{Anschaffungskosten}}{\text{Bruttonutzen - Betriebskosten}}$$

Amortisationszeit = 43 Monate (siehe Bild 6.12)

*Rentabilität*

Für den Einsatz von CAD-Systemen ist nicht der Gewinn maßgebend, sondern die monatliche bzw. jährliche Kostenersparnis. Die relative Rentabilität ist ein Maß für den Vorteil einer Rationalisierungsinvestition, das man auch für eine CAD-Installation ansetzen kann.

$$\text{relative Rentabilität} = \frac{\text{Kostenersparnis - Abschreibung}}{\text{Kapitaleinsatz}}$$

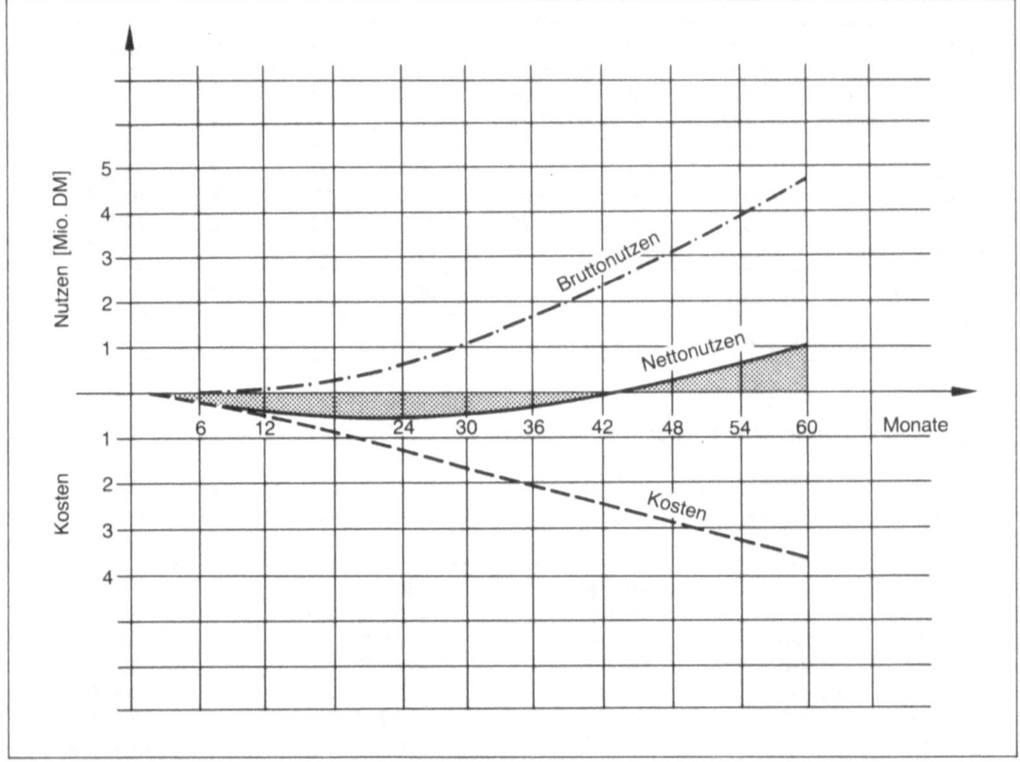


**Bild 6.12**   Gegenüberstellung von Kosten und Nutzen des CAD-Einsatzes in der Konstruktion

Als Kapitaleinsatz wird das durchschnittlich gebundene Kapital angenommen (Bild 6.13).

Bereich PA:

| Jahr | $K_{AD}$ | Bruttonutzen | Abschreibung | Rentabilität |
|---|---|---|---|---|
| 1983 | 771.295 | 41.280 | 257.100 | —28% |
| 1984 | 1.342.069 | 619.200 | 447.360 | +13% |
| 1985 | 1.342.069 | 990.720 | 447.360 | +40% |

Durchschnittlicher monatlicher Bruttonutzen =               DM   77.056
Durchschnittliche monatliche Abschreibung =               DM   34.109
Durchschnittlich gebundenes Kapital/Monat =               DM 102.326

relative Rentabilität  =  42%

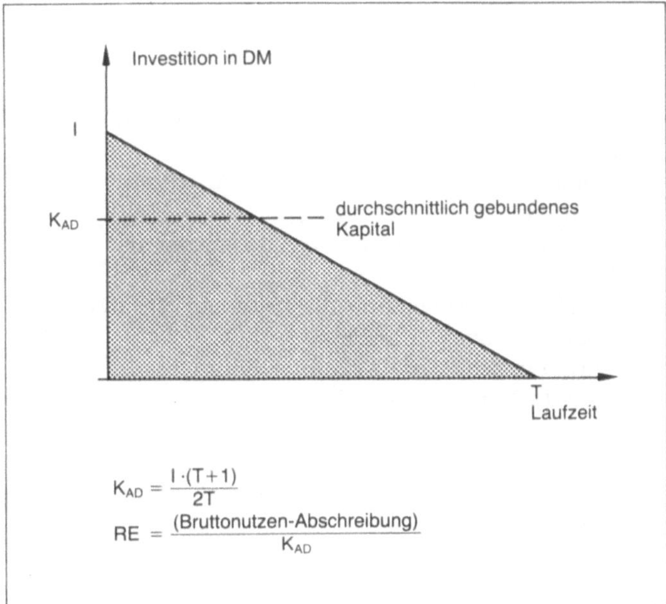


$$K_{AD} = \frac{I \cdot (T+1)}{2T}$$

$$RE = \frac{(\text{Bruttonutzen-Abschreibung})}{K_{AD}}$$

**Bild 6.13**   Durchschnittlich gebundenes Kapital

### 6.3.4.7 Verbesserung des Nutzens

Die Wirtschaftlichkeitsberechnung wird an der unteren Nutzungsgrenze durchgeführt. Bei einer gut und intensiv vorbereiteten Einführungsphase kann das Unternehmen die Reduzierungsfaktoren nach oben hin korrigieren und den Nutzen verbessern. Außerdem sind folgende Daten für die Verbesserung des Nutzens ebenfalls zu betrachten:

— Abbau der Überstunden in den Konstruktionsbüros,
— Abbau der Vertragsstrafen für nicht termingerechte Lieferungen und
— Abbau von Fremdpersonal in den Konstruktionsbüros und Reduzierung von Aufträgen an Ingenieurbüros.

Schwer zu quantifizieren ist der Nutzen für ein Unternehmen, der durch die nachfolgenden Kopplungen an vor- und nachgeschaltete Prozesse und EDV-Systeme entsteht:

— Reduzierung der Entwicklungszeiten eines Produkts
— Durchführung alternativer Lösungen
— Berechnung, Variation, Anpassung und Simulation von Bewegungsabläufen mit Kollisionsuntersuchungen und Einbauuntersuchungen
— beschleunigter Änderungsdienst
— verbesserte Lieferbereitschaft

— hohe Sicherheit und Fehlerfreiheit der abgegebenen Zeichnungsunterlagen; allgemein verbesserte Zeichnungsqualität
— FEM-Netzgenerierung
— hoher Rückgriff auf vorhandene Bauteile und Baugruppen, damit niedrigere Lagerkosten und Werkzeugkosten
— Rationalisierungseffekte bis hin zur Arbeitsvorbereitung und -planung und zur NC-Programmierunterstützung
— zentrale technische Datenbank, kombiniert mit Methoden- und Technologienbank
— Wegfall der Normenkontrolle bei guter Einsatzvorbereitung
— Reduzierung der Varianten
— bessere und schnellere Dokumentation
— integrierte Vor- und Nachkalkulation

Eine einseitige Betrachtung nur allein der quantifizierbaren Vorteile des CAD/CAM-Einsatzes kann der Bedeutung dieser neuen Technologie nicht gerecht werden. Zusätzlich sind Faktoren zu berücksichtigen, die die Wettbewerbsfähigkeit des Unternehmens auf längere Zeit sicherstellen sollen.

*Auswirkungen des CAD-Einsatzes auf die Fertigung Bereich PA — Reduzierung der Tätigkeiten:*

| Lfd. Nr. | Tätigkeiten in der Fertigung | Anteil I (%) | Anteil II (%) | manuell (%) | CAD-fähig (%) | Reduzierung um (%) | maschinell (%) | Einführung in Monaten |
|---|---|---|---|---|---|---|---|---|
| 1. | Mechanischer Aufbau | 30 | | | | | | |
| 1.1 | Geräte verteilen (Layout) | | 20 | 6 | 100 | 90 | 0.6 | 18 |
| 1.2 | Anreißen und bohren | | 20 | 6 | | | 6 | |
| 1.3 | Geräte befestigen | | 30 | 9 | | | 9 | |
| 1.4 | Sammelschienen einsetzen | | 30 | 9 | | | 9 | |
| 2. | Verdrahten | 50 | | | | | | |
| 2.1 | Schaltpläne lesen | | 25 | 12.5 | 100 | 95 | 0.63 | 6 |
| 2.2 | Ablängen | | 15 | 7.5 | | | 7.5 | |
| 2.3 | Absetzen | | 15 | 7.5 | | | 7.5 | |
| 2.4 | Anschlußelemente aufbringen | | 25 | 12.5 | 100 | 30 | 8.75 | 12 |
| 2.5 | Am Gerät anklemmen | | 10 | 5 | | | 5 | |
| 2.6 | Sonstige | | 10 | 5 | | | 5 | |
| 3. | Prüfen | 20 | | | | | | |
| 3.1 | Funktionsprüfungen | | 100 | 20 | 100 | 20 | 16 | 12 |
| | Summen | 100 | — | 100 | — | — | 75 | — |

*Berechnung des monatlichen Nutzens:*

Annahmen:

| | | | |
|---|---|---|---|
| tägliche Arbeitszeit (h) | t | = | 8 |
| mittlere monatliche Arbeitszeit (h) | tMF | = | 134 |
| Lohnkosten in der Fertigung (DM/h) | KLF | = | 60,00 |
| Anzahl der Mitarbeiter | F1 | = | 46 |

| Lfd. Nr. | CAD-fähige Tätigkeiten | Anteil II(%) | manuell (%) | CAD-fähig (%) | Reduzierung um (%) | maschinell (%) | Einführung in Monaten |
|---|---|---|---|---|---|---|---|
| 2.1 | Schaltpläne lesen | 6-12 | 12.5 | 20.00 | 1.14 | 48.836 | 49.83 |
| 2.4 | Anschlußelemente aufbringen | 12-18 | 45 | 1.773 | 1.25 | 40.438 | 90.27 |
| 3.1 | Funktionsprüfungen | | 25 | | | | |
| 1.1 | Geräte verteilen | 18-24 | 51 | 1.963 | 1.33 | 33.170 | 123.44 |

In der Fertigung kann ein höherer Auftragsdurchsatz erreicht werden. Die Produktivitätssteigerungen betragen 14, 9 und 8%, bezogen auf die vorhergehenden Phasen. Insgesamt wird eine summierte Steigerung von 33% erbracht, die zu einem Nutzen von

$$NBMF = 123.444,00 \text{ DM/Monat}$$

führt (Bild 6.14).

*Umstellung der Lohnform in der Fertigung:*
Für einen Teil der Mitarbeiter in der Fertigung ist die Einführung eines Prämienlohns nach Zeitvorgaben vorgesehen. Geplant ist diese Umstellung ca. 24 Monate nach der Inbetriebnahme des Systems. Durch die Umstellung kann noch einmal eine Reduzierung um 35% auf 65% der gesamten Tätigkeit erreicht werden.

| | | | |
|---|---|---|---|
| Anteil der CAD-fähigen Tätigkeiten | ZF | = | 100% |
| Reduzierungsfaktor | RF | = | 1/1 — 0,35 |
| | | = | 1,54 |
| Anzahl der Mitarbeiter bei Prämienlohn | F2 | = | 20 |

Nutzen pro Monat:

$$NBMF2 = (F2 \cdot P - F2) \cdot KLF \cdot tMF$$
$$NBMF2 = 86.585 \text{ DM/Monat}$$

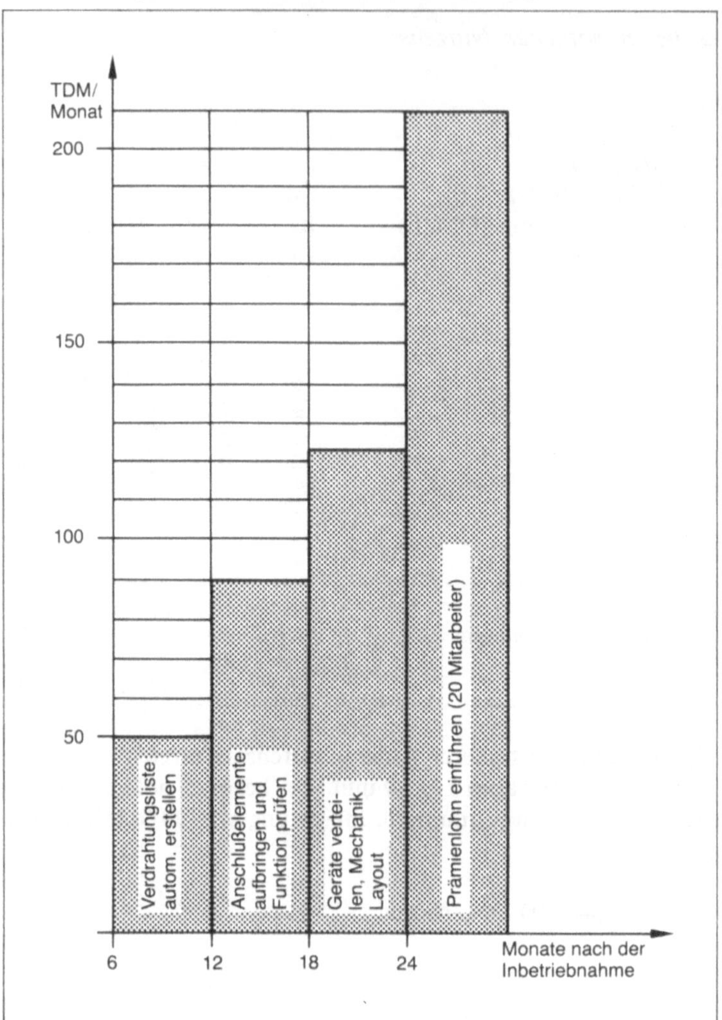


**Bild 6.14**   Nutzen aus der Kopplung an die Fertigung

*Zusammenfassung des Nutzens:*
In Bild 6.15 finden sich eine Zusammenfassung des Einzelnutzens in den einzelnen
Phasen und eine Summenkurve. Das Bild zeigt den Nutzen pro Monat in DM über
den Monaten nach der Inbetriebnahme.

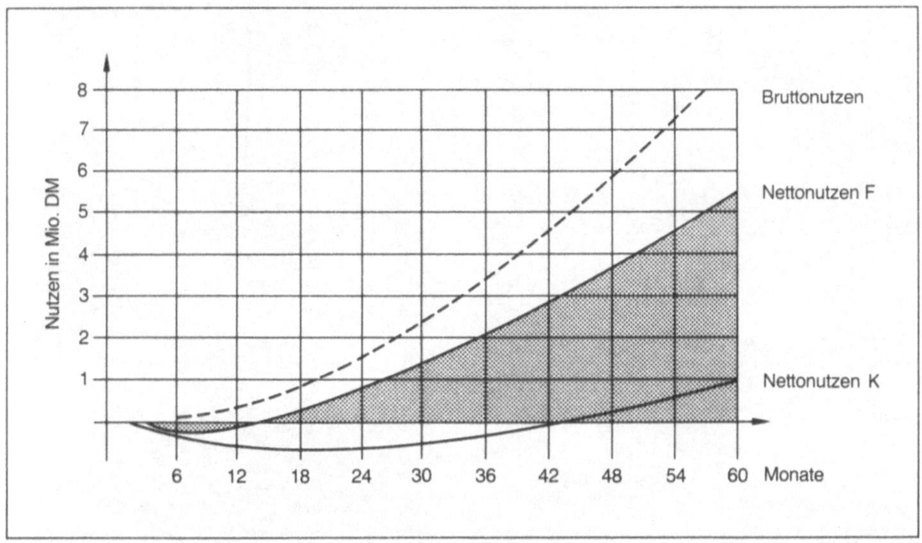


**Bild 6.15**  Gegenüberstellung von Kosten und Nutzen des CAD-Einsatzes unter Einbeziehung der Kopplung an die Fertigung. Quantifizierung des Nutzens, wenn man nachgeschaltete Prozesse oder EDV-Systeme koppeln kann

# 6.4 Literatur


[6.1]   D'Avis, W.; Wenz, H.:
        Forschungsbericht Wirtschaftlichkeit von CAD-Systemen. IGL — Institut für geometrische
        Logik
[6.2]   Hellwig, H.-E.:
        Das System CAD. Oce — van der Grinten, Mühlheim a. d. Ruhr, Juli 1983
[6.3]   Westermann, A.:
        Graphische Datenverarbeitung im Konstruktionsbüro. In.: IBM-Nachrichten 30 (1980) 248,
        S. 61-67

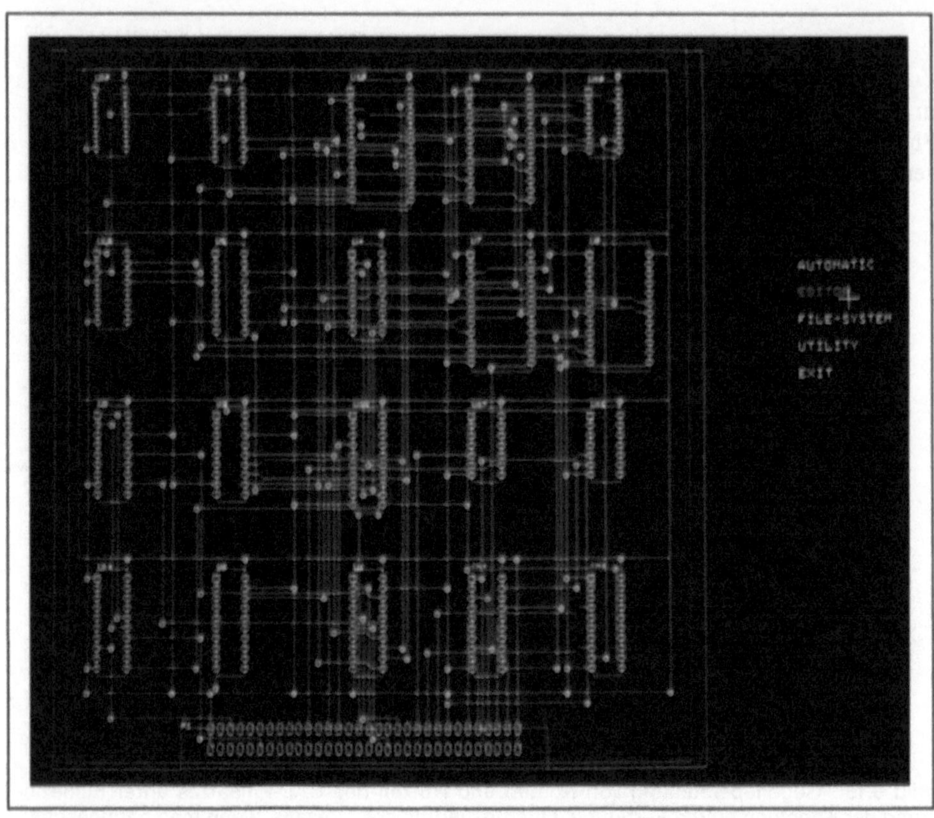

AUTOMATIC
EDITOR
FILE-SYSTEM
UTILITY
EXIT

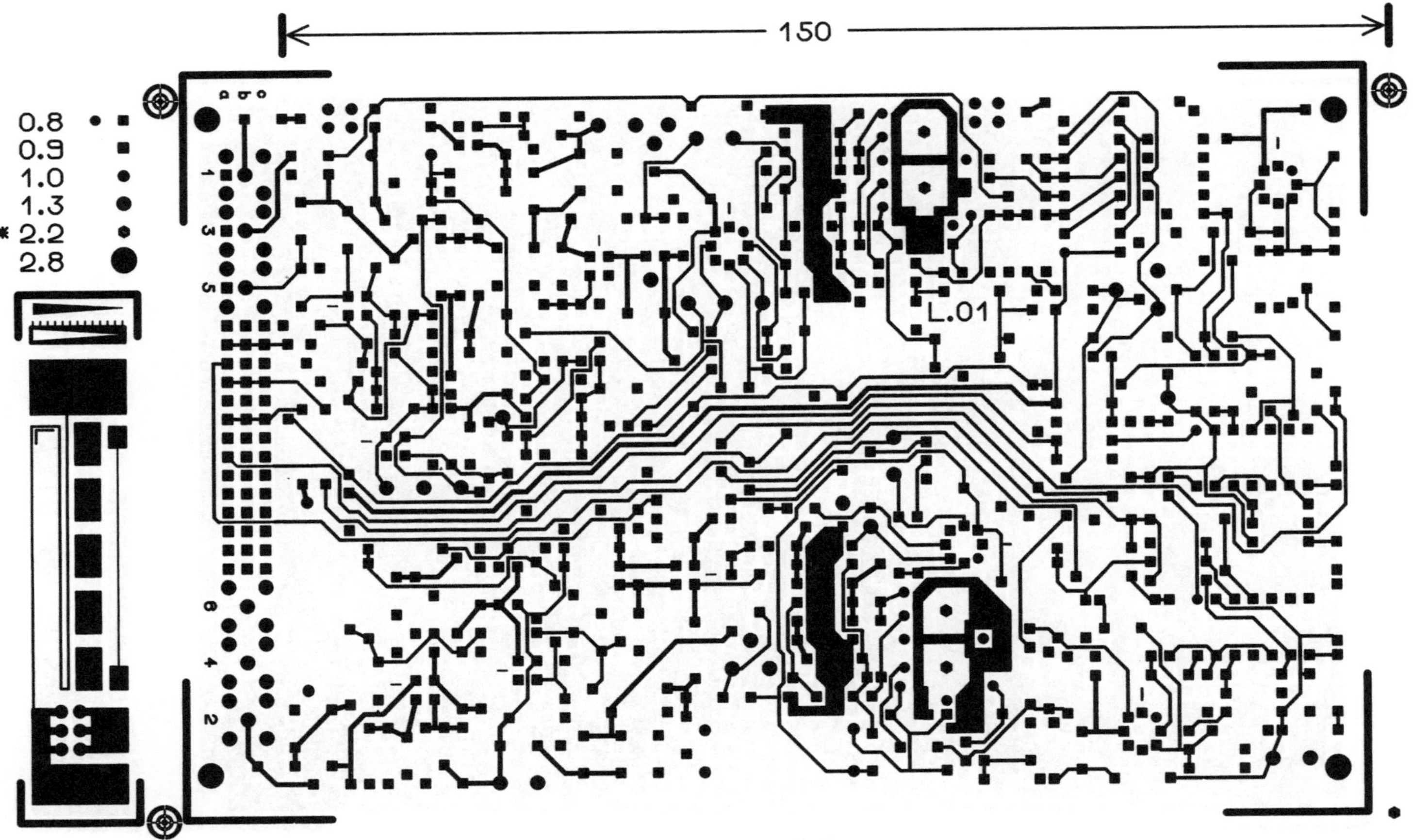

150
0.8
0.9
1.0
1.3
2.2
2.8
L.01
a b c
1 3 5
6 4 2

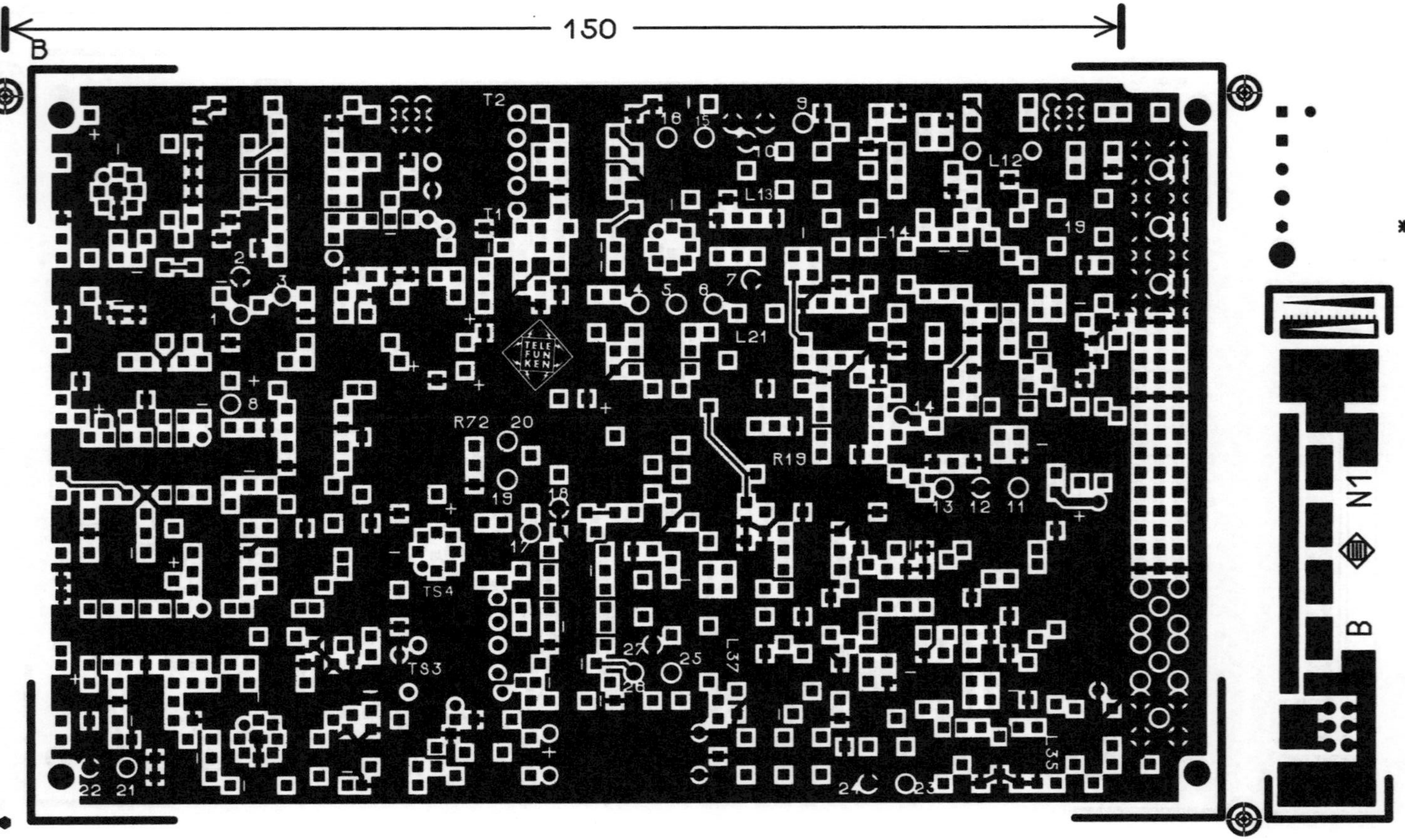
150
B
N1
TELE FUN KEN

# Literatur


Ahn, M.:
Standardized Input-Output Conventions-State of the Art and Trends. Proceedings IABSE Workshop 1982

Anderl, R.; Rix, J.; Wetzel, H.:
GKS im Anwendungsbereich CAD. Informatik Spektrum, Band 6, Heft 2, April 1983, Springer-Verlag, Berlin/Heidelberg/New York/Tokyo

Ausschuß Informatik (Hrsg.): EDV in Klein- und Mittelbetrieben des Maschinenbaus. (DV-Leitfaden) Frankfurt 1980

Autorenkollektiv: Elektronische Datenverarbeitung bei der Produktionsplanung und -steuerung, VII. Wirtschaftlichkeit von Fertigungssteuerungssystemen. VDI-Taschenbuch 78, Düsseldorf 1977

D'Avis, W.; Wenz, H.:
Irrationale Entscheidungsbarrieren erschweren CAD-Einsatz. CAD-CAM-Report Nr. 10, Okt. 1983

D'Avis, W.; Wenz, H.:
Konstruieren auf der Basis eines Volumenmodells unter Berücksichtigung seiner Durchsetzbarkeit im Markt. CAD-CAM-Report Nr. 3, Nov. 1982

Baan, W.:
Substanz- und Ertragsteuern in der Kapitalwertmethode. Der Betrieb 1980, S. 700-703 und S. 746-750

Bachmann, B. R.:
Systementscheidung und wirtschaftlicher Computereinsatz — eine aktuelle Managementaufgabe. In: Datascope 26 (1978), S. 3 ff.

Bakey, Th.:
Economic Benefits and Economic Impact of Interactive Computer Design. Calma, Sunnyvale USA, 1981

Bender, W.:
Auswahl eines Computersystems nach der Nutzwertanalyse. FB/IE 27, Heft 6 (1978)

Berger, J.:
Einsatz des Konstruktions- und Zeichnungssystems CODEM in der kunststoffverarbeitenden Industrie. Anwender-Kongreß '83, Garmisch 5.-7.10.1983

Bernhardt, R.:
Systematisierung des Konstruktionsprozesses. VDI-Verlag, Düsseldorf 1981

Bernhardt, R.; W & Pf.:
Überlegungen zur Auswahl eines CAD-Systems. VDMA-Fachkreis, TB-Organisation 1980

Brand, H.; Rubensdörffer, H.; Felzmann, R.; Glatz, R.:
Qualitätsbeurteilung von CAD/CAM-Systemen — Technische Nutzwertanalyse. SCS GmbH, Hamburg 1983

Buss, W.:
Vorgehensweise zur Auswahl von Produkten für den wirtschaftlichen CAD-Einsatz. Arbeitstagung des IAO, Stuttgart 1982

Chasen, S. H.:
How is CAD/CAM justified? CAD/CAM Handbook. Edited by C. Machover and Computervision Corporation 1980

Chasen, S. H.:
Formulation of System Cost-Effectiveness. CAD/CAM Handbook. Edited by C. Machover and Computervision Corporation 1980

Chasen, S. H.:
Formulation of System Cost-Effizienceness. In: Chasen, S. H.; Dow, J. W.: The Guide for the Evaluation and Implementation of CAD/CAM Systems. CAD/CAM Decisions, Atlanta 1979

Clüsserath, E.; Reichle, W.:
Investitionsrechnung im Maschinenbau. Betriebswirtschaftsblatt (BwB) 9, VDMA (Hrsg.), Frankfurt 1973

Cooley, M. J. E.:
Impact of CAD on the Designer and the Design Function. Datamation vol 19, Nr 4, oct 77

Das 2-dimensionale 3D-Volumensystem SPACE-PLOT. Programmbeschreibung der IGL, Mühlheim und Frankfurt 1983

Day, P. C.; Roy, R. K.; Yoshonis, M. J.:
Computer-Aided Design Systems — The Road to selection. First National Conference on Computer Graphics in CAD/CAM Systems, MIT, April 11, 1979

Delphi Forecast of Manufacturing Technology. Herausgeber: I.F.S. Publications LTD, 39 High Street, Kempston, Bedford/England 1979

Die Wirtschaftlichkeit der Datenverarbeitung. In: Maschinenbau-Nachrichten Nr. 9/1969, Abschnitt Informatik (o. V.)

Dörr, R.:
Was ist IGES? CAE-Journal 2/83, Hüthig Verlag, Heidelberg

Eigner M.:
Fallbeispiel zur Einführung von CAD. VDI-Bericht Nr. 413, 1981

Eigner, M.; Maier, H.:
Einführung und Anwendung von CAD-Systemen, Leitfaden für die Praxis. Hanser Verlag, München 1982

Encarnação, J.:
An Approach for CAD-System Simulation. Computer Graphics Forum vol 1, Nr 3, 1982

Encarnação, J.:
CAD/CAM-Systeme — Das technologische Werkzeug für Entwicklung und Produktion. Elektrotechnische Zeitschrift, Mai 82, Band 103, Heft 9

Encarnação, J.:
Graphische Datenverarbeitung — Das Werkzeug für benutzerkonforme Anwendung der Informatik. HMO 109/1983

Encarnação, J.:
Interfaces of a CAD System with its Application Environment — Requirements, Conflicts, Evaluation, Procedure. IFIP WG 5.2 Conference on ,,CAD Systems Framework‘‘, June 15-17, 1982, Roros, Norway

Encarnação, J.; Messina, L. A.:
Eine Systemsimulationstechnik zur technischen Auswertung und wirtschaftlichen Rechtfertigung eines CAD-Systems. VDE Verlag, Berlin 1983, Tagungsband von CAMP ’83, S. 965 ff.

Encarnação, J.; Schlechtendahl, E. G.:
Computer Aided Design. Springer-Verlag, Berlin/Heidelberg/New York 1983

Eversheim, W.; Sander, R.:
Verfahren für die Analyse von Benutzerproblemen. CAD-Bericht, KfK-CAF61, 1978

Feasibility Study of Common I/O Conventions for the Building Industry. Rechen- und Entwicklungsinstitut für EDV im Bauwesen — RIB e. V., EC-III/1244/82, April 1982

Gausemeier, B.; Ajouri, R.:
Aufgabenspezifische Kopplung von CAD-Systemen mit NC-Programmiersystemen. München, ZWF77 (1982), Heft 5

Grabowski, H.:
Rechnerunterstütztes Konstruieren (CAD), Einführung und Einsatz im Unternehmen. Technische Akademie Wuppertal, Seminarunterlagen, 1982

Grabowski, H.:
Verfahren zur Beurteilung der Wirtschaftlichkeit von CAD-Anwendungen. VDI-Bericht Nr. 413, 1981, S. 119-125

Grabowski, H.; Eigner, M.; Hahn, D.:
Auswahl und Einführung von schlüsselfertigen CAD-Systemen. FB/IE 29 (1980) 3

Grabowski, H.; Hettesheimer, E.:
Organisatorische Aspekte bei der Einführung des rechnerunterstützten Konstruierens. VDI-Z 125 1983, Nr. 19, S. 761-770

Grätz, J.-F.; Seifert, H.:
Die rechnerische Darstellung von Bauteilen als kombinierte Körpermodelle mit PROREN 2. CAD/CAM 2/82
„Graphische Datenverarbeitung am Arbeitsplatz des Ingenieurs". IBM Deutschland GmbH (1979)
Graphisches Kernsystem (GKS) — Funktionale Beschreibung. DIN 66252 — Beuth-Verlag, Berlin
Grieb, Ph.:
Rechnergestützte Konstruktion und Zeichnungserstellung mit MEDUSA. AGS Firmenschrift
Groth, P.; Katz, C.; Werner, H.; Hilber, H. M.:
Fedis — Finite Elemente Daten Interface Standard. KfK-PFT Q1, 03.82, Zwischenbericht Feb. 1983
Haas, W. R.:
CAD in der Bautechnik — eine Übersicht. VDI-Berichte Nr. 492, Stuttgart 1983
Haas, W. R.:
Impact of CAD/CAM Systems on the Construction Industry. Proceeding IABSE Workshop 1982
Hackstein, R.; Nadzeyka, H.:
Bewertung von Organisationsstrukturen. In: Fortschrittliche Betriebsführung und Industrial Engineering 5 (1977), S. 297-302
Hackstein, R.; Willmann, K.:
Wirtschaftlichkeit der Organisation in der Fertigungssteuerung. In: FIR-Mitteilungen Nr. 31/78
Händler, W.; Nees, G.:
Rechnergestützte Aktivitäten, CAD. BI, Zürich 1980
Hellwig, H.-E.:
CAD-Normen, Bewertungskriterien und Anwendungsprobleme. CAD-CAM Report N. 2 1982
Hellwig, H.-E.:
Das System CAD. Oce — van der Grinten, Mühlheim a. d. Ruhr, Juli 1983
Helms, H.-M.:
CAE-System zur Lösung von Automatisierungsaufgaben. ATM-Computer, Konstanz
Herold, W.:
Ein Bausteinkasten zur computergestützten Entwicklung einer Design-Struktur. OEVD-ONLINE-ADL 1979
Hettesheimer, E.:
Methoden zur Entwicklung von CAD-Einführungsstrategien. Dissertationsmanuskript, Univeristät Karlsruhe, 1984
Hichert, R.:
Wirtschaftlichkeitbetrachtungen zur Einführung eines EDV-unterstützten Planungssystems im Entwicklungsbereich. Unveröffentlichtes Manuskript
Howard, B.; von Verschuer T.:
A Performance Specification for a European CAD Workstation. Conference Proceedings CAD '82, Brighton
Informatik Spektrum. GI-Organ der Gesellschaft für Informatik. Springer-Verlag, April 1983, Band 6, Heft 2
Kargl, H.:
Die Wirtschaftlichkeit der EDV im Unternehmen. In: Interne Revision 4/1977, S. 245 ff.
Klos, W. F.:
Software-Werkzeuge für graphisch-interaktive Anwendungen im technischen Bereich. Darmstädter Dissertation, D17, 1982
Kosiol, E.:
Modellanalyse als Grundlage unternehmerischer Entscheidungen. In: Zeitschrift für betriebswirtschaftliche Forschung, 13. Jahrgang 1961, S. 318-334
Laxon, W. R.:
Selecting and Evaluating CAD Systems. CAD Volume 9 number 4, oktober 1977
Leesley, M. E.:
The Uneven Acceptance of CAD. IPC Business Press, Volume 19 number 4, july 1978
Lewandowski, S.:
Einführung von CAD in der industriellen Praxis mit Hilfe von Unternehmensberatern. CAD-CAM Report Nr. 2/3, Febr./März 1983

Lewandowski, S:
Schnittstellen in CAD-Systemen. CAD/CAM-Fachseminare, Dressler und Partner, Heidelberg, Oktober 1982

Literatursammlung für den Arbeitskreis „Wirtschaftlichkeit von CAD-Systemen" der Fachgruppe CAD des Fachausschusses 8 der Gesellschaft für Informatik, Teil I (Mai 1982), Nr. GRIS82-7, Teil II (Oktober 1982), Nr. GRIS82-10, zusammengestellt von J. Encarnação

Loos, U.:
Maßnahmen zur Verkürzung der Durchlaufzeit in Betrieben mit Einzel- und Kleinserienfertigung. In: VDI-Zeitung 119 (1977) 19, S. 913-956

Maschinenbau-Nachrichten. Heft 6/80. Herausgeber: Verband Deutscher Maschinen- und Anlagenbau e. V. (VDMA), Frankfurt/Main

Maschinenbau-Nachrichten. Heft 12/80. Herausgeber: Verband Deutscher Maschinen- und Anlagenbau e. V. (VDMA), Frankfurt/Main

Michel, R. M.:
Die Aussagefähigkeit der üblichen Entscheidungskriterien der Investitionsrechnung im Vergleich. In: Neue Betriebswirtschaft Nr. 4/1972, S. 1-11

Müller, E.:
Entscheidungsgrundlagen für den Einsatz von CAD/CAM Systemen, CAD/CAM Rechnergestütztes Konstruieren und Fertigen. Österreichische Computer Gesellschaft, R. Oldenburg, herausgegeben von R. Göbl. und F. Pacha.

Müller G.; Schuster, R.:
Aspekte der rechnerunterstützten Konstruktion (CAD/CAM) im Automobilbau. In: ZwF 76 (1981) 7, S. 327-333

Nadzeyka, H.; Schnabel, B.:
Untersuchungen über die Fertigungsdurchlaufzeiten in der Maschinenbauindustrie. In: REFA-Nachrichten 28 (1975) 5, S. 267-271

Neipp, G.:
Methodisches Vorgehen zur Auswahl und zum Einsatz von CAD-Systemen. VDI-Bericht Nr. 413, 1981

PHIGS — Programmer's Hierarchical Interactive Graphics Standards. Baseline Document by ANSI X3H31/82-03R03, Dez. 1983

Poths, W.:
Methodisches Vorgehen bei der Ableitung eines betriebsindividuellen Modells der integrierten Datenverarbeitung. In: Angewandte Informatik 12/71

Poths, W.; Bernhardt, R. u. a.:
CAD im Maschinenbau. BWE 119, VDMA (Hrsg.), Frankfurt 1982

Rapp, H.:
Durchlaufzeitenverkürzung mit CAD/CAM. In: Konstruktionsforum 81, GfMT (1981)

REFA: Methodenlehre des Arbeitsstudiums. Hanser Verlag, München 1972 (6. Aufl. 1978)

Reinauer, G.:
Praxisgerechtes, rechnergestütztes Konstruieren. Wien

Rinza, P.; Schmitz, H.:
Nutzwert-Kosten-Analyse. VDI-Verlag, Düsseldorf 1977

Roth, S.:
CAD-CAM in der Automobilindustrie. Herausgeber: IG Metall, 1982

Rothenberg:
Baustein Geometrie — ein Basismodul für CAD/CAM-Programmketten. IKOSS Firmenschrift, Stuttgart

Scheer, A.-W.; Brandenburg, V.; Kremar, H.:
Fünf Thesen zur Wirtschaftlichkeitsrechnung von EDV-Systemen — Ausweg durch Simulation. In: online-adl-nachrichten 10/78, S. 792-796

Schmidt, G.:
Organisation, Methoden und Technik. Verlag Dr. Götz Schmidt, Gießen 1974

Scott, D. J.:
Computer Aided Graphics: Determining System Size, Estimating Costs and Savings. Computers in Industry 2 (1981), S. 23-30

Spur, G.; Krause, F.-L.; Lewandowski, S.; Müller, G.; Melzer-Vassiliadis, P.; Siebmann, H.; Kiesbauer, H.; Kuhn, E.:

Baustein Geometrie, Programmvorgabe zur 1. Ausbaustufe. Gesellschaft für Kernforschung mbH, KFK-CAD 134, Karlsruhe 1979

Spur, G.:
Produktionstechnik im Wandel. Hanser Verlag, München/Wien 1979

Spur, G.:
Rechnergestützte Zeichenerstellung und Arbeitsplanung. ZwF 72 (1977) 11

Stauck, J.:
CAD-Wirtschaftlichkeitsstudie — Kosten/Nutzen-Analyse des CAD-Einsatzes. Studie der B + S Engineering CAD Consulting AG, Juli 1982

Steinbuch, P.:
Organisation. 3. Auflage, Friedrich Kiehl Verlag, Ludwigshafen 1981

Stommel, H.-J.; Kurz, D.:
Untersuchungen über Durchlaufzeiten in Betrieben der metallverarbeitenden Industrie mit Einzel- und Kleinserienfertigung. Opladen 1973 (Forschungsbericht des Landes Nordrhein-Westfalen Nr. 2355)

Straub, D.:
Computer-Aided Design. Review: Graphics, PC World, October 1983

The Specification of a Building Industry Computer Workstation. The Construction Industry Computing Association C.I.C.A. — UK, EC-III/617/82, May 1982

Thomas, W.:
Wirtschaftlichkeitsanalyse organisatorischer Maßnahmen im Rahmen der Fertigungssteuerung. In: Fortschrittliche Betriebsführung und Industrial Engineering 30 (1981) 1, S. 35-40

Vajna, S.:
Rechnerunterstützte Anpassungskonstruktion: Analyse des Konstruktionsprozesses im Hinblick auf den EDV-Einsatz. Herausgeber: Verein Deutscher Ingenieure, November 1975

VDI-Richtlinien 2212: Datenverarbeitung in der Konstruktion, Beuth-Verlag, Berlin (Okt. 1981)

Verfahrensbeschreibung RIBCON. RIB-Software und Systemberatung im Bauwesen GmbH, Stuttgart 1983

Walter, H.:
Stand der CAD/CAM Anwendungen in der Industrie der BRD. In: Dokumentation über das Branchenseminar ,,Industrie" im Rahmen von SYSTEMS 81

Warman, E. A.:
CAD/CAM Management and Economics. SIGGRAPH '78, August 21-25, 1978, Atlanta, Georgia

Warman, E. A.:
Investment Strategy and Choice of System, CAD/CAM as a Basis for the Development of Technology in Developing Nations. Edited by J. Encarnação, O.F.F. Torres and E. A. Warman, SUCESU Sao Paulo 1981, North-Holland

Warnecke, H. J.; Bullinger, H. J.; Hichert, R.:
Kosten- und Wirtschaftlichkeitsrechnung für Ingenieure. München 1980/81

Wassermann, H.:
Konstrukteur und EDV

Weber, G.:
Untersuchungen zur Ablaufplanung bei Einzel- und Kleinserienfertigung. Dissertation TH Aachen 1965

Wenz, H.:
Space-Plot 3D — CAD-System. Institut für geometrische Logik (IGL)

Wenz, H.:
Systemgegenüberstellung. Institut für geometrische Logik (IGL)

Wenz, H.; D'Avis, W.:
Forschungsbericht Wirtschaftlichkeit von CAD-Systemen. Institut für geometrische Logik (IGL) 1983

Wenz, H.; D'Avis, W.:
Wider den Pessimismus im 3D-CAD-Markt. Institut für geometrische Logik (IGL) 1982

Westermann, A:
Graphische Datenverarbeitung im Konstruktionsbüro. IBM Nachrichten 30 (1980), Heft 248, S. 61-67

Westermann, A.:
Nutzen-/Kostenbetrachtungen bei der Einführung Graphischer Datenverarbeitung. IBM Seminar ,,Graphische Datenverarbeitung am Arbeitsplatz des Ingenieurs" vom 21.-23. Feb. 1979 im Kurhaus Bad Liebenzell/Schwarzwald

Wiendahl, H.-P.; Grabowski, H.:
Systematische Erfassung von Konstruktionstätigkeiten — Voraussetzung für eine Rationalisierung im
    Konstruktionsbereich. Konstruktion Bd. 24 1974, Nr. 5
Wight, O. W.:
Tools for Profit. Datamation oct 80
Zangemeister, C.:
Nutzwertanalyse in der Systemtechnik. Wittemannsche Buchhandlung, München 1970
ZIF — Zeitschrift für interdisziplinäre Forschung. IGL — Institut für geometrische Logik (Hrsg.),
    Heft 1, Jan. 1981; Heft 1, Jan. 1982

# Adressen



## Anbieter

### Deutschland

adidec
Gesellschaft für computerge-
stützte Konstruktionen mbH
Alter Postweg 34
D—2863 Ritterhude-Ihlpohl
04 21/6 36 22 11

AEG-TELEFUNKEN
Software-Technik GmbH & Co.
KG
Hohenzollerndamm 150
D—1000 Berlin 33
0 30/8 28 28 73

Applicon
Deutschland GmbH
Nymphenburger Str. 84
D—8000 München 19
0 89/19 20 11

Applied Dynamics
Deutschland GmbH
Zollernstr. 4
D—5860 Iserlohn
0 23 71/6 70 25

Applied Graphics Systems
Deutschland GmbH
Falkweg 51
D—8000 München 60
0 89/83 20 61

Aristo Graphics
Systeme GmbH & Co. KG
Haferweg 46
D—2000 Hamburg 50
0 40/8 55 31

ATM Computer GmbH
Händelstr. 5
D—8000 München 80
0 89/92 45-1

Auto-trol Technology
Hochstr. 95
D—5800 Hagen 1
0 23 31/2 10 45

Batelle-Institut e. V.
Postfach 90 01 06
D—6000 Frankfurt/M. 90
0 69/79 08-1

Bausch & Lomb ARL GmbH
CAD-Zentrale
Hans-Böckler-Str. 7
D—6078 Neu-Isenburg
0 61 02/3 92 33

Benson GmbH
Adelheidstr. 23-25
D—6200 Wiesbaden
0 61 21/3 92 33

BOCAD GmbH
Wittener Str. 185
D—4630 Bochum
02 34/35 85 68

CADE
Gesellschaft für Rechnergestütz-
te Konstruktion mbH
Hirschstr. 98
D—7903 Laichingen
0 73 33/60 69

CAE General Electric
Gustav-Stresemann-Ring 12-16
D—6200 Wiesbaden
0 62 21/3 98 01

CalComp GmbH
Werfstr. 37
D—4000 Düsseldorf 11
02 11/50 11 93

CAL Kroschewski
Electronic GmbH
Heinrich-Kumm-Str. 5
D—6050 Offenbach
0 69/89 20 65

Calma GmbH
Gustav-Stresemann-Ring 12-16
D—6200 Wiesbaden
0 61 21/37 80 65

CGM Computergraphik auf
Mikrofilm GmbH
Gessepfad 8
D—1000 Berlin 49
0 30/7 46 12 57

Computervision GmbH
Berg-am-Laim-Str. 47
D—8000 München 80
0 89/41 61-0

Contraves GmbH
Bereich Industrie
Hans-Stießberger-Str. 2a
D—8013 Haar bei München
0 89/4 60 71

Control Data GmbH
Stresemannallee 30
D—6000 Frankfurt/Main 70
0 69/6 30 50
0 69/6 30 54 46 (CAE)

Control Graphic GmbH
Heddesdorfer Str. 85
D—5450 Neuwied 1
02 63/2 90 64

daisy system corp.
Amalienstr. 81
D—7500 Karlsruhe 1
07 21/2 06 34

Da Veg GmbH
Julius-Reiber-Str. 17
D—6100 Darmstadt
0 61 51/86 03 81

Digital Equipment GmbH
Freischützstr. 91
D—8000 München 81
0 89/ 95 91-0

Eichweber GmbH
Schützenstr. 75-85
D—2000 Hamburg 50
0 40/8 50 10 91

Evans & Sutherland Computer
GmbH
Stahlgruberring 32
D—8000 München
0 89/ 42 90 41

EXAPT NC Systemtechnik
GmbH
Peterstr. 17
D—5100 Aachen
02 41/ 2 56 07

Ferranti GmbH
Senefelderstr. 180
D—6050 Offenbach
0 69/ 83 10 28

Fides Rechenzentrum GmbH
Emanuel-Leutze-Str. 1
D—4000 Düsseldorf 11
02 11/59 60 91

Floating Point Systems GmbH
Hans-Pinsel-Str. 9
D—8013 Haar b. München
0 89/46 30 99

Dipl.-Ing. Hans Gall
Ingenieurbüro für Rechnerge-
stützte Schaltungsentwicklung
Wohlfahrtstr. 20
D—8000 München 45
0 89/3 23 26 25

GDV
Graphische Datenverarbeitung
GmbH
Schallershofer Str. 92
D—8520 Erlangen
0 91 31/4 10 61

General Automation GmbH
Heider Hof Weg 23
D—5100 Aachen Verlautenheide
0 24 05/6 41

General Electric
CAE International Inc.
Gustav-Stresemann-Ring 12-16
D—6200 Wiesbaden
0 61 21/3 98 01

GenRad
Trausnitzstr. 8
D—8000 München
0 89/41 69-0

Gerber Scientific Instruments
GmbH
Edelsberger Str. 8
D—8000 München 21
0 89/57 30 21

Gould Computer Systems
GmbH
Holzheimer Weg 44
D—4040 Neuss 1
0 21 01/4 20 03

GRADO Software und Compu-
ter Systeme GmbH
Nusselstr. 40
D—8000 München 60
0 89/83 54 75

GRAL GmbH
Preußenstr. 19
D—6600 Saarbrücken
06 81/6 55 78

Graphische Rechner-
Anwendungen und -Lösungen
GmbH (GRAL)
Alsfelderstr. 7
D—6100 Darmstadt
0 61 51/7 60 51

Graphtek GmbH
Anwaltsbüro Ungewitter
Kreuzstr. 19
D—4000 Düsseldorf 1
02 11/36 07 93

GRIPS
Gesellschaft für Rechnersysteme
und integrierte Prozeßsteuerun-
gen mbH
Borsigallee 18
D—6000 Frankfurt/M 60
0 69/ 41 50 25

GSE
Gesellschaft für Software
Engineering mbH
Karlstr. 60
D—8000 München 2
0 89/59 28 86

GTS
Gesellschaft für Technologie-
Beratung und Software mbH
Frankfurter Str. 13-15
D—6236 Eschborn
0 61 96/48 87-1

Ing.-Büro HAVEL
Stiftsbogen 160
D—8000 München 70
0 89/70 14 22

Hewlett Packard GmbH
Herrenberger Str. 130
D—7030 Böblingen
0 70 31/14-0

Honeywell Bull AG
Hohenstaufenring 62
D—5000 Köln 1
02 21/2 03 71

IBB
Gesellschaft für Computeran-
wendung und Software mbH
Mozartstr. 24
D—8032 Lochham
0 89/ 87 63 33-34

IBM Deutschland GmbH
Hauptverwaltung
Pascalstr. 100
D—7000 Stuttgart 80
07 11/78 5-0

ICL Deutschland
International Computers GmbH
Marienstr. 10
D—8500 Nürnberg 1
09 11/20 01-1

IDAS GmbH
(Informations-, Daten- und
Automationssysteme)
Holzheimer Str. 96
D—6250 Limburg
0 64 31/4 10 66

IFB
Braschel u. Partner
Unterländerstr. 71
D—7000 Stuttgart 40
07 11/87 20 11

IKO Software Service GmbH
Albstadtweg 10
D—7000 Stuttgart 80
07 11/78 76-0

IKO Software Service GmbH
(IKOSS Aachen)
Jülicher Str. 171-175
D—5100 Aachen
02 41/18 28-0

IGL—Gesellschaft für geometrische Logik mbH
Entwicklung und Vertrieb ky-
bernetischer Systeme
Körnerstr. 26
D—6052 Mühlheim
0 61 08/62 58
und
Kleine Wiesenau 6-8
D—6000 Frankfurt/M
0 69/72 79 24

Intergraph (Deutschland)
GmbH
Lyoner Str. 40
D—6000 Frankfurt/Main
0 69/6 66 68 02

IP
Info Process
System House GmbH
Mittelstr. 21
D—4000 Düsseldorf
02 11/32 05 23

ISDATA GmbH
Hansastr. 29 A
D—7500 Karlsruhe 21
07 21/57 95 09

ISI Systeme GmbH
Otto-Hahn-Str.
D—8012 Ottobrunn
0 89/60 01 00

ISYKON Software GmbH
Wittener Str. 185
D—4680 Bochum 1
02 34/55 85 68

Kongsberg Data Systems
GmbH
Frankfurter Str. 168-176
D—6078 Neu-Isenburg
0 61 02/3 80 88

Franz Kuhlmann GmbH & Co.
KG
Bauterweg 12
D—2940 Wilhelmshaven

Marconi
Landsberger Str. 65
D—8034 Germering

MATRA DATAVISION
GmbH
Rosenheimer Str. 143b
D—8000 München 80
0 89/9 60 06

mbp
Mathematischer Beratungs- und
Programmierungsdienst GmbH
Semerteichstr. 47
D—4600 Dortmund 1
02 31/43 48-0

MCAUTO McDonnel Douglas
Automation GmbH
Neuköllner Str. 2
D—5000 Köln 1
02 21/23 30 65

McDonnel Douglas GmbH
Neuköllner Str. 2
D—5000 Köln 1
02 21/23 30 65

MDSI Deutschland GmbH
Lyoner Str. 10
D—6000 Frankfurt-Niederrad
0 69/66 67 01

Norsk Data Dietz GmbH
Solinger Str. 9
D—4330 Mülheim a. d. Ruhr 13
02 08/48 44-1

Norsk Data Technovision
GmbH
Solinger Str. 9
D—4330 Mülheim a. d. Ruhr 13
02 08/4 84 43 38

Partec GmbH
Oppenhoffallee 58
D—5100 Aachen
02 41/50 10 53

PCS Periphere Computer
Systeme GmbH
Pfälzer Wald Str. 36
D—8000 München 90
0 89/68 10 21

Dipl.-Ing. Helge Pecher
Ingenieurbüro für rechnerge-
stützte Schaltungsentwicklung
Ottostr. 38
D—8012 Ottobrunn
0 89/6 01 36 94

Perkin-Elmer Verkauf GmbH
Data Systems
Seidlstr. 8
D—8000 München 2
0 89/55 83 91

Philips GmbH
Vogt-Kölln-Str. 54
D—2000 Hamburg 54
0 40/5 49 31

PRIME Computer GmbH
Gustav-Stresemann-Ring 12-16
D—6200 Wiesbaden
0 61 21/36 1-1

PRIME COMPUTER
CAD/CAM GmbH
Leonrodstr. 68
D—8000 München 19
0 89/19 20 45

Quest Automation
Mercedesstr. 17
D—7032 Sindelfingen
0 70 31/8 30 49

Racal-Redac Design System
GmbH
Muthmannstr. 4
D—8000 München 45
0 89/3 81 82-0

Ramtek GmbH
Ostlandstr. 40
D—5000 Köln 40
0 22 34/7 80 21

RATIO Unternehmensberatung
Tübinger Str. 32
D—7031 Weil im Schönbuch
0 7157/6 47 95

REL Electronic Layout GmbH
Schillerstr. 45
D—2000 Hamburg 50
0 40/38 71 84

rhv Softwaretechnik GmbH
Georg-Glock-Str. 3
D—4000 Düsseldorf 30
02 11/43 47 11

RIB — Software und Systemberatung im Bauwesen GmbH
Schulze-Delitzsch-Str. 28
D—7000 Stuttgart 80
07 11/7 87 30

rotring euroCAD GmbH
Haferweg 46
D—2000 Hamburg 50
0 40/8 55 31

RZB-Rechenzentrum Bau,
GmbH
Schulze-Delitzsch-Str. 28
D—7000 Stuttgart 80
07 11/78 73-0

Scientific Control Systems
GmbH
Oehleckerring 40
D—2000 Hamburg 62
0 40/5 31 03-0

Dr.-Ing. Seufert GmbH
Computer-Systeme
An der Roßweid 5
D—7500 Karlsruhe 41
07 21/6 19 71

Siemens AG
Unternehmensbereich Daten-
technik
Otto-Hahn-Ring 6
D—8000 München 83
0 89/63 61

Softlab GmbH
für Systementwicklung und
EDV-Anwendung
Arabellastr. 13
D—8000 München
0 89/92 52-1

Sperry Univac GmbH
Finkenweg
D—6231 Sulzbach/Taunus
0 61 96/70 00

Technische Software
Dr. Bigelmaier GmbH
Ernst-Leitz-Str. 38
D—6330 Wetzlar
0 64 41/2 88 18

Tektronix GmbH
Sedanstr. 13-17
D—5000 Köln 1
02 21/77 22-0

Tewidata GmbH
Romanstr. 35-37
D—8000 München
0 89/1 20 40

T-Programm GmbH
Technische Software- und
Datendienst
Oskar-Kalbfell-Platz 8
D—7410 Reutlingen
0 71 21/2 20 95

Versatec GmbH
Sommerstr. 35
D—8025 München/
Unterhaching
0 89/6 11 40 05-9

Watanabe GmbH
Frankenstr. 6
D—4000 Düsseldorf 30
02 11/45 17 37

## Österreich

Control Data Ges. mbH
Kelsenstr. 2
A—1030 Wien
02 22/78 75 11

DataGraph Handelsgesellschaft
mbH
Institut für graphische Datenverarbeitung
Alter Platz 4
A—9020 Klagenfurt
0 42 22/5 41 24

Digital Equipment Corp. Ges.
mbH
Shopping City Süd
A—2331 Vösendorf/Wien
02 22/67 76 41

Hewlett Packard Ges. mbH
Lieblgasse 1
A—1220 Wien
02 22/2 36 51 10

Honeywell Bull AG
Linke Wienzeile 236
A—1150 Wien
02 22/8 53 64 10

IBM Österreich Ges. mbH
Obere Donaustr. 95
A—1020 Wien
02 22/83 66 39

Perkin-Elmer Ges. mbH
Rotenhofgasse 17
A—1100 Wien
02 22/62 25 96

PRIME Computer Ges. mbH
Ameisgasse 49
A—1140 Wien
02 22/94 56 46

Siemens Data Ges. mbH
Hollandstr. 2
A—1020 Wien
02 22/24 15 08

Siemens AG Österreich
Programm- und System-
entwicklung
Praterstr. 31
A—1020 Wien
02 22/2 47 56 13 20

Softlab
Gesellschaft für System-
entwicklung und EDV-
Anwendung mbH
Opernring 4
A—1010 Wien
02 22/52 35 24

Sperry GmbH
Computer-Systeme
Mariahilferstr. 20
A—1071 Wien
02 22/93 96 26

TECHNODAT
Technische Datenverarbeitung
GmbH
Linzergasse 55
A—5020 Salzburg
06 62/7 53 53; 7 22 24

Tektronix Ges. mbH
Dörenkampgasse 7
A—1100 Wien
02 22/68 66 02

## Schweiz

CAD-Systems AG
Neundorfstr. 2
CH—4025 Basel
0 61/57 67 55

CalComp GmbH
Bramenstr. 11
CH—8284 Bachenbülach
01/8 60 79 35

Computer Graphix AG
Giessereistr. 1
CH—8620 Wetzikon
01/9 32 34 82

Contraves AG
Schaffhauserstr. 580
CH—8052 Zürich
01/3 06 22 11

Control Data AG
Militärstr. 36
CH—8021 Zürich
01/2 42 14 34

Data-Graphik AG
Zwinglistr. 21
CH—8004 Zürich
01/2 41 33 22

Digital Equipment Corp. AG
Schaffhauser Str. 144
CH—8002 Kloten/Zürich
01/8 16 91 11

Fides Treuhandgesellschaft
Bleicherweg 33
CH—8002 Zürich
01/2 02 78 40

Hewlett Packard (Schweiz) AG
Allmend 2
CH—8967 Widen
0 57/31 21 11

Honeywell Bull (Schweiz) AG
Wengistr. 28
CH—8021 Zürich
01/2 42 12 33

IBM Schweiz AG
Hauptsitz
General Guisan-Quai 26
CH—8022 Zürich
01/2 07 21 11

KONTRON Elektronik AG
Berner Straße Süd 169
CH—8048 Zürich
01/62 92 62

Perkin-Elmer AG
Data Systems
Fähnlibrunnenstr. 15
CH—8700 Küsnacht
01/9 10 53 61

PRIME Computer Services AG
Geroldstr. 20
CH—8031 Zürich
01/42 44 44

Siemens Albis AG
Vertrieb Datentechnik
Freilagerstr. 28
CH—8047 Zürich
01/4 95 31 11

Tektronix AG
Gubelstr. 11
CH—6301 Zug
0 42/21 91 92

# Unternehmens-
# berater

## Deutschland

AGI PLAN
Unternehmensberatung
Amalienstr. 93
D—7500 Karlsruhe 1
07 21/2 73 03

Arthur Andersen & CO
Unternehmensberatung GmbH
Ballindamm 33
D—2000 Hamburg 1
0 40/33 71 13

Bundesverband Deutscher
Unternehmensberater
BDU e. V.
Gofenstr. 161
D—5300 Bonn 2
02 28/37 90 01

Roland Berger & Partner
GmbH
International Systems
Consultants
Dingolfinger Str. 2
D—8000 München 80
0 89/41 76-242

CAD/CAM-Partner
Firnig + Hellwig
Parkstr. 20
D—3380 Goslar 2
0 53 25/20 18

COMPAC
Computer-Automationstechnik
GmbH & Co. KG
Maybachstr. 13
D—4300 Essen 1
02 01/4 18 44

Dedata edv Ingenieur GmbH
Beratungsbüro Südwest
Stephaniestr. 13
D—7500 Karlsruhe 1
07 21/2 07 73

Dressler & Partner GmbH
Dipl.-Ing. Edmund E. Dressler
Hauptstr. 29
D—6900 Heidelberg
0 62 21/16 00 81

IBAT AOP GmbH & Co. KG
Alfredstr. 64
D—4300 Essen 1
02 01/72 24-0

IFA Beratungsgesellschaft für
Automation mbH
Grafenberger Allee 82
D—4000 Düsseldorf
02 11/68 46 16

Ingenieur-Büro
Dipl.-Ing. Gerhard Herrmann
Friedrich-Naumann-Str. 5
D—7410 Reutlingen
0 71 21/23 09 04

Informatik Beratungsgesellschaft für Informationsverarbeitung Realtime Systeme Prozeß-
steuerung mbH
Sonnenbergstr. 13
D—7000 Stuttgart 1
07 11/24 79 77

Ingenieurbüro Hans Brehm
Gartenstr. 1
D—8752 Waldaschaff
0 60 95/25 42

Innoplan
Schneeglöckchenstr. 49 A
D—8000 München 50
0 89/1 50 69 28

IPEC Ingenieurgesellschaft für
Planung Entwicklung Consul-
ting Data Engineering
GmbH & Co. KG
Petritorwall 27
D—3300 Braunschweig
05 31/4 52 47/4 55 98

Dr.-Ing. Steffen Lewandowski
CAD/CAM-CONSULT
An der Hoffnung 40
D—4030 Ratingen 5
0 21 02/1 73 37

Löw CAD/CAM Beratung
Taubenbergstr. 8
D—6228 Eltville/Rhein
0 61 23/6 16 45

Dr.-Ing. Wolfgang Lühr
Unternehmensberatung
D—3306 Teichtal 31
0 53 08/66 57

mbp
Mathematischer Beratungs- und
Programmierungsdienst GmbH
Semerteichstr. 47
D—4600 Dortmund 1
02 31/43 48-0

Dr. Helmut Meier
Eggensteiner Weg 6b
D—7514 Leopoldshafen

PSI Gesellschaft für
Prozeßsteuerungs- und
Informationssysteme mbH
Heilbronner Str. 10
D—1000 Berlin 31
0 30/8 90 09-0

RIB — Software und Systemberatung im Bauwesen GmbH
Schulze-Delitzsch-Str. 28
D—7000 Stuttgart 80
07 11/78 73-0

Scientific Control Systems
GmbH
Oehleckerring 40
D—2000 Hamburg 62
0 40/5 31 03-0

Dr. Städtler GmbH
Unternehmensberatung
Münchener Str. 342
D—8500 Nürnberg 50
09 11/86 80 81-83

SYSTEM CONSULT GmbH
An der Rehwiese 28
D—1000 Berlin 30

UCC Unternehmensberatung
CAD/CAM
Goethestr. 2
D—2722 Visselhövede
0 42 62/20 41

## Österreich

Arthur Andersen
Unternehmensberatung
Nibelungengasse 13
A—1010 Wien
02 22/57 83 61

MD-Management Data
Datenverarbeitungs- und Unter-
nehmensberatungsges. mbH
Julius-Tandler-Platz 3
A—1090 Wien
02 22/31 35-18 40

## Schweiz

ASCO
Schweizerische Vereingung der
Unternehmensberater
Forchstr. 95
CH—8032 Zürich
01/53 64 20

B & S Engineering AG
CAD Consulting
Gewerbestr. 18
CH—8132 Egg
00 41/9 84 28 10

PSI Gesellschaft für
Prozeßsteuerungs- und
Informationssysteme AG
Haldenstr. 11
CH—6006 Luzern
0 41/51 20 37

Schweizerische Treuhand-
gesellschaft
St.-Jakobs-Str. 25
CH—4002 Basel

# Verbände, Vereine, Gesellschaften

BAK Bundesarchitektenkammer
Königswinterstr. 709
D—5300 Bonn 3
02 28/44 10 41

CEFE
CAD/CAM Entwicklungs-
gesellschaft
Schneeglöckchenstr. 49a
D—8000 München 50

Deutsches Institut für Normung
e. V. (DIN)
Burggrafenstr. 4-10
Postfach 11 07
D—1000 Berlin 30
0 30/26 01-1

GI Gesellschaft für Informatik
eV
Postfach 16 69
D—5300 Bonn 1
02 28/37 67 51

GKS Verein eV
An der Hoffnung 40
D—4030 Rattingen 5
0 21 02/1 73 37

GMD Institut für Informationssysteme und Graphische Datenverarbeitung mbH (IIG)
Schloß Birlinghoven
D—5205 St. Augustin
0 22 41/14 1

GRIPS
Gesellschaft für Rechnersysteme
und integrierte Prozeßsteuerun-
gen mbH
Borsigallee 18
D—6000 Frankfurt/M 60
0 69/41 50 25

GSE
Gesellschaft für Software
Engineering mbH
Karlstr. 60
D—8000 München 2
0 89/59 28 86

GTS
Gesellschaft für Technologie-
Beratung und Software mbH
Alsfelderstr. 7
D—6100 Darmstadt
0 61 51/7 60 51

Kernforschungszentrum Karlsruhe GmbH (KfK CAD)
Postfach 36 40
D—7500 Karlsruhe 1
0 72 47/82 52 81

Nachrichtentechnische Gesell-
schaft im Verband Deutscher
Elektrotechniker (NTG)
Stresemannallee 15
D—6000 Frankfurt/M 70
0 69/63 08-221

Rechen- und Entwicklungsinsti-
tut für EDV im Bauwesen —
RIB e. V.
Schulze-Delitzsch-Str. 28
D—7000 Stuttgart 80
07 11/78 73-0

Verband der Automobil-
industrie e. V. (VDA)
Westendstr. 61
Postfach 17 42 49
D—6000 Frankfurt 17
0 69/7 57 01

Verband Deutscher Elektrotechniker (VDE) eV
Stresemannallee 15
D—6000 Frankfurt/M 70
0 69/63 08-1

Verband Deutscher Maschinen-
und Anlagenbau eV (VDMA)
Referat Informatik
Lyoner Str. 18
D—6000 Frankfurt/M 71
0 69/66 03-360

VDI
Verein Deutscher Ingenieure
Graf-Recke-Str. 84
D—4000 Düsseldorf 1
02 11/62 14-1

VDI-Gesellschaft Konstruktion
und Entwicklung
Graf-Recke-Str. 84
D—4000 Düsseldorf 1
02 11/62 14-240

VDI-Gesellschaft Produktionstechnik (ADB)
Graf-Recke-Str. 84
D—4000 Düsseldorf 1
02 11/61 14-231

VDI/VDE-Gesellschaft Meß-
und Regeltechnik (GMR)
Graf-Recke-Str. 84
D—4000 Düsseldorf 1
02 11/62 14-224

VDI Technologie-Zentrum
Budapester Str. 40
D—1000 Berlin 30
0 30/26 09-0

Zentralverband der Elektrotech-
nischen Industrie eV (ZVEI)
Arbeitskreis CAD/CAM
Stresemannallee 19
D—6000 Frankfurt/M 70
0 69/63 02-245

Zentralverband der Elektrotechnischen Industrie eV (ZVEI)
Arbeitskreis Produktionstechnik

Stresemannallee 19
D—6000 Frankfurt/M 70
0 69/63 02-277

Zentralverband des Deutschen
Baugewerbes
Abt. EDV und Informatik
Godesberger Allee 99
D—5300 Bonn 2
02 28/81 02-158

## Österreich

ACGA Austrian Computer
Graphic Association
Castellazgasse 4/4/13
A—1020 Wien
02 22/56 01 38 30

OCG Österreichische Computer
Gesellschaft
Wollzeile 1-3/1
A—1010 Wien
02 22/52 02 35

Österreichisches Forschungszentrum Seibersdorf
A—2444 Seibersdorf
0 22 54/80

## Schweiz

EUROGRAPHICS Association
PO Box 16
CH—1288 Aire-la-Ville

NC-Gesellschaft
Pestalozzistr. 14
CH—4562 Biberist
0 65/32 42 88

Schweizerische Vereinigung für
Datenverarbeitung
Postfach 373
CH—8037 Zürich
0 57/33 37 05

GES Gesellschaft Schweizeri-
scher EDV-
Dienstleistungsunternehmen und
Software-Hersteller
Postfach 254
CH—8032 Zürich
01/47 34 44

# Hochschul- bzw.
# Forschungsinstitute

## Deutschland

Battelle-Institut e. V.
Am Römerhof 35
D—6000 Frankfurt/M 90
0 69/79 08-0

Forschungszentrum Informatik
Haid- und Neustraße 10-14
D—7500 Karlsruhe 1
07 21/69 06 11

Fraunhofer-Institut für Produktionstechnik und Automatisierung (IPA)
Nobelstr. 12
D—7000 Stuttgart
07 11/68 68 02

Fraunhofer-Institut für Produktionsanlagen und Konstruktionstechnik (IPK)
Kleistr. 23-26
D—1000 Berlin 30
0 30/21 25-1

IABG
Industrieanlagen Betriebsgesellschaft mbH
Einsteinstr. 20
D—8012 Ottobrunn
0 89/60 08 24 03

IGL
Institut für geometrische Logik
Heinz Wenz
Körnerstr. 26
D—6052 Mühlheim/M
0 61 08/62 58

Institut für Allgemeine Konstruktionstechnik des Maschinenbaues der RWTH Aachen
Arnold-Sommerfeld-Str.
D—5100 Aachen
02 41/80 73 40

Institut für Apparatebau und Anlagentechnik
Techn. Universität Clausthal
Zellbach 5
D—3392 Clausthal-Zellerfeld
0 53 23/73 26 31

Institut für Graphische Interaktive Systeme der TH-Darmstadt; FG GRIS
Alexanderstr. 24
D—6100 Darmstadt
0 61 51/16 34 78

Institut für Konstruktionslehre, Maschinen- und Feinwerkelemente TU Braunschweig
Langer Kamp 8
D—3300 Braunschweig
05 31/3 91 33 43

Institut für Konstruktionstechnik I, IB 2/151 der Ruhruniversität Bochum
Universitätsstr.
D—4630 Bochum 1
02 34/7 00 26 36

Institut für Nachrichtengeräte u. Datenverarbeitung der RWTH Aachen
Muffeter Weg 3
D—5100 Aachen
02 41/80 69 60

Institut für Rechneranwendung in Planung und Konstruktion
Universität Karlsruhe (TH)
Kaiserstr. 12
D—7500 Karlsruhe 1
07 21/6 08 21 29

Kernforschungszentrum Karlsruhe GmbH, CADCAM-Labor
Amalienstr. 93
D—7500 Karlsruhe 1
07 21/2 49 71-3

Laboratorium für Werkzeug Maschinen und Betriebslehre an der RWTH Aachen
Arnold-Sommerfeld-Str.
D—5100 Aachen
02 41/80 74 00

Rechen- und Entwicklungsinstitut für EDV im Bauwesen — RIB e. V.
Schulze-Delitzsch-Str. 28
D—7000 Stuttgart 80
07 11/78 73-0

Universität Duisburg FB 9
Fachgebiet: Datenverarbeitung
Kommandantenstr. 60
Postfach 10 16 29
D—4100 Duisburg
02 03/3 79 27 29

Zentrum für graphische Datenverarbeitung (ZGDV)
an der TH Darmstadt
Alexanderstr. 24
D—6100 Darmstadt
0 61 51/16 34 78

---

Folgende Unternehmen haben freundlicherweise Bildmaterial zur Verfügung gestellt:

AEG-TELEFUNKEN, Frankfurt; Control Data, Frankfurt; Digital Equipment Corporation, Marlboro/Massachusetts; Hewlett Packard, Böblingen; IGL — Gesellschaft für geometrische Logik, Mühlheim und Frankfurt; MATRA Datavision GmbH, München; Norsk Data Dietz GmbH, Mülheim a.d. Ruhr; RIB-Software und Systemberatung im Bauwesen GmbH, Stuttgart; Siemens AG, München; Thomson CSF, Paris; THYSSEN HENSCHEL Industrie AG, Kassel.

# Herausgeber des CAD-Handbuchs

J. Encarnação (Sprecher)
TH Darmstadt
FG GRIS
Alexanderstr. 24
d-6100 Darmstadt

H.-E. Hellwig
CAD/CAM Partner
Firnig + Hellwig
Parkstraße 20
D-3380 Goslar-Hahnenklee

E. Hettesheimer
ROBERT BOSCH GmbH
Geschäftsbereich Elektrowerkzeuge
Postfach 100156
D-7022 Leinfelden-Echterdingen

W. F. Klos
Daimler Benz AG
Werk Untertürkheim
Abt. OD-10
Postfach 202
D-7000 Stuttgart 60

S. Lewandowski
Unternehmensberatung
CAD/CAM Consult
An der Hoffnung 40
D-4030 Ratingen 5

L. A. Messina
TH Darmstadt
FG Gris
Alexanderstraße 24
D-6100 Darmstadt

W. Poths
VDMA
Abt. HBWI
Postfach 710109
D-6000 Frankfurt/M 71

K. Rohmer
AEG-TELEFUNKEN
Forschung und Entwicklung
Goldsteinstr. 325
D-6000 Frankfurt/M 71

H. Wenz
IGL — Institut für geometrische Logik
Körnerstraße 26
D-6052 Mühlheim

# Index


Abbildung *81, 83 f., 87, 90, 92, 95, 97, 99, 101, 106, 109, 171*
Abrundungen *81, 104*
absolute Wirtschaftlichkeit *119*
Algorithmenlaufzeit *165*
analytische Verfahren *90*
Anforderungsprofil *17, 112, 131, 146*
Anwendungssoftware *37, 148, 149, 151*
Anzahl der benötigten Arbeitsplätze *68, 148*
Anzahl der Bildschirmarbeitsplätze *187 f.*
Anzahl der CAD-Arbeitsplätze *148*
approximative Verfahren *90*
Arbeitnehmervertreter *13, 18 ff., 23 ff.*
arbeitsplatzbezogene Rechnersysteme *48*
Arbeitsplatzsysteme *67, 146*
Archivierung *83, 94*
Aufbau von CAD-Systemen *55*
Ausbildungsstand *186*
Auslastung der Bildschirmarbeitsplätze *148, 163, 195*
außerbetriebliche Integration *35, 38, 42, 48 f.*

Bearbeitungskosten, manuelle *188*
Bemaßungsebene *59*
Benchmarktest *17, 130*
Beschleunigungsfaktoren *19, 135 ff., 156, 166, 187, 189*
betriebliche Integration *18*
Betriebskosten *15, 197*
Betriebssysteme, virtuelle *60*
Bildmanipulationshardware, dynamische *169*

CAD/CAM-Arbeitszeit *185*
CAD-Datenbank *35, 49 f.*
CAD-FEM-Kopplung *54*
CAD-Konzept, integriertes *42, 47, 50*
CAD-System-Auswahl *16 f., 19, 28, 83, 92, 112, 119, 121*

CAD-System-Betrieb *16, 19, 27 f., 119*
CAD-System-Einführung *16, 19, 28, 117, 119 ff., 130 f., 133, 153*
Cash-Flow *191*
*CPU-Architektur 106*
Datenmodelle *35, 69 ff.*
Datenschnittstelle IGES *35, 52*
Datenschnittstelle zu Berechnungsprogrammen *35, 51, 54*
Datenschnittstelle zur NC-Programmierung *35, 51 f.*
Datenverarbeitung, integrierte *37, 86*
Datenverwaltungssystem *35, 49, 69 f.*
DCF-Kurve *193*
dedizierte Rechnersysteme *48*
dezentrale Intelligenz *48*
Diagnoseprozessor *107*
Digitalisierer *152 f.*
Diminution *92, 94, 96*
direkter, quantifizierbarer Nutzen *122, 132 f.*
direkter, schwer quantifizierbarer Nutzen *132*
Discounted-Cash-Flow-Methode (DCF-Methode) *192*
Display-File, mehrstufig strukturierter *72*
Display-File, segmentierter *72*
Dragging-Funktion *72*
Drahtmodelle *99*
Durchdringungslogik *81, 104*
durchschnittliche Zeichnung *187*
dynamische Bildmanipulationshardware *169*

Ebene, geometrische *59*
Ebene, technologische *59*
Echtzeiteigenschaft *106*
Einführungskosten *28*
Einführungsstrategie *17*
Eingabeschnittstelle *35, 51, 58*
Einmalkosten *117, 121 ff., 147, 153, 188*
Einmalkosten, normierte *147*

Einplatzsysteme *66*
Einplatzsysteme, gekoppelte *66 f.*
Entwicklung der Nutzenkomponente, zeitliche *117, 134*
Exaktheit *165*

Flexibilitätssteigerung *117, 143*
FORTRAN-Schnittstelle, geometrieorientierte *35, 52*
funktionale Kopplung *102*
Funktionen, graphische *56, 71*
Funktionen, logische *56*

gebundenes Restkapital *191*
gekoppelte Einplatzsysteme *66*
Generierungsprinzipien *81, 102*
Geometrieelemente *81, 99, 104*
Geometriemodell *81, 99*
geometrieorientierte FORTRAN-Schnittstelle *35, 52*
Geometrieprogrammiersprachen *58 ff.*
Geometrierepräsentation *81, 97*
geometrische Ebene *59*
geräteunabhängige Software *71*
Gesamtzeit für die Konstruktionsaufgabe *168*
Graphikschnittstelle GKS *35, 51, 55*
Graphik- und Interaktionssystem *35, 69, 71*
graphische Funktionen *56, 71*
graphisches Informationssystem *39*
graphisches Kernsystem (GKS) *56 ff.*

Hardwarekomponenten *35, 38, 42, 55, 71, 148*
Hardwarekosten *148, 197*
heterogene Systeme *66*
hierarchische Konfiguration *65*
hierarchische Menüs *74*
Hit-Funktionen *72*
Host-System-Hardware *81, 97, 106*
Host-System-Software *81, 97, 108*

indirekter, quantifizierbarer Nutzen *122, 133*
indirekter, schwer quantifizierbarer Nutzen *133*
Informationssystem, graphisches *39*
innerbetriebliche Integration *35, 42, 46 ff.*
In-System *13, 37, 81, 83 ff., 90 ff.*

Integration, außerbetriebliche *35, 38, 42, 48 f.*
Integration, betriebliche *18*
Integration, innerbetriebliche *35, 42, 46 ff.*
Integrationsfähigkeit *6, 39 ff. 75, 81, 83 85, 87 f., 90 f., 112*
integrierte Datenverarbeitung *37, 86*
integriertes CAD-Konzept *42, 50*
Intelligenz, dezentrale *48*
Interaktionsdynamik *109*
Interaktionsmethoden *81, 105*
interaktiver Mensch-Maschine-Dialog *71*
interne Zinsfußmethode *123, 193*
I/O-Zeit *170*

jährlicher Nutzen *188*

Kapitalrückflußzeit *123, 156, 188, 191 f.*
Kapitalwertmethode *123, 193*
Kernfunktionen *56*
Kernsystem, graphisches (GKS) *56 ff.*
K.o.-Kriterien *92, 125 f.*
kombinierte Konfiguration *65*
Kommunikationsbaustein *55*
Komparation *92 f., 96*
Kompatibilität *35, 69, 72, 108*
Konfiguration, hierarchische *65*
Konfiguration, kombinierte *65*
Konfiguration, reihenförmige *65*
Konfiguration, sternförmige *65*
Konfiguration, vermaschte *65*
Konformität *84 f., 185 f.*
Konstruktion, rißweise *101*
Konstruktionsdynamik *169, 177*
Konstruktionsmethodik *170*
Kopplung *14, 20 ff., 51 ff., 64, 85, 101, 107, 126, 181*
Kopplung, funktionale *102*
Kopplungssoftware *37, 69*
Kosten, laufende *117, 121, 146, 153 f., 188, 190*
Kostenvergleichsrechnung *122, 175*
kundenspezifische Software *148 f.*

Lage- und Größenbestimmung *81, 103*
Langfristkonzept *131*
laufende Kosten *117, 121, 146, 153 f., 188, 190*
Layertechnik *99, 105, 126*
Leistungsklassen *3, 174, 180*

Leitungskosten *117, 150*
Leistungsprofil *151*
Leistungssteigerung *120, 167, 169, 172*
logische Funktionen *56*
lokale Systemhardware *81, 97, 109*
lokale Systemsoftware *81, 97, 105*
Low-cost-Systeme *174*
Makrotechnik *132*
manuelle Bearbeitungskosten *188*
Mehrplatzsysteme *66, 68*
Mehrplatzsysteme, gekoppelte *67*
mehrstufig strukturierter Display-File *72*
Mensch-Maschine-Dialog, interaktiver *71*
Menüs, hierarchische *74*
Menütechnik *55, 126*
Methodenbaustein *55*
Mindestanforderungen *125*
Modell *59, 81, 83 f., 86 ff., 92, 96 f., 106*
Modell, rechnerinternes *55, 59, 86*
Modellierungsfunktionen *35, 69 f., 74*
Modellspeicherung *86*
Motivation *13, 15, 19 ff., 23 ff.*
Multiprozessoreigenschaft *107*
Multiprozessorsysteme *170*
Muß-Anforderungen *92*

normierte Einmalkosten *147*
Nutzen, direkter, quantifizierbarer *122, 132 f.*
Nutzen, direkter,
    schwer quantifizierbarer *132 f.*
Nutzen, indirekter, quantifizierbarer *122, 133*
Nutzen, indirekter, schwer quantifizierbarer *133*
Nutzen, jährlicher *188*
Nutzen, quantifizierbarer *187 f.*
Nutzen, schwer quantifizierbarer *187, 189*
Nutzen eines CAD-Systems *75, 85, 119, 132, 156*
Nutzenermittlung *6, 117, 132, 163, 188*
Nutzenkomponenten *117, 199 ff., 132 ff., 138, 143, 156*
Nutzenziele *126*
Nutzwertanalyse *85, 119, 124 f., 130, 151, 156*

offene Systeme *35, 51, 69, 74 f.*
Operationsraum *101*
Optimierung der Konfiguration *39*

organisationsbezogene Randbedingungen
    *6, 13, 15, 17, 19, 25, 27 f., 38*

Personalkosten *166, 173 f., 182, 197 ff.*
Planungskosten *15, 28*
Portabilität *35, 42, 69, 108*
Preisleistungsverhältnis *165*
Problemformulierungszeit *90 f.*
Produktionsketten *86*
Produktivitätsfaktoren *138*
Produktivitätssteigerung *117, 133, 135, 163, 165, 187, 195 f., 205*
Prozeßleistungsfähigkeit *6, 13, 82, 83 ff., 88 ff., 96 f., 99 ff., 111 f., 165, 185*
Prozessorleistungssteigerung *169*

Qualitätssteigerung *117, 143*
quantifizierbarer Nutzen *187 f.*

Randbedingungen, organisationsbezogene
    *6, 13, 15, 17, 19, 25, 27 f., 38*
Raumbedarf *150*
Raumkosten *117, 149, 190*
rechnerinternes Modell *55, 59, 86*
Rechnersysteme, arbeitsplatzbezogene *48*
Rechnersysteme, dedizierte *48*
reihenförmige Konfiguration *65*
relative Wirtschaftlichkeit *119*
Rentabilitätsrechnung *122*
Restkapital, gebundenes *191*
Ringsysteme *65*
rißweise Konstruktion *101*

Scanner *111, 152 f.*
schlüsselfertige Systeme *51, 137*
Schnelligkeit *165*
Schnittstellen in CAD-Systemen *35, 51*
Schnittstelle zur rechnerinternen Objekt-
    darstellung *35, 52, 59*
schwer quantifizierbarer Nutzen *187, 189*
segmentierter Display-File *72*
Sketching-System *73*
Software, geräteunabhängige *71*
Software, kundenspezifische *148 f.*
Softwaredesign *72 f.*
Softwaregeschwindigkeit *165*
Softwarekomponenten *38, 55*
Softwarekosten *148*
sternförmige Konfiguration *65*
Subpicture-Funktion *72*
Symbolbibliotheken *19*

Systemänderungen *132*
Systemanalyse *16 f., 28*
Systemarchitektur *65 f., 84, 96*
Systeme, heterogene *66*
Systeme, offene *35, 51, 69, 74 f.*
Systeme, schlüsselfertige *51, 69, 137*
Systeme mit DV-Unterstützung *65*
Systemhardware, lokale *81, 87, 109*
Systemklassen *180*
Systemkosten *117, 147, 188*
Systemsoftware *148 f.*
Systemsoftware, lokale *81, 97, 109*
Systemvorbereitung *16, 18, 28, 151*

Tablett *55, 72, 111, 148*
Tätigkeitsanalyse *135, 185*
technologische Ebene *59*
Topologiestruktur *99*
Transformation *81, 105, 130*

Um-System *13, 17 f., 37, 83 ff.*
User Interface *74*

Verfahren, analytische *90*
Verfahren, approximative *90*
Verfügbarkeit des Systems *73, 188*
Vergrößerung des Hauptspeichers *169*
Verknüpfungsoperatoren *81, 103*

vermaschte Konfiguration *65*
Vernetzung *14, 20 f., 23 f., 26*
virtuelle Betriebssysteme *60*
Vorstudie *131*
Voruntersuchung *16, 28*
Warteschlangenzeit *168, 170*
Wartezeitverhältnis *167*
Wirkungsgrad *84, 86, 92, 96, 166, 168, 174, 177, 179 f., 184 f.*
Wirtschaftlichkeit *6, 39, 64, 84, 112, 117, 119 f., 122 ff., 130 ff., 147, 156, 165, 167 f., 173 f., 189*
Wirtschaftlichkeit, absolute *119*
Wirtschaftlichkeit, relative *119*
Wortbreite *106*
Wunschanforderungen *125*

Zeichnung, durchschnittliche *185*
Zeichnungsanalyse *187*
zeitliche Entwicklung der Nutzenkomponenten *117, 134*
Zeitpunkte für Wirtschaftlichkeitsrechnungen *130*
Zentralrechnersysteme *48*
Zielsystem zur Bewertung von CAD-Systemen *126 f.*
Zinsfußmethode, interne *123, 193*

# Eurographics Tutorials '83

Editor: **P.J.W. ten Hagen**

1984. 164 figures. Approx. XI, 425 pages
(EurographicSeminars)
ISBN 3-540-13644-4

**Contents:** Introduction to Computer Graphics (Part I).
– Introduction to Computer Graphics (Part II). –
Introduction to Computer Graphics (Part III). – Inter-
active Techniques. – Specification Tools and Imple-
mentation Techniques. – The Graphical Kernel
System. – Case Study of GKS Development. –
Surface Design Foundations. – Geometric Modelling.
– Fundamentals. – Solid Modeling: Theory Applica-
tions.

The first issue of the EurographicSeminars series
presents the Tutorial Notes from the 1983 EURO-
GRAPHICS conference held in Zagreb in September
1983. The first section contains a detailed introduction
to computer graphics, its concepts, its methods, its
tools, and its devices. This allows easy access to the
field while at the same time providing an overview of
computer graphics' current status.
The introduction is followed by a discussion of three
major aspects of computer graphics:
– **interactive techniques.** An extremely active area of
research, the developments in interactive techniques
will have a major effect on user interface management
in the near future.
– **the Graphical Kernel System** (GKS). GKS – the first
computer graphics standard – is one of the most
important software developments in recent years. Its
principles, functions and interfaces are described, with
case studies of implementations included.
– **three-dimensional models.** The contributions to this
section help bridge the gap between theory and application in their consideration of implemented solutions
to problems in surface design and solid modelling.
Detailed yet easily digested, authoritative and pro-
fusely illustrated, this premier volume in Eurographic-
Seminars is the ideal introduction for newcomers to
an increasingly important growth field.

Springer-Verlag
Berlin
Heidelberg
New York
Tokyo